滨海山地城市
风廊发掘与设计策略

张弘驰　郭　飞　著

中国建筑工业出版社

图书在版编目（CIP）数据

滨海山地城市风廊发掘与设计策略 / 张弘驰，郭飞著 .—北京：中国建筑工业出版社，2022.4
ISBN 978-7-112-27182-5

Ⅰ.①滨… Ⅱ.①张…②郭… Ⅲ.①城市规划—空气流动—研究—中国 Ⅳ.①TU984.2

中国版本图书馆CIP数据核字（2022）第042912号

本书包括 6 章，分别是：绪论、通风廊道相关理论综述、基于 FAI 与 LCP 的通风廊道发掘研究、基于 CFD 模拟和实测的通风廊道验证、星海湾通风廊道设计策略、总结与展望等内容。书后还有附录。本书通过对典型高密度城市街区的风环境研究，统计分析并计算其气候特征和建筑形态数据，发掘城市通风廊道，以此作为城市建设发展的定量依据。采用的山体 FAI 新模型、纳入山体 FAI 折减系数的新方法和针对滨海山地城市的气候地形特征分析，对主要受海陆风影响、地形复杂的地区进行风廊发掘具有重要参考价值，为进一步建设生态宜居城市提供强有力的规划指导。

本书可供城乡规划、建筑学、风景园林相关专业老师和学生使用。

责任编辑：杜　洁　胡明安
责任校对：张　颖

滨海山地城市风廊发掘与设计策略
张弘驰　郭　飞　著
*
中国建筑工业出版社出版、发行（北京海淀三里河路9号）
各地新华书店、建筑书店经销
北京点击世代文化传媒有限公司制版
北京中科印刷有限公司印刷
*
开本：787 毫米 ×1092 毫米　1/16　印张：12¼　字数：247 千字
2022 年 5 月第一版　2022 年 5 月第一次印刷
定价：**49.00** 元
ISBN 978-7-112-27182-5
（38981）

前　言
PREFACE

我国城市正处于从高速城市化向高质量发展转变的进程中，未来数十年，还将面临全球气候变暖和人口老龄化的双重压力，尤其是寒冷地区人民应对高温的经验不足，受其不利影响可能更严重。如何采取有效的规划管控和设计对策来减缓、主动适应气候变化带来的不利影响，越来越受到国内外研究者的重视。城市通风廊道作为重要的城市规划和设计手段，是一种科学定量、精细化的城市规划和管理新策略，可将郊区或海面上的湿冷空气引向高温闷热的城市中心区域，从而有效缓解热岛效应和空气污染，对提高城市空气质量、改善人体健康有着积极作用。

目前，通风廊道的研究及实践主要针对城市总体规划层面和宏观层面，而对行人舒适度更加重要的街区尺度，城市设计阶段的研究较为缺乏，这会导致规划师和建筑师在进行城市空间形态、街道精细化设计时难以应用通风廊道的研究结果。本书选取的基于迎风面积（FAI, Frontal Area Index）的建筑形态研究方法具有计算简便、对行人层风环境评估效果好、有效对接城市规划和设计等优点。研究旨在利用迎风面积指数发掘城市街区尺度的通风廊道、评估其对风环境的改善作用，并提出相应的规划缓解策略。

为使研究内容、研究方法以及应对策略具有代表性和可行性，选取大连一个7km × 7km 的典型城市街区——星海湾地区作为研究对象，该地区具有滨海、山地、建筑高密度等特点，其风廊发掘工作面临着较大的挑战：一是如何准确描述半岛城市条件下，大气环流和局地热力环流（海陆风、山谷风）对风环境的耦合影响；二是城市用地与山体犬牙交错，如何准确描述山体对城市风环境的影响；三是如何建立一套能够快速计算大量城市信息和建筑形态参数的工具。

针对上述问题，首先利用地理信息系统（GIS, Geographic Information System）对城市基础数据（海陆分布、地形、建筑、气象观测等）进行统一处理，对半岛城市背景气候条件、热力环流、地形特征等进行了详尽的分析。结果表明，研究区域主要受南北向海风影响较大，山地主要起机械阻挡作用；全年主导风向为北，南向次之；春夏季主导风向为南，秋冬季主导风向为北；夏秋时节夜晚的风较弱（<3.3m/s），此时可能形成山谷风。

其次，提出一种山地城市迎风面积新模型，能充分准确体现山体和地形对城市风环境的阻挡作用；并进一步提出山体迎风面积的折减系数，以体现山体形态与建筑拖曳效应的差异。从两方面对迎风面积的计算方法加以改进，一是根据山海城市特点，将海平面作为参考面，山和建筑作为一个统一的阻碍物进行 FAI 计算；二是利用计算流体力学模型（CFD, Computational Fluid Dynamics）模拟计算山体与建筑代表模型风影区风速的比值，根据计算结果提出了一种山体 FAI 折减系数计算的新方法。

再次，开发了一套基于 Python-GIS 的脚本工具，实现了海量城市信息处理的快速计算。在 100m × 100m 网格中，计算了研究区域南风、北风的 FAI 地图。利用最小成本路径法（LCP, Least Cost Path），计算了南风和北风的通风廊道，主要有四条南向通风道、四条北向通风道。考虑热力环流对主导风向及通风廊道的影响，进一步分析了山谷风和海风等热力环流的风向，并计算了其通风廊道分布。

此外，为了验证基于迎风面积的风道计算结果，利用 CFD 模型和现场实测两种方法对风道的改善效果进行了验证和对比。CFD 模拟结果表明，风道比非风道的平均风速高 43%（南）和 18%（北）。并于南风和北风天气进行了现场测试，进一步验证了通风廊道的风速改善效果。现场实测结果表明,风道比非风道的平均风速高 100%（南）和 112%（北）。验证结果表明，利用 FAI 和 LCP 所发掘的风道与实际相比具有足够的可信度和一致性，有助于规划师、建筑师对通风廊道进行发掘和评估。

最后，为将风道发掘结果与城市设计相对接，提出了风廊布局、建筑形态、景观设计等缓解策略。通过通风廊道叠加对风廊控制范围、控制宽度、街道布局等各项建设活动进行控制指引，并利用实测城市温度场与通风廊道分布图相叠加，对风道及作用区的热环境进行定量评估，提出绿化缓解策略。从而整体上提升城市风环境质量，改善夏季高温和冬季雾霾，降低热岛效应，提高环境舒适度。

本书通过对典型高密度城市街区的风环境研究，统计分析并计算其气候特征和建筑形态数据，发掘城市通风廊道，以此作为城市建设发展的定量依据。采用的山体 FAI 新模型、纳入山体 FAI 折减系数的新方法和针对滨海山地城市的气候地形特征分析，对主要受海陆风影响、地形复杂的地区进行风廊发掘具有重要参考价值，为进一步建设生态宜居城市提供强有力的规划指导。

本书由：国家自然科学基金项目“基于局地气候分区的城市热环境评估及规划机制研究”（项目批准号：52108044）资助。

张弘驰

目 录

CONTENTS

第1章

绪 论

1.1 研究背景与缘起

1.1.1 全球气候变暖加剧

目前绝大多数权威科学家根据大量观测证据都认为地球正在变暖，这是未来数十年人类面临的最大挑战。根据美国国家航空航天局（NASA）和美国国家海洋和大气管理局（NOAA）发布的全球气温数据显示，2018 年是全球变暖趋势下的第四个最热年份。根据 IPCC 第五次评估报告，未来 20 年全球平均温度增加 2℃以上的概率超过 90%（图 1-1），未来 100 年温升超过 4℃以上的概率是 20% ~ 60%。总而言之，地球温度将持续升高（图 1-2），全球变暖已是当前最紧迫的环境危机之一。

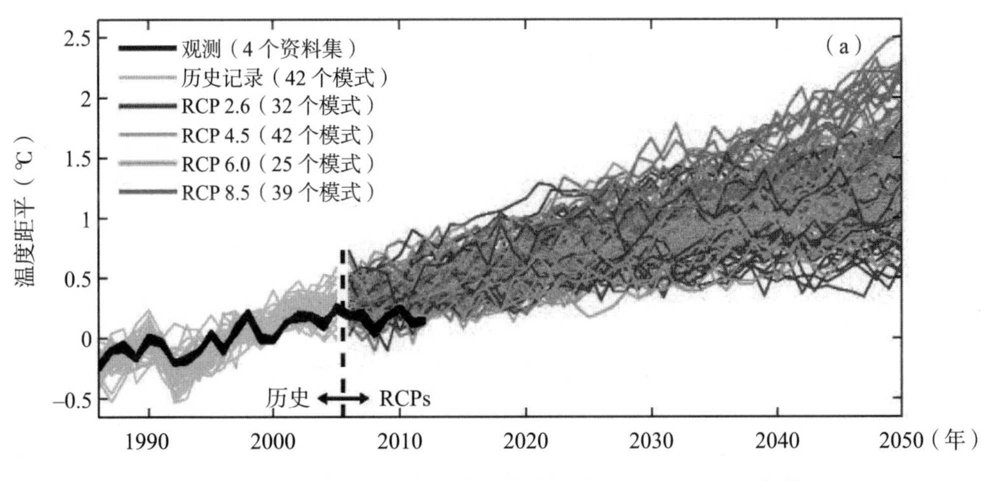

图 1-1 全球平均温度近期预估（相对于 1986 ~ 2005 年）

[图片来源：IPCC 第五次报告图 TS.14（a）]

全球气候变暖（Global warming）是一种自然气候现象，由于大气层存在着一定量的温室气体，如 CO_2、NH_4、SO_2 和 H_2O 等，这些温室气体对来自太阳辐射的可见光具有高度透过性，而对地表物体向天空发射的长波辐射具有高度吸收性，这是地球能够保持一定温度的原理，也是人类赖以生存的基础，即温室效应（Greenhouse Effect）。

随着科学技术的发展，人类对自然环境的干预和破坏愈发加强。工业革命以来人类的生产生活产生的大量温室气体不断累积，地球生态系统吸收与发射能量的不均衡，能量积累导致温度上升，从而造成全球气候变暖。这种气候的剧烈变化会导致冰川和冻土消融、海平面上升、降水量失衡，并引发各类极端天气和灾害等，不仅危害自然生态系统的平衡，还威胁人类的生存。

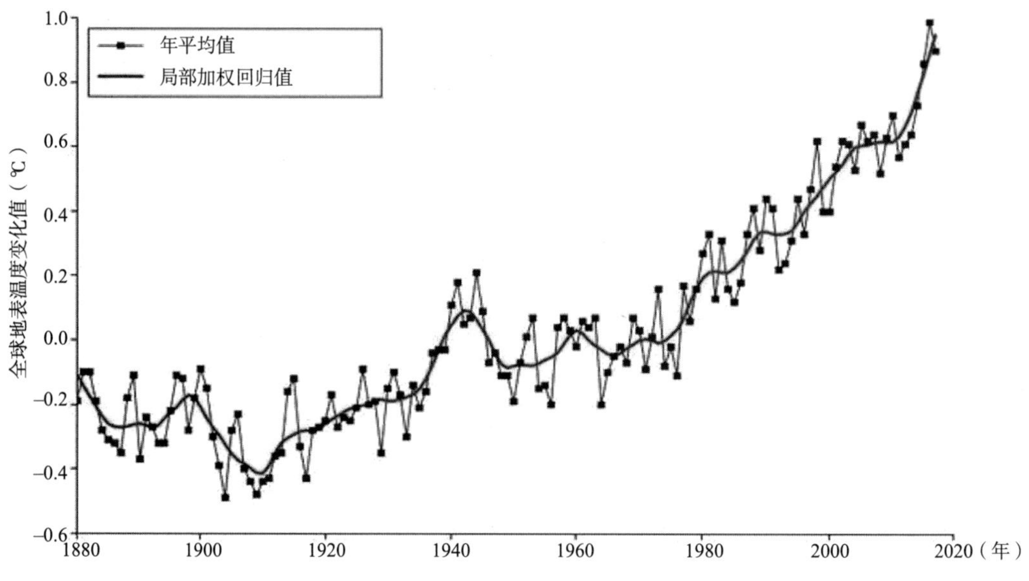

图 1-2　全球地表温度变化曲线（1880 ~ 2020 年）

（图片来源：NASA GISS）

1.1.2　城市化对气候的影响

过去数十年全球范围内都经历了快速的城市化，一方面大量的外来人口涌入城市，另一方面越来越多的地表被人工建筑物所覆盖，以及相关联的人类生产生活均使得城市（特别是城市冠层内）的气候与环境情况逐渐改变。截至 2007 年，世界已有一半以上的人口居住在城市里。联合国根据城市化进程的估算，到 2025 年城市人口将占总人口数量的 58.2%。我国的城市化进程在改革开放后加快，2012 年已有一半以上的人口居住在城镇中。根据第七次全国人口普查结果显示，2020 年我国城镇化水平已达

63.89%，相比 2010 年，城镇人口比重上升了 14.21 个百分点，相关研究预测 2035 年我国城镇化率能够达到 72% 左右。由于人口众多、土地稀缺、人均资源匮乏，导致城市不得不采用高强度、高密度发展模式，一二线城市尤甚。这直接导致了交通拥堵、城市热岛效应加强、冬季雾霾频发、能源消耗加剧等城市病。如何解决这些城市问题已成为全球范围内的重大课题。

我国城市化对气候的影响主要体现在以下五点：

（1）城市气温升高，城市热岛效应加剧

城市热岛（UHI，Urban Heat Island）一词最早出现于 20 世纪 40 年代，指的是城市相对于乡村的空气温度高。热岛几乎出现在所有城市地区，无论大小，气候温暖或寒冷。传统上描述的热岛是在标准高度（地面以上 1 ~ 2m）测量的，低于城市的平均高度，处于边界层大气的薄层，称为城市冠层。这一层的空气通常比农村地区标准高度的空气温暖。根据 1951 ~ 2001 年的数据，可以看出虽然我国城市气温整体上升趋势明显，但增温主要是从 20 世纪 80 年代中期开始，发生在近 30 年内，见图 1-3（*a*）。

（2）城市风速降低

根据我国 1956 ~ 2002 年国家基准气候站和基本气象站地面资料，可以发现全国平均风速减少率大于 0.1m/s（10a），见图 1-3（*b*）。从地理空间分布来看，除少数地区外，特别是西北大部分地区、内蒙古、东北中南部和华中部分地区平均风速减小趋势明显，且高于全国平均值一倍。

（3）空气污染严重

全国各地城市污染问题日趋严重，特别是城市群区域近地层气溶胶污染状况加剧，导致能见度日趋下降，雾霾日数明显增加，通常在冬春季出现较多，特别是在 2000 年后呈全国爆发式增长，见图 1-3（*c*）。

如何降低城市空气污染物浓度是目前我国尤其是北方地区高度关注的问题。从雾霾和其他空气污染物形成的过程特征来看，减少污染源排放和优化城市通风以促进污染物扩散是解决我国城市污染问题的两个有效途径。

（4）城市日照时数降低

由于过去快速的城市化发展和生产生活所排放到大气的人为污染物，使得城市近地层气溶胶光学厚度增厚，进而导致气溶胶污染状况加剧，间接致使全国普遍呈现日照时数的减少趋势，见图 1-3（*d*）。

（5）城市能见度降低

由于我国城市和区域大气复合污染日益严重，1961 ~ 1975 年全国平均能见度变化不大，个别中东部地区有所下降；但从 1991 ~ 1995 年全国一半以上的地区，特别是东北、华北中部、东部地区及新疆局部地区的下降趋势较为显著；而 2001 ~ 2005 年华北中部个别地区年平均能见度进一步降到 15km 以下。

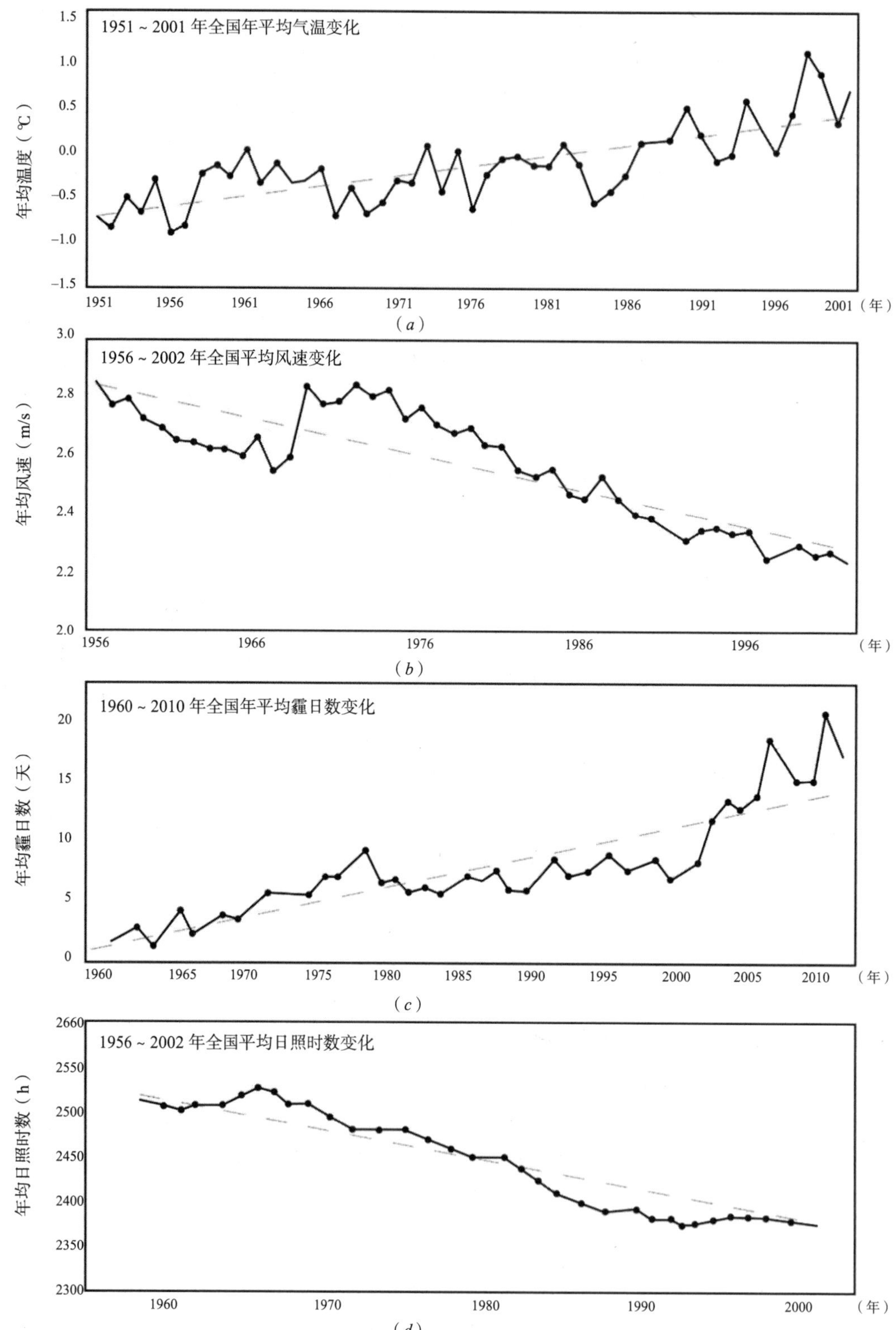

图 1-3 近数十年全国气候变化趋势

（图片来源：根据《近 50 年中国地面气候变化基本特征》绘制）

1.1.3 大连城市热环境

（1）大连城市热岛效应

大连位于辽东半岛南端，地处黄渤海之滨，是全国著名的宜居城市。由于整个城市形态呈带状，又受丘陵地形的影响，城市只能采取紧凑型、高层高密度的发展途径，造成城市中心区也出现了较为严重的热岛效应、空气污染等问题。许多研究学者已对大连的热环境进行评估。

程相坤等人（2010）利用 IPCC 第 4 次评估报告提供的 20 多个气候系统模式的模拟结果，以多模式集合模拟结果分析预估不同情景下大连地区 21 世纪气候变化。结果表明，21 世纪大连气候总体有显著变暖、变湿趋势。100 年后，年均气温将升高 2.45 ~ 3.46℃，年降水量将增加 5.8% ~ 16.3%。其中冬季升温最明显，冬、春季降水增加较明显。

崔利芳（2012）的研究表明，近 50 年大连市年均气温显著升高，也反映在各季节气温，气候表现为暖干化趋势。年均降水量也在不断减少，降水量减少主要体现在夏季和秋季。大连气候同时出现了极端气候增加的情况。2007 年大连地区部分气候指标创历史新高，全市平均气温为 11.5℃，比往年高 1.4℃。

赵梓淇等人（2014）利用 1961 ~ 2010 年辽宁省 52 个气象站日最高气温资料，分析辽宁地区高温日数（日最高温度大于 32℃）及热浪的分布特征和变化趋势。研究结果表明，大连地区高温日数总计为 85 天，年均 1.7 天，总热浪次数达 8 次。大连高温日数从 20 世纪 60 年代开始，呈缓慢增加的态势。总体而言，研究表明未来大连夏季高温天气将逐步增加。

Yang Jun 等人（2017）以大连市为研究区，通过遥感解译和转化，获得了 1999 年、2007 年和 2013 年城市绿地和地表温度（LST）的空间分布及其演变。结果表明：在 1999 ~ 2013 年期间 29.4% 的城市绿地转为其他土地利用，城市热岛效应加剧，呈现出地表温度升高、结构复杂、高温区增加和聚集、低温区减少和破碎化等特征。高温地区从中心位置向周边地区扩散，在一定程度上导致居住环境舒适性下降。

研究表明，在过去几十年中，大连热岛效应逐渐增强，年均温度持续升高，极端天气不断增加的趋势。大连市在 2018 年 8 月 1 日发布了大连历史首次高温橙色预警，当天大连站最高气温 36.9℃，长海站最高气温 36.0℃，庄河站最高气温 37.7℃，均打破历史纪录。而在一些自动站点则出现了 40℃以上的酷热天气。种种迹象表明，大连的夏季高温天气将处于持续且长期的趋势中，而且由于大连地区夏季湿度较大，天气闷热，使人的体感温度更高。因此，针对夏季高温和极端天气必须做出有效的措施，避免高温对人体产生的严重影响。

（2）大连气候变化趋势

本书的气象信息数据主要收集于大连气象站及国家气象站的往年数据、针对研究区域进行风速和温度的实测数据、大连理工大学气象站的参考数据以及国内外气象数据网站提供的基础数据。

通过整理大连气象站近 67 年气象观测数据（附录 A），对观测数据的分析表明，大连的年平均气温是 10.8℃，平均风速为 4.6m/s。最高年均温度为 14℃，发生在 2017 年，比前一年高出 1.8℃，说明 2017 年发生了极端高温天气；最低年均温度为 9.3℃，出现在 1957 年和 1969 年，距今已有约 50 年时间。最高年均风速为 6.2m/s，发生在 1956 年；最低年均风速为 2.8m/s，发生在 2007 年，且自 1997 年以来年均风速均低于 5m/s，2004 年以后年均风速均低于 4m/s，说明城市高速建设对城市风环境的影响非常大。而通过整理 2018 年全年气象数据，得到结果平均风速为 2.82m/s，年均气温为 12.79℃，夏季最高温则达到了历史极值 36.6℃。

利用得到的气象数据进行了年均气温和风速的回归分析，结果显示，自 1951 年以来，年均温度呈现周期性的规律起伏，整体呈上升趋势，年均增加的速率是 0.0345℃ / 年（R^2=0.55），见图 1-4（*a*）。年均风速整体呈现下降趋势，在 2006 ~ 2011 年间风速

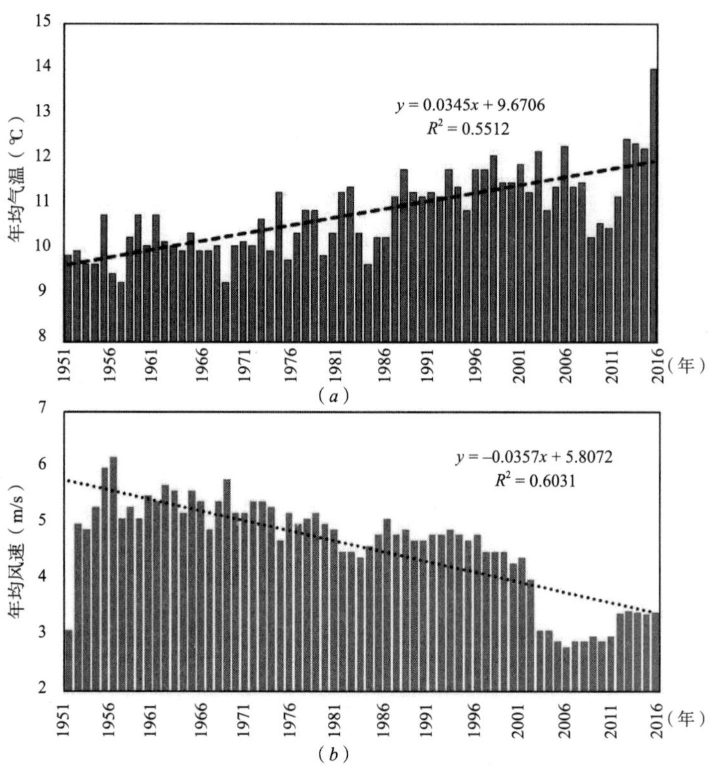

图 1-4　大连年平均变化趋势（1951 ~ 2017 年）

（*a*）气温；（*b*）风速

[图片来源：根据气象数据（附录 A）绘制]

呈现断崖式下降，后回弹至正常范围，年均风速下降的速率 0.0357m/（s·年）（R^2= 0.60），见图 1-4（*b*）。按照观测趋势发展，百年后大连年均升温将超 3℃，若考虑热岛叠加的结果，这对城市气候和城市人口会产生较大的热压力。

1.1.4 本研究的缘起

近些年我国逐步开展了城市气候适应性规划的相关工作。2014 年在《城市总体规划气候可行性论证技术规范》中提到，要根据规划关注的重点问题提出建议，比如针对缓解城市热岛、促进城市通风，需提出绿廊和通风廊道的规划建议。2016 年 2 月国家发展改革委、住房城乡建设部联合发布了《城市适应气候变化行动方案》，提出要依托现有城市绿地、道路、河流及其他公共空间，科学规划城市廊道系统，提高城市活力。建设城市通风廊道，增加城市的空气流动性，缓解城市热岛效应和空气污染等问题。2017 年国家发展改革委、住房城乡建设部发布《关于印发气候适应型城市建设试点工作的通知》（发改气候 [2017]343 号），大连成为 28 个气候适应型城市建设试点地区之一，同年大连由住房和城乡建设部确定为第二批全国“城市设计”试点城市。

大连市规划局（今大连市自然资源局）基于上述工作要求，于 2017 年启动了大连市总体城市设计工作，并于 2020 年公布了十个专题城市设计成果，其中包括“大连城市通风廊道专项规划”，项目致力于通过科学定量的方式对城市布局进行合理规划和改善，以此缓解城市热岛、打造优质舒适的城市环境与景观。本书即属于该工作的前期研究基础和工作内容。

面对我国城市正在受到温度普遍升高，冬季雾霾严重的困扰，尤其是各大城市人口密集、建筑密度高的城市中心区，亟需建设通风廊道加以改善。但由于过去二十年中国城镇化的飞速发展，城市发展呈现紧凑型、高密度的态势，总体规划中缺乏城市通风的理念，导致城市中心区不利于空气流通、空气污染物沉积的现状。由于建筑的全生命周期可长达 100 年，这意味着，如果不针对这些建筑密度大、人口高度集中的地区进行规划管控、改造，风道研究的作用和意义都会大幅减小。因此，开展通风廊道的发掘及设计工作已刻不容缓。

目前，国内外对街区尺度、城市设计尺度的风廊研究较为缺乏，这会导致规划师和建筑师在进行城市空间形态、街道设计精细化设计时难以应用通风廊道的研究结果，不能充分发挥通风廊道的“毛细作用”。本书旨在采用建筑形态参数的方法发掘城市街区尺度的通风廊道、评估其对风环境的改善作用，提出相应的街区布局、建筑设计、景观设计策略。并针对像大连这样的滨海山地城市风廊，通过准确描述半岛城市条件下、大气环流和局地热力环流（海陆风、山谷风）对风环境的耦合影响，以及山体对城市风环境的影响特性，建立一套能够快速计算大量城市信息、迎风面积和风廊分布的工具。

这些工作为沿海、地形复杂的地区提供了参考，为城市规划师和建设者对风廊发掘的工作提供了新的视角和方法。

1.2　研究对象与范围

1.2.1　研究对象

本书的研究对象为城市通风廊道，来自德语的“Ventilationsbahn”，也可称作“城市风廊”或“城市风道”。中国气象局发布在2018年12月实施的《气候可行性论证规范–城市通风廊道》QX/T437—2018中，对“城市通风廊道”一词做出了定义：“由空气动力学粗糙度较低、气流阻力较小的城市开敞空间组成的空气引导通道。”

城市通风廊道的建设真正做到了“以人为本”，能够带来诸多好处（图1-5）：一是有效缓解城市热岛效应，引入冷空气，减少人为热，大大提高人体舒适度；二是有助于城市空气流动和减轻空气污染，尤其对北方冬季雾霾的缓解效果显著；三是有助于城市线性和带状绿地的建设，增加城市弹性。因此，无论是从生态城市建设，还是优化城市布局、提升城市活力的角度，建设通风廊道都具有重要意义。

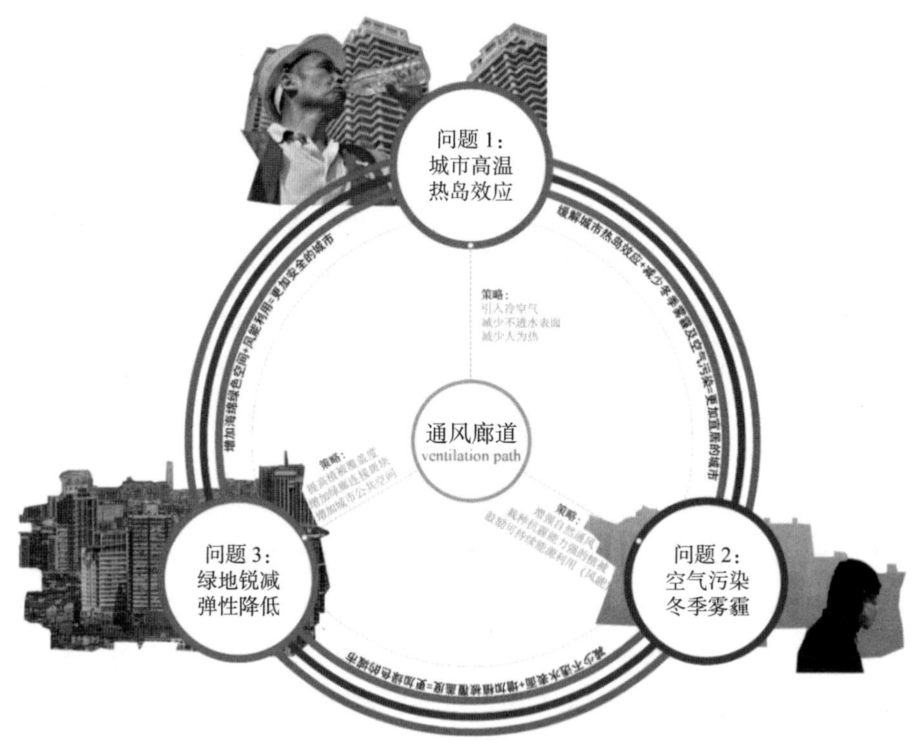

图1-5　通风廊道的作用

（图片来源：作者自绘）

1.2.2 研究范围

城市建成区的微气候对人的健康和舒适度具有重要影响，此外还对区域内建筑物的内耗和自然通风产生重大影响。因此在城市规划阶段，设计并优化建筑形态和布局，从而影响局部微气候是备受关注的热点。

在大多数的通风廊道研究中，城市或地区都位于内陆的平原地区、盆地或低矮的山谷中，对于海陆风影响下、地形复杂区域的实践还不是很多。本书选择大连星海湾地区作为受海风和山风共同影响且地形复杂的代表性区域进行研究，希望街区尺度的风廊发掘及缓解策略的全过程对其他同类城市提供参考。

研究区域大连星海湾地区（图 1-6），为 7km × 7km 的一个典型滨海高密度城区。研究区域位于大连城区的南部，南邻黄海，北至沿河街，西至数码路，东至太原街。

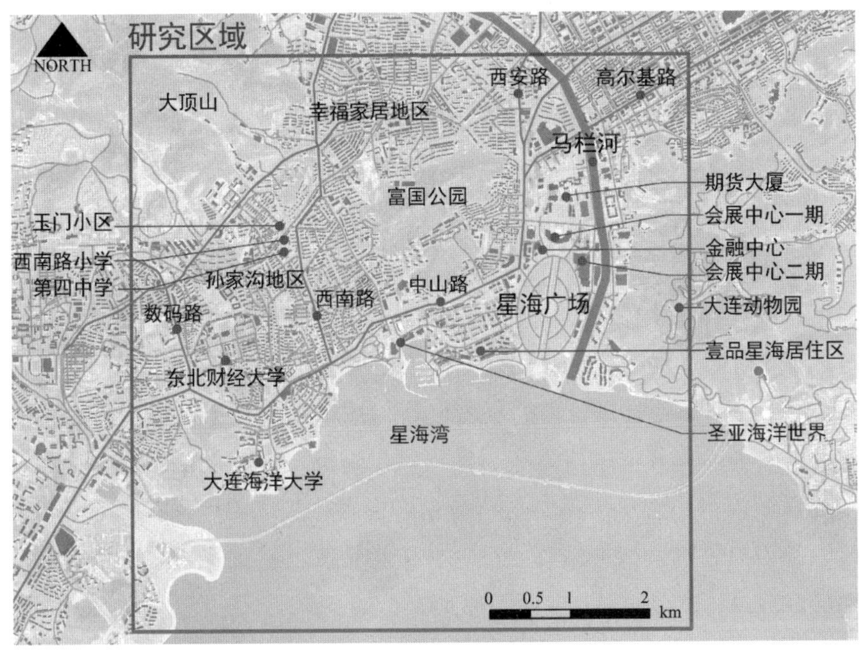

图 1-6 研究区域概况

（图片来源：作者自绘）

星海湾地区是大连最重要的旅游景区，拥有众多城市地标建筑，用地类型丰富，包括城市广场、公园、河流、自然山体、学校、商业区和住宅区等。其中星海广场是重要的城市风口，也是旅游地标以及金融中心。星海广场地面中间设三条圆形道路，将广场分为三个景观层次；广场长轴有两条平行道路贯穿广场，与之相交叉的另外有两条成 X 形的道路，将广场分割成六个部分；星海广场景观分为四个部分，包括广场区、喷泉景区、百年城雕广场及中央草坪。星海广场东侧为城市主要内河马栏河，北侧是金融高层区和会展建筑区。广场西侧建有高层住宅区，星海公园西侧有一处内湾，周边设有圣亚海洋世界等地标性游乐建筑。

1.3 国内外研究与实践发展

城市通风廊道是利用数值模拟和定量研究，将自然生态建设和城市总体规划紧密结合的一个新方法和视角，是以提升城市的空气流动性、缓解热岛效应和改善人体舒适度为目的，为城区引入新鲜空气而构建的通道。目前世界上很多国家和地区已经开展了针对城市热岛效应和空气污染的城市通风廊道研究与应用的项目，日本东京与大连的风环境相近，其对于风廊的相关研究和实践也较为完备，对大连的风廊建设有着很好的借鉴意义。

1.3.1 国外研究与实践

德国是最早进行相关研究的国家，实践和研究经验丰富。德国学者 Kress（1979）通过对局地环流理论研究，提出了城市下垫面气候功能的评价标准，根据热力学和空气动力学原理将地表下垫面分成作用空间、补偿空间和空气引导通道，这是较早关于城市通风廊道的系统性研究。实践方面，德国斯图加特、鲁尔工业区，瑞典哥德堡，美国圣弗朗西斯科、波士顿、英国曼彻斯特等城市相继开展了城市气候图的研究，包括有关信息采集、温度空间分布、气候评估、城市与建筑形态及环境性能方面的工作。20 世纪 90 年代后期，计算机技术的发展使得对城市各类基础信息的采集、耦合、模拟成为可能，有关城市气候的定量分析使得城市形态与城市气候的整合更加紧密。区域和城市尺度可以运用大尺度模型进行分析，宏观调控城市气候功能分区；街区和建筑尺度可以利用 GIS 与数值模拟技术展开分辨率更高的精细化研究，精确定位，使得城市控规、城市设计、建筑设计有据可依。

除此之外，欧洲国家瑞典、英国、葡萄牙等在城市气候图、风廊方面也做出了大量实践和研究工作。欧美发达国家城市风环境评估和风道发掘多是受到空气污染的困扰，这些国家几乎都经历了“先污染后治理”的过程，虽然雾霾和空气污染的治理最有效的手段是源头控制，但他们依然对城市通风廊道的推进和开展极为重视。德国斯图加特、英国伦敦、美国洛杉矶，这些国家或地区由于城市急速发展带来的空气污染问题现今同样困扰着我国，尤其是北部地区。

亚洲地区，如日本、韩国等国家多是为了解决温度升高和城市热岛效应开始对通风道进行系统研究的。日本从 20 世纪 90 年代后期开始了此类问题的研究，研究人员根据日本特有的自然环境，研究了如何利用海陆风、山谷风建立城市通风廊道，主要集中在东京、福冈等城市。在对东京湾的八个都县进行的中尺度风廊实践中，运用计算机数值模拟、实测、GIS等技术开展了研究，规划了“山、谷、海、陆、公园”结合的五级城市风道引导海陆风、山谷风进入城市，有效降低城市地面温度。这为海滨城市提供了良好的示范，对于大连这样三面环海的城市具有极强的借鉴意义。

无论是德国这样在气候研究领先的国家，还是日本等追随其研究思路的地区，都十分重视将城市气候研究纳入城市规划的实践应用中，这是因为他们都将气候看作是环境资源的重要组成。毫无疑问，全球变暖、城市热岛效应、空气污染、极端天气频发正成为国内各城市的共性问题，国外的相关实践无疑为本研究提供了良好的范例和研究基础。

（1）德国城市研究与实践

空气污染、城市气候和城市通风廊道的相关研究起源于德国。德国山地多，许多城市位于盆地中，弱风天气多，易造成热岛和污染天气。“通风廊道”出自德语“Ventilationsbahn”，由德国学者Peter Albert Kratzer在对弱风状态下的城市风道构建研究中提出，其核心观点是基于气候学的局地环流运动理论。早在1937年Katzschner撰写的《城市气候学（Das Stadtklima）》一书中，就已特别指出城市规划和建设会影响甚至改变当地空气与气候质量。

德国在城市通风道领域一直处于世界领先水平，这得益于长期扎实研究基础与日趋完善的城市规划编制制度。1935年德国获得通过的新地方建筑法规将城市区域分为10个由空间、密度及不同功能建筑的组成部分。1938年斯图加特市议会决定开展城市气候及其与城市发展关系的研究。同年城市气候署被设立在环境保护办公室下，用于管控环境气象学下的空气污染问题，并从1995年开始指导城市气候保护计划（KLILS）。20世纪70～90年代，气候学家开始与城市规划师合作，致力于基于城市规划理论下的城市气候模型研究。20世纪90年代后期，地理信息系统（GIS）与数值模拟技术大大提高了城市规划实践整合城市气候学的可操作性，使高精度的通风廊道发掘和设计成为可能。

斯图加特是较早开始系统性研究城市通风的城市。其位于一个小型的山谷盆地之中，弱风和静风频率较高，地形的制约和自然通风不畅，共同导致城市热岛效应等城市气候环境问题。这里又是德国的重工业集中区，在很大程度上加剧了城市污染程度，还曾被冠以德国“雾都”。同时当地大量葡萄种植区对于高温天气非常敏感。因此，如何控制空气污染并有效减缓高温现象成为斯图加特城市规划关注的重点。斯图加特从20世纪40年代就开始测量和分析城市空气环境与质量，并逐渐加入对空气污染物排放的检测与管制（表1-1）。1978年开始绘制“城市环境气候图”，将研究结果直接应用于城市规划发展建设中。经过长期有效的管控，20世纪90年代后，斯图加特因为良好的城市空气质量和生活品质成为德国著名的宜居城市。

继斯图加特后，德国其他城市也开始了有关城市风环境的研究。在20世纪80年代早期，卡塞尔市就已开展针对空气污染和城市居民人体舒适度的研究。卡塞尔市是德国中北部的山谷工业城市，污染和弱风情况居多。第一版卡塞尔市环境气候图由卡施纳教授于1990年绘制完成，分析了气候影响下的市民人体热舒适度的空间分布状况。2003年的版本中，更新了土地利用方面的信息，特别是工业用地和绿化用地的信息。此后地理信息系统被用作主要工具来绘制卡塞尔城市环境气候图。

斯图加特通风道研究发展 **表1-1**

时间（年）	发起人	政策、著作、法律法规、实验	内容
1937	Peter Albert Kratzer	《城市气候学》	特别指出城市规划和建设会影响甚至改变当地空气与气候质量
1938	斯图加特市议会	城市气候与规划道德研究	决定展开与城市气候及其与城市发展关系的研究
1939	城市气象学家	利用烟雾预防城市成为空袭目标	研究表明了早期的城市清洁空气廊道形式，主要依据由地形地貌主导的峡谷风而定
1948	Karl Schwalb	斯图加特战后重建	由于第二次世界大战毁坏，斯图加特市面临大规模重建和城市规划与设计项目。Karl Schwalb被委任在整体城市发展项目中运用城市通风廊道来控制空气污染问题
1988	斯图加特区域联邦委托城市气候办公室	土地用途规划（FNP）	规划目标：紧凑城市与绿化相协调；在绿地上发展首先进行恢复；城市化发展与自然风景相融合，及无损伤环境的交通系统
1988 ~ 1989	斯图加特市政府	绘制城市气候图集	开展红外热成像航拍研究活动
1990	斯图加特市政府	空气污染控制计划	针对不同道路限速系统的设置与分布，均考虑了空气污染控制的效果
1996	斯图加特市政府	追踪气体实验	为更好量化小规模的空气交换过程
1997	斯图加特市政府	追踪气体实验	主要针对城市发展项目“Stuttgart 21”
2005	斯图加特行政部门	空气污染控制／实施计划	包含36个独立措施，并逐步收紧环境区中的空气污染标准
2007	斯图加特地方议会	通过“斯特加特山坡地带规划框架指引”	旨在保护该地区的冷空气生成和流通，用于缓解斯图加特市中心的热岛和改善空气质量
2008	斯图加特城市气候办公室	斯图加特区域气候图集	将气候变化纳入城市发展考虑

弗莱堡地处莱茵山谷上部，是德国最热的城市之一。由于城市热负荷较高，试图通过山谷风的局地环流作用缓解城市热环境。根据历年的气象数据，弗莱堡地区每年会有超过30天出现较高的热负荷，当地的空气污染主要来自汽车交通。弗莱堡进行了大量研究，利用在无云弱风的天气下山谷风为缓解城市热环境提供依据。目前新建城区等建设工程都需要考虑对周边风环境的影响。

（2）日本城市研究与实践

通风廊道在日文中写作“風の道”，简称“風道”。日本通风廊道的研究应用主要借鉴德国城市的经验，创建从乡郊连接市中心的通风廊道，便于冷却市区的高温状况。

侧重于在城市规划中对城市热岛现象提出缓和措施，其中将街道的方向与宽度，土地利用和城市用地形态等因素纳入通风廊道构建系统。

东京通风道研究发展 **表 1-2**

时间（年）	发起人	著作、报告	内容
1993	日本建筑学会	《城市空间的风环境设计和分析》	强风状况下的风环境规划、弱风状况下的风环境规划以及相关风环境设计资料集成，其中还特别提出弱风环境可能带来的环境灾害和问题，开展了弱风状况下城市规划中的风环境规划和评估
2003	东京都环境局都市地球环境部	《城市热岛缓和政策措施——东京都大丸有地区风道项目》	针对 JR 东京站大丸有地区，通过建筑规划考虑通风廊道的配置，从而改善周边热环境
2004	日本环境省在相关部委联络会议	《城市热岛效应措施宪章》	重点介绍热岛效应的成因和缓和措施及推进方针，旨在解决日本城市热环境问题，并且连同地方公共团体与民间机构积极参与实施相关缓和措施
2004	国土交通省	《缓解热岛效应的建筑设计指引》	建筑设计的指导原则应从场地周边情况出发考虑缓和热岛效应；缓解建筑地块外气温上升等热的影响和保证地块内热环境处于良好状况；建议通过综合建设环境绩效评价体系，即 CASBEE 评价体系
2005	东京都环境局都市地球环境部	目黑川风道应用项目	利用现有地区的环境和城市形态要素来改善城市热岛效应
2005	东京都环境局都市地球环境部	《海之森》项目	旨在利用填海形成的人工岛的新增绿化，连接起东京都现有的水系、大型绿地、行道树和绿化，增加适当绿地，以便于东京湾海风导入，缓解城市热岛效应
2006	日本建筑环境与能源保护协会	《建筑物综合性能环境评价工具——热岛效应》	CASBEE 的评价工具遵循建筑物综合性能环境评价理念，主要从建筑物自身的环境品质 Q 和建筑物对外部环境所带来的负荷 L 两方面，以环境效率为指标来评价
2007	环境问题措施委员会干事会	《风道研究工作——调查报告书》	提出将以往的风玫瑰图、全年 / 季风盛行风向、海陆风循环情况、通风廊道等风环境信息纳入通风廊道建设的考虑范畴中，并以东京为例详细叙述如何利用可能的风系统
2013	键屋浩司、足永靖信主编	《城市发展导则——利用“通风廊道”缓和城市热岛效应》	该报告重点是缓和城市热岛效应，主要介绍了城市热岛效应形成机制和影响要素，城市中空气流动的特性、风道的分类，以及可用来缓解热岛效应的通风廊道形式及配置

自 20 世纪末《京都议定书》在日本签订以来，全球开始重视气候变暖的相关研究，城市气候与城市规划实践应用相结合的研究也日益受到关注（表 1-2）。日本城市环境的研究重点主要集中在城市热岛效应的成因，并侧重于缓和热岛的措施研究，包括土地利用与覆盖的改变、人工废热排放的削减以及城市街道形态的改善。前两项主要针对城市气温上升的抑制，而城市街道形态则对城市内的通风与空气交换起着至关重要的作用。早在《1999 ~ 2000 年度热岛现象缓和措施技术报告》中就已提及“風の道”一词，建议利用自然风系统、水系、地形等地域特点来缓解热岛现象，并提出建立观测站点分析了通风系统对城市热岛的改善作用。

由于日本的大中型城市主要为滨海城市，因此主要考虑了四种类型的风环流系统：

海陆风（海风与陆风之间的循环）、湖陆风（湖风与陆风之间的循环）、山谷风（山风与谷风之间的循环）以及城市绿地的冷空气溢出与流动。日本东京首都大学三上岳岩教授就收集到的气象观测风向与风速数据、绿地及地形地貌信息综合评估后，总结了东京首都圈存在的风的类型及其概要等信息用于规划应用（表 1-3）。目前东京已经建立起了山、谷、海、陆、公园结合的五级通风廊道系统（图 1-7）。

东京都风道的构成及风类型概要　　表 1-3

	风的类型	规模	范围	时间	厚度	风向	风速	缓和效果
海陆风	海风	大规模	首都圈	白天 - 夜间	估计为500m	南 - 南东	＞ 5m/s	城市中心升温被抑制
		中规模	区内	中午前 - 中午后	估计为200	东南偏东（汐留）	＜ 5m/s	海湾升温被抑制
	陆风	中规模	琦玉 - 都北部	夜半 - 早晨	未知	北 - 西北	大约 2m/s	夜间高温缓和
山谷风	山风	中规模	山谷谷口扇状分布	夜半 - 早晨	估计数10m	西 - 西北	数米 /s	夜间高温缓和
	谷风	中规模	山间沿山谷方向	白天	估计数10m	东 - 东南	数米 /s	未知
公园绿地	沿下风向流出	小规模	绿地下风向毗邻的街区	白天	估计数10m	南 - 东南	数米 /s	白天升温缓和
	四周	小规模	绿地周边街区	夜间 - 早晨	估计数30m	绿地周边各个方向	10 ~ 30m/s	夜间高温缓和

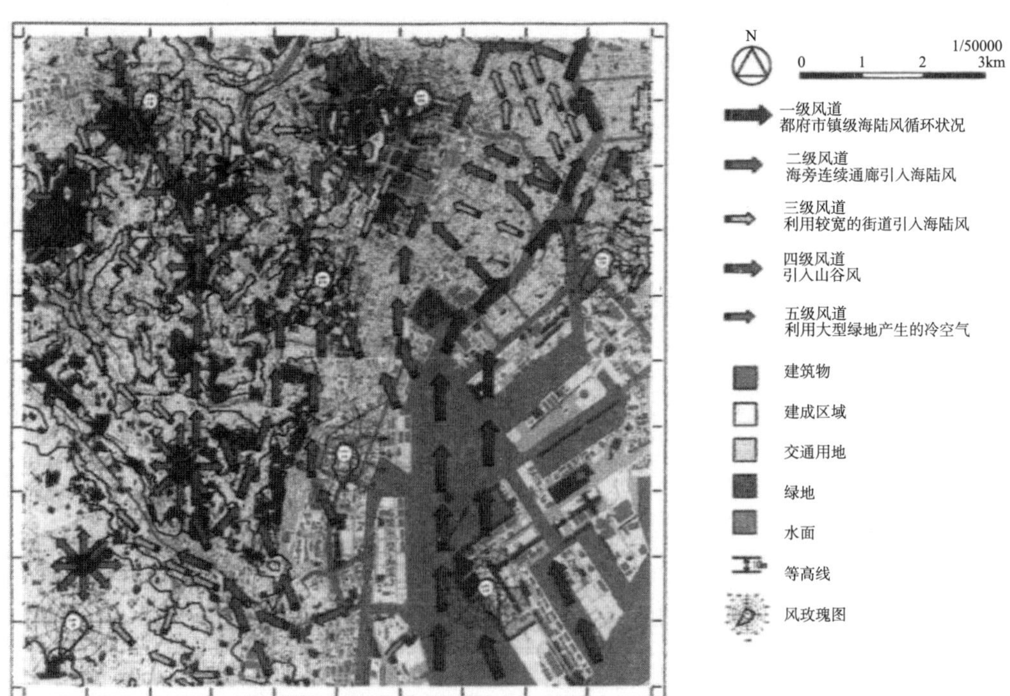

图 1-7　东京五级风廊道系统

［图片来源：东京城市环境气候图（试作版）］

日本风道系统的应用并非简单地拓宽道路，而是着重了解城市所存在对于不同类型的风系统及其引导输送的机制，因此首先会考虑与海、山林、绿地等地域性冷空气及新鲜空气来源的连接，使新鲜冷空气可以流入到附近的城市空间或深入到城市腹地，确保城市空间的近地层空气交换与流通的有效性，利用与实际的河川、绿地、街道、建筑物之间的空隙空间的连接确立“风道”。

横滨、大阪、名古屋等日本大城市均纷纷效仿东京，开展了相关风道研究和应用。各地应用落实的质量保障源于日本国家政府级机构制定的详细指引、大纲和框架。

1.3.2 国内研究与实践

我国古代就有关于“风水”的研究，尽管其属于一种玄学，但它是最早将风与房屋相结合的学问。我们一开始讲求的“风水”就是关乎宫殿、住宅、村落、墓地的选址、朝向、建设等方法与原则，这与现代建筑对气候的响应设计殊途同归。在城市化发展初期，对于气候的考虑近乎被忽略，基本依靠单一的气象信息来评估城市整体气候环境，规划城镇及其工业区和居住区的位置，具有一定的局限性。

20 世纪 80 年代至 90 年代末，“将新鲜气流引入城市”的思想和建议已见于城市气候学类的文章中。21 世纪初，随着“绿色”“可持续”“生态”“低碳城市”“可持续发展城市”等概念和理念的普及（表 1-4），部分学者开始了城市通风廊道的研究与实践。

李鹍、余庄早在 2006 年就提出了利用建立多种形式的通风廊道，来提高城市的通风和排热能力。研究基于城市热岛效应和城市热浪的背景下，利用 CFD 对实例进行数值模拟，论证了建设通风廊道的可行性和必要性，表明了风廊的规划对缓解夏季城市热岛、节约能源的积极作用。

朱亚斓等人（2008）从城市尺度对城市总体规划、城市边缘地带的空间结构，以及城市形态等方面提出了通风廊道的设置建议。研究强调了对城市风环境的评估多集中于局部建筑群的研究，对城市气候的改善多采用人工调节的方式，应该从整体层面考虑自然通风的作用。

刘姝宇等人（2010）对基于局地环流的城市通风廊道规划进行了系统的梳理。研究从补偿空间、作用空间及空气引导通道三方面，分析了德国城市通风廊道规划的工作程序，表明了通过 GIS 与数值模拟技术结合对大量的气候及地理信息计算，能够模拟静风条件下城市内部及周边的局地环流运行状况，从而实现城市风廊的发掘与定量规划。

张晓钰等人（2014）针对城市化对城市气候带来的问题，系统简述了城市通风廊道的规划与建设。研究表明城市风廊对改善城市气候有非常大的意义，城市风廊应对城市空间合理布局，在作用空间周边建设大气流通的空隙，且空气引导通道应满足最小成本路径的要求。

王晓飞（2018）基于北方雾霾等空气污染严重的问题，通过CFD数值模拟对长春市城区及周边重点地区风环境进行计算，发掘出15条城市风廊。研究主要是从规划层面分析城市气象、地形、城市形态等基础数据，提取补偿空间、作用空间及空气引导通道，通过对比分析和CFD识别出的潜在风廊确定通风廊道，并从区域、城市、街区和建筑尺度对风廊进行规划控制。

国内部分城市风环境评估方案 **表1-4**

规划工具	实施案例
总体规划	《香港规划标准与准则》(2006)； 《武汉城市总体规划（2010～2020年）》； 《"生态福州"总体规划》(2014)
详细规划	《贵州省仁怀市南部新城控制性详细规划》(2013)； 《广州市白云新城北部延伸区控制性详细规划》(2014)； 《郑州航空港经济综合试验区发展规划》(2014)； 《北京长辛店生态城项目（一期）》(2013)； 《(香港)都市气候图及风环境评估标准》(2012)
绿地规划	《沈阳市城市结构性绿地控制规划》
生态适宜性评价	《西安市域生态隔离体系规划》(2013)； 《江苏省生态文明建设规划（2013～2022）》(2013)； 《全国生态保护与建设规划（2013～2020）》(2014)； 《南京市生态文明建设规划（2013～2020）》(2014)； 《武汉市全域生态框架保护规划》(2015)
城市增长边界	《安庆市城市空间利用规划暨城市开发边界划定》(2014)
大气污染防治规划	《南京大气污染防治行动计划》(2014)； 《南京市生态文明建设规划》(2013～2020)； 《绍兴市大气污染防治实施方案》(2014)
建筑设计及建筑基地设计	《(香港)技术通告第1/06号（HPLB and ETWB joint Technical Circular No.1/06 for AVA）》(2006)； 《(香港)认可人士、注册结构工程师及注册岩土工程师作业备考APP152——可持续建筑设计指引》(2011)

国内在进入新世纪后逐渐开始对气候环境研究的重视，近十年以来，城市风环境评估和通风廊道规划已经广泛介入城市总体规划、控制性详细规划、绿地规划和城市绿地系统规划、生态隔离体系规划、生态框架保护规划、城市增长边界划定甚至大气污染防治等专项规划当中（表1-4）。

香港特别行政区是我国最早开始进行城市风环境评估与风廊实践的城市。2003年"非典"暴发使香港受到严重影响，引起了市民对于自身城市居住环境的高度关注，也促使学者和政府反思如何建造更健康的高密度城市。学界普遍认为城市的高密度、屏风楼形态导致了通风不畅，创造了病菌快速传播的途径，一些学者开始利用"风速比"来研究建筑对周边风热环境的影响。此后，香港特别行政区启动了针对高密度城市的《空气流动性评估》可行性研究，并在《香港规划标准与准则》第九章中正式加入“通风走廊”内容。通过风洞试验、流体力学模拟对香港城市风热环境进行评估，制定了香港城市环境气候图，从建筑形态与布局控制、城市开发建设强度、绿地设施布置等角度出发，为城市设计提供详细的控制引导措施。

随着国内许多城市雾霾频发，武汉、南京、北京、长沙、福州、杭州等城市相继开展了针对改善城市风环境的城市风道专项研究和城市通风道建设（表 1-5）。

在规划实践中，武汉市编制的《武汉市城市风道规划》，首次将通风廊道规划纳入法定规划的平台，并融入城市总体规划中。在风道构建的同时，构建了完整的城市通风系统，包括城市补偿区、作用区及通风廊道地区，并提出相应的建设要求。在通风廊道建设方面，明确了各级风道的各项控制要素的具体控制要求和指标，明确风道的控制要素主要包括风道宽度、开敞度、两侧建筑密度、建筑高度、布局形式，以及植物类型、种植形式和乔灌种植比例等。武汉市的通风廊道探测方法主要是基于城市结构的地表粗糙度理论，结合 GIS 平台对城市盛行风向分析，计算了城市表面粗糙度、建筑迎风面积密度等。

北京市将通风廊道内容纳入到总体规划中，并提出廊道的宽度、建设要求等内容。《北京城市总体规划（2016 ~ 2035）》中提出，建设完善中心城区通风廊道系统，提升建成区整体空气流通性。到 2035 年形成 5 条宽度 500m 以上的一级通风廊道，多条宽度 80m 以上的二级通风廊道，远期形成通风廊道网络系统。划入通风廊道的区域严格控制建设规模，逐步打通阻碍廊道连通的关键节点。北京市主要利用 GIS 技术计算海量建筑的风阻系数，利用最小成本路径法（LCP）发掘风道所在位置，并利用卫星遥感数据反演的地表温度验证发掘出的风道。

重庆市通过该对地区近地层风环境的研究，规划出依托山地地形的多级城市风道。西安市明确提出“坚决打好减霾治污持久战”“把城市风道建设纳入城市规划与管理”。城市风道逐渐开始被纳入城市总体规划、控制性详细规划的研究与编制内容。

我国部分城市通风廊道规划与实践　　表 1-5

城市	开展时间（年）	主要内容或代表成果
武汉	2021	《武汉市国土空间总体规划（2021 ~ 2035）》：构建通风廊道系统
大连	2020	《大连城市通风廊道专项规划》：中心城区形成 6 个补偿区、10 个作用区，6 条一级通风廊道
常州	2020	《常州市国土空间总体规划（2021 ~ 2035）》：提升中心城区整体空气流通性，形成 4 条一级通风廊道（宽度＞150m），多条二级通风廊道（宽度＞50m）
重庆	2020	《重庆市国土空间总体规划（2020 ~ 2035）》：控制通风廊道
深圳	2020	《深圳市国土空间总体规划（2020 ~ 2035）》：打造“会呼吸的城市”，规划 7 条一级通风廊道，9 条二级通风廊道
成都	2020	《成都市国土空间总体规划（2020 ~ 2035）》：“8+26+N”三级通风廊道

续表

城市	开展时间（年）	主要内容或代表成果
中山	2020	《中山市国土空间总体规划（2020 ~ 2035）》: 将山风海风河风引入城市
佛山	2018	《佛山市城市通风廊道专项规划(2018 ~ 2035)》:6 主 28 次通风廊道、37 处入风口、3 主 5 次补偿空间、作用空间
济南	2018	《济南市通风廊道构建及规划策略研究》: 3 条一级通风廊道，4 条关键二级通风廊道，7 条一般二级通风廊道
沈阳	2018	沈阳城市总体规划：2020 年前建设三环、三带、四楔、南北绿廊
郑州	2018	郑州市通风廊道评价研究及规划研究：7 条一级通风廊道宽度在 200m 以上，13 条二级通风廊道宽度在 50m 以上
北京	2017	《北京城市总体规划（2016 ~ 2035）》: 5 条一级通风廊道（宽度＞500m），多条二级通风廊道（宽度＞80m）
杭州	2015	杭州通风廊道评价研究及规划研究、杭州城市气候规划基础研究
深圳 - 南山区	2014	南山区城市局地气候分析图：量化城市空间形态指标，划分 7 个气候等级
贵阳	2013	贵阳市总体规划：一级通风道 6 条、二级通风道 16 条，以及三级通风道 30 条
西安	2010	“风道＋景区”的规划建设模式
南京 - 江北新区	2010	南京市总体规划：六条总体风道
高雄	2010	风流通潜力地图：包括自然地形，海洋和河流，反映通风和空气交换的潜力；风向风速地图：盛行风的信息和局地海陆风
台南	2010	南风 3 条风廊，西风 5 条风廊，共计 8 条通风廊道
武汉	2009	武汉市总体规划：六条城市风道，利用天然的江河湖泊及生态绿地
香港	2009	都市气候图及风环境评估标准

1.3.3 大连城市通风廊道专项规划

大连城市通风廊道专项规划属于大连市总体城市设计工作之一，由大连理工大学、大连都市发展设计有限公司、大连气象服务中心联合完成，并于 2020 年 5 月正式公示。规划内容从城市气候角度出发，通过协调城市通风与城市建设的关系，全面分析大连市风环境气候特征，以缓解城市气温升高和热岛增强的趋势，提升城市通风能力、缓解空气污染，满足大连市不断发展的需要。本书内容属于该专项规划在城市街区层面的深化研究，因此对此专项规划进行简单介绍将有助于读者了解大连城市通风廊道探索历程与总体思路，加深对本书的理解。

（1）构建思路

大连市通风廊道系统构建分为两个层级（图 1-8）: 第一层级针对市域层面的气候区位及城市软轻风风向、风速分析，提取市区内主要的弱风区、风口区及通风廊道分布，从而对大连城市气候特征及变化趋势进行研究说明。第二层级针对中心城区层面，构建通风廊道系统，具体由三个步骤组成：1）根据城市土地利用、生态系统分析以及通风环境分析分别确定通风廊道系统中的作用空间、补偿空间和通风廊道分布，以此构建通风廊道系统；2）分别对补偿空间、作用空间以及通风廊道提出相对应的控制引导要求，形成大连市中心城区通风廊道系统管理体系；3）选取通风廊道系统中与城市近期发展密切相关的重点区域，对其进行中观层面的控制引导，以形成更加具有针对性的管控措施。

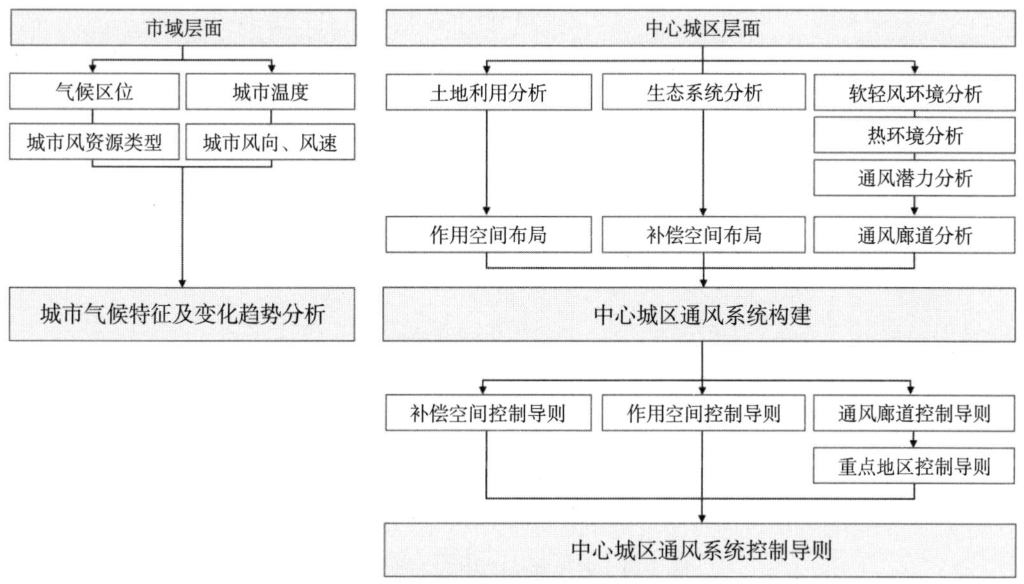

图 1-8　大连城市通风廊道构建思路

（图片来源：作者自绘）

（2）技术方法

大连城市通风廊道发掘主要采用了多模型、多尺度的计算方法（图 1-9），利用 GIS 平台叠加多模型、多尺度风环境数据进行综合评价的技术路线，有助于对不同模型结果进行相互验证，避免模型片面化、数据碎片化造成的偏差，可以更加全面、准确地总结城市风环境规律，指导风廊的规划和实施。风廊发掘的标准包括绿源等级、通风量、主导风向夹角、热岛强度等级、通风潜力、一定宽度的空间等，分别对应着不同尺度的模型，这些结果可相互校验，互相补充：1）WRF 模拟可提供高分辨率风场、通风量、风玫瑰图。WRF 补充了气象观测数据在站点数量、密度方面的不足。2）气象观测提供风玫瑰图，为 WRF 模拟和卫星遥感提供验证和校准，是迎风面积和 LCP 法进行加权计算的依据，也是一、二级风廊布局和走向的判断依据。3）卫星遥感提供晴朗无云天气下的高精度温度场，是计算城市热岛强度并区分作用空间和补偿空间的依据之一，补充了气象观测数据在站点数量、密度方面的不足。4）土地利用数据是绿源等级划分的依据，也是区分作用空间和补偿空间的依据之一。5）基于 GIS 的城市形态参数包括了 SVF、FAI、URL、LCP 等，是通风潜力的计算基础。因其分辨率高、与城市空间和规划设计对接最紧密，是风廊发掘的核心方法，也是 WRF 模拟的参数来源。

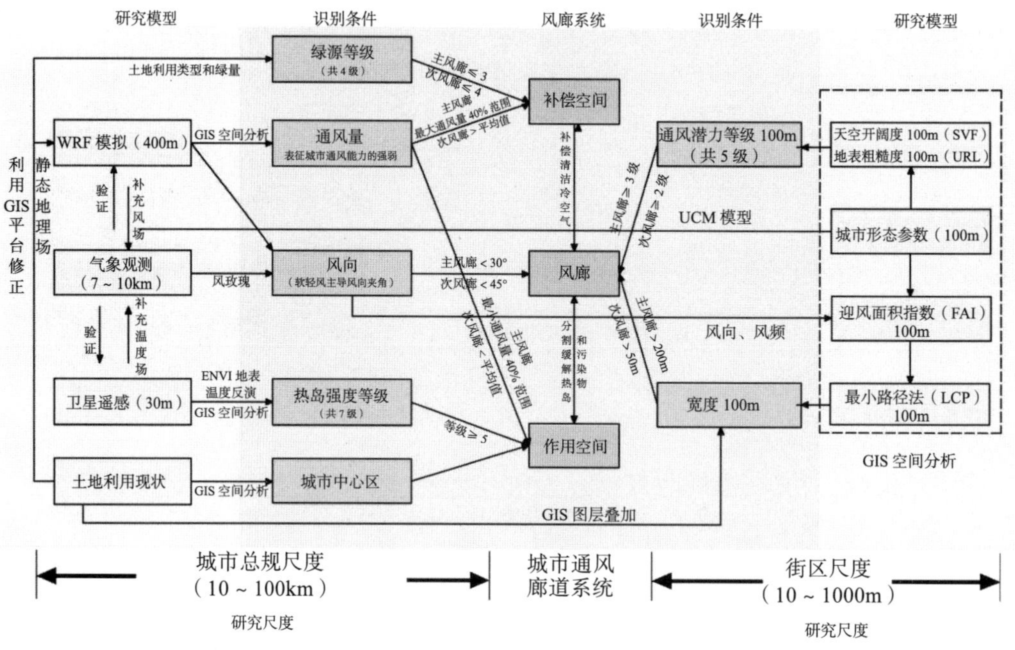

图 1-9　多尺度、多模型方法示意

（图片来源：作者自绘）

（3）规划风道结果

专项规划最终确立了大连中心城区通风廊道规划布局，共计 6 条一级通风廊道、36 条二级通风廊道。其中，核心区内形成“三横一纵”，共计 4 条一级通风廊道网络，主要走向为东南 - 西北、南 - 东北、西 - 东南向，分布于西山、马栏河、老虎滩、东北快速路等区段，以山体、绿地、水体密集地区，以及城市高等级区域性主干道为主要载体。金州城区一级风廊 1 条，途经金州站、二十里堡，该廊道将北部山地新鲜冷空气输送至金州老城区。规划旅顺城区“一主七次”的通风系统网络,其中一级风廊 1 条，联通北部凤凰山，南部白玉山，并贯通至老虎尾滨海区域。

1.4　研究目的与意义

1.4.1　研究目的

近年来随着城市的发展以及全球气候变暖，大连地区夏季也经常出现炎热高温的情况，雾霾天气也开始增多，南向弱风天气和秋冬季尤甚。大连三面环海，两侧临山，建设通风廊道引入海风和山谷风来减轻城市热岛效应和空气污染是十分必要的规划方法和视角。本研究主要目的有：

（1）为城市街区尺度的通风廊道研究提供一种参考方法。

由于大多数现有研究以城市总体规划和宏观层面为主，主要是针对城市的土地利用和大型廊道的管控规划，缺乏对城市建成区精细化通风廊道的有效发掘，尤其是人口密集、建筑密度高的城市中心区，亟需建设通风廊道加以改善，以打通城市的毛细管，这对城市街区尺度下人的舒适和健康有着直接的影响。因此本书的研究区域设定为街区尺度，通过对城市小范围的风道发掘，精细化风道规划，为改善行人的环境体验提供帮助。

（2）为规划师和建筑师提供简便的通风廊道研究工具。

目前通风廊道的研究方法多以中尺度数值模拟、流体力学数值模拟、气象观测等气象学、流体力学方法为主导，不仅需要复杂的气象、物理知识和模拟技巧，其数据处理和解读难度也较高。本书采用的基于建筑形态参数的风道发掘方法，与城市规划和设计控制指标有密切的关联性，选用了与行人层风环境关联好的迎风面积指数（FAI）作为计算指标，建立一套能够快速计算大量城市信息和迎风面积的工具，有助于将通风廊道研究与规划和建筑设计实践相对接。

（3）在山谷风、海陆风复杂的共同作用下科学准确地发掘通风廊道。

城市风环境首先受到地区背景大气环流的影响，同时也会强烈受到本地局地环流的影响，例如海陆（水体陆）分布、山地地形、土地利用性质等不同，都会引起局地热力环流的发生。这些局地环流有时和背景大气环流相互削弱或加强，有时会独立发展，对城市气候产生显著影响。由于大连的半岛地形和山地地形显著，其海陆风和山谷风特征如何影响城市风环境亦是本书关注的要点之一。本研究选取了一个滨海复杂地形的区域，区域南侧临海、基地内部和东西两侧均有山体与建成区交错在一起，针对山谷风与海陆风相互影响下的通风廊道发掘进行了研究，对其他沿海城市的风道发掘提供了参考。

（4）依据城市通风廊道的研究结果提出相应的规划、景观热岛缓解策略。

以往的研究重点多是关注如何找出风道所在，而对风道如何在规划实践中加以落实则尚需深入研究。城市规划的重要特征之一就是“千城千策”，即每个城市的历史、地理、气候、文化和经济特征都有所不同，其规划实施策略都应当根据本地特点制定，统筹协调城市设计、城市规划、建筑设计、风景园林、道路、气象等专业，加强建筑、道路、公园、绿地、开放空间、水体水系等城市形态与空间要素的合理布局与管理。

1.4.2 研究意义

目前国外对城市通风廊道的研究与实践比较丰富，尤其在全球变暖的大背景下，通风廊道的作用和意义更加凸显。我国目前对城市风热环境的评估比较成熟，涉及的方法、理念较为全面，但是对通风廊道的研究还未能引起普遍关注，因此建筑师有义务对建筑形态造成的城市热岛、空气流通差的现象提出切实有效的方法和手段，提升城市通风廊道的建设意义。本研究主要意义有：

（1）为跨学科的研究和实践提供参考

城市通风廊道是城市气候学的分支，涉及气象学、建筑学、城市规划、城市地理和环境科学等多学科交叉融合的内容。一般大尺度的风环境评估和通风廊道发掘可以采用气象领域的大尺度或中尺度模型，比如利用 WRF 模型可以对城市及周边地区的风道进行模拟，但这种尺度对街道布局和精细化的建筑设计难以适用。本书采用的基于建筑形态参数的风道发掘方法，重点通过提出针对山地城市的迎风面积指数计算新模型和考虑山体形状特点的迎风面积指数折减系数，将城市风道相关理论与城市形态、建筑形态指标相结合，提供了从气候环境角度优化城市空间形态和土地利用空间结构的途径，有利于提高规划设计方案的科学性和合理性。

（2）总结城市形态与气候相互影响的规律，促进城市可持续发展

本书选择了滨海山地城市高密度区作为研究对象，对海陆风气候和半岛地形对城市形态的影响进行分析，有助于深入了解城市发展的内在特征，调控自然、人为因素对城市气候的影响，积极预测防控城市灾害等负面效应。通过 CFD 模拟、现场实测、GIS 空间分析等定量手段研究复杂地形城市的通风对环境的影响，寻找如何进行城市规划和建筑设计手段来改善城市气候，创造适宜的城市环境，更好地为城市居民生活服务，这对于实现城市可持续发展有着重要意义。

（3）有效缓解城市热岛和空气污染等环境问题

城市通风廊道作为重要的城市规划和设计的手段，是一种科学定量、精细化的城市规划和管理策略，从城市设计的角度来考量城市建筑对热岛效应的影响，合理利用城市通风廊道可以有效利用自然的力量减轻热岛效应及空气污染等造成的城市高温天气，满足城市居民的热舒适度，对提高城市空气质量、改善人体健康有着积极作用。

（4）提高城市居住品质，恢复自然生态

建设通风廊道实际是拓展了城市的线性公共空间，不仅能够促进通风，还为城市的绿廊建设、地上交通、城市韧性、城市防灾提供了更多的可能性和空间，增加了城市活力和包容度，是一举多得的新视角和新方法。此外，良好的通风条件不仅能够提高室内的空气质量，还能延长年均宜居舒适温度，从而减少建筑耗电量，达到节能减排的目的，形成城市能耗的良性循环，这为全面建设生态宜居城市提供了基础。

1.5 研究内容与方法

1.5.1 研究内容

本书共有 6 章，其中第 1 章、第 2 章为本书的研究基础，第 3 章、第 4 章为本书的核心内容，第 5 章与第 6 章分别提出了设计策略与研究展望。

第 1 章为绪论，包括了研究背景与缘起、国内外相关研究综述、研究目的与意义、研究内容与研究方法，以及本研究的技术路线。

第 2 章为通风廊道的相关理论与识别方法综述。首先对城市气候图与局部气候分区进行了研究总结；其次在空间划分理论、分类与形态、规划管控方面阐述了通风廊道的理论基础和相关释义，归纳了通风廊道管控的相关参数及指标；再次对通风廊道的发掘方法进行阐述，城市尺度的风道研究方法包括地理领域的遥感技术、地表温度反演，气象领域的气象站观测和现场观测、风洞试验、数值模拟等，城市设计尺度的建筑形态参数、CFD 模拟等；最后阐述了迎风面积指数（FAI）对城市通风的影响机制，解释了地理信息系统（GIS）对风廊发掘的必要性和工作原理。

第 3 章是星海湾地区通风廊道的发掘。首先进行了大连城市风环境与地理特征研究，明确了研究区域——大连星海湾地区的风模拟条件和地形地势对风廊发掘的影响；其次提出了一种沿海山地城市迎风面积指数计算的新模型，将地形、山体、建筑一起纳入 FAI 计算，扩大了 FAI 的适用范围；考虑到山体和建筑物的形状差异，进行了比较试验，提出了一种考虑山体体型特点的迎风面积指数折减系数（ϕ）；最后采用 100m × 100m 的网格计算了 FAI 地图，利用最小成本路径（LCP）方法，计算了海风和山风的通风廊道。

第 4 章是通风廊道发掘结果的验证。采用 CFD-PHOENICS 2017 软件和现场测量两种方法，对第 3 章利用 GIS 计算出的潜在通风廊道进行验证，从而证明基于 FAI 和 LCP 的城市通风廊道发掘方法具有科学可行性。

第 5 章主要针对通风廊道的设置布局、建筑、景观进行策略研究。首先明确了星海湾地区的补偿空间与作用空间的分布，继而通过将海风通风道和山谷风通风道叠加，确立了 13 条城市通风廊道并进行了分级；其次确立了星海湾地区通风廊道控制指标及优化建议，在研究区域总体风廊控制范围的基础上，对各风道进行路段定位，提出了控制宽度、针对性的控制策略以及建筑设计策略。最后，提出了针对城市热岛的景观设计策略，通过利用 GIS 的叠加评估技术，将风道结果与平均温度场进行综合评估，发掘通风廊道密集、热负荷高和高 FAI 值的片区，提出针对性的景观热岛缓解策略。

第 6 章对全书内容进行总结并提出展望。

1.5.2 研究方法

本书主要采用以下五种方法进行研究。

（1）文献资料研究

本书的研究基础主要采用文献资料研究法，广泛搜集国内外多学科关于城市风热环境评估、城市风廊的研究资料，对通风廊道相关理论和实践案例进行梳理与归纳，发现现有研究存在的问题，明确通风廊道领域亟待解决的重点难点。

（2）GIS 空间分析技术

本书在第二部分及第三部分均大量利用地理信息系统（GIS）的空间分析和栅格计算等工具。通过 GIS 平台统一各领域不同数据格式的坐标系及数据表征方式。利用 GIS 对城市三维（3D）形态进行参数分析，是风环境评价的一种重要而简单的方法，同时也是将城市用地、建筑设计指标与城市气候环境对接的有效手段。

通过 GIS 平台对各数据进行处理，第 3 章对大连城市地形高程（DEM）数据进行分析，分析半岛地形的基本特征及对海风的影响，并通过最小成本路径法（LCP）对迎风面积指数（FAI）进行计算，发掘城市风廊；第 4 章通过将 GIS 发掘的风廊结果与 CFD 模拟结果、实测结果叠加，验证其科学可行性；第 5 章通过插值法在 GIS 中生成温度场，并叠加风廊找出城市设计的重要节点，从而确立热岛缓解目标。

（3）CFD 计算机数值模拟

本书主要采用 CFD-PHOENICS（2017）工具对研究区域的风环境分析进行数值模拟，以此来验证基于 GIS 发掘的通风廊道的准确性。CFD 模型建模方便、边界条件设置全面，非常适合建筑、城市设计尺度的风环境评估。第 3 章运用 CFD 模拟了 7 组对照模型，比较模拟结果计算了山体 FAI 的折减系数；第 4 章 CFD 模拟的边界条件参考了日本建筑学会的建筑环境 CFD 模拟指南等文献，并且利用标准风洞试验数据对模拟结果和新 0 方程模型进行了验证，计算了研究区域各尺度下的风场云图。

（4）现场实测及数据收集

现场实测的方法可以获取最新、最准确的信息数据，但是由于对时间及人力的要求较大，一般是有针对性地对某一区域进行测量。本研究利用现场实测分别获取风速和温度数据。风速数据用于验证所发掘出风廊的通风效果，本书在第 4 章通过实地测量风速来验证 GIS 发掘风廊的准确性；温度数据主要用于评估风廊所经过地区的热环境，用于热岛缓解规划策略分析，在第 5 章利用空气温度实测绘制了研究区域的温度场。

本书的数据收集包括气象数据和地理信息数据。气象数据收集可利用一系列专业测试工具或气象数据网站来获得研究区域的基本气象数据，指标包括风速、风向、温度等；第 3 章通过对大连气象站过去 67 年的气象数据收集，分析了大连年均及四季的风频风速；第 4 章通过手持气象站实地测量了风速。地形高程及城市形态数据的获取，主要是通过城市规划部门的测绘信息、遥感卫星高清影像以及结合 GPS、调研绘制的数据获得，包括建筑形态参数、地形地貌信息、城市下垫面材质等。第 3 章根据地形高程数据分析了研究区域的地理特征；第 5 章结合遥感地图对风道进行了规划布局。

（5）图解分析

图解分析是将晦涩难懂的数据信息或指标转化通俗易懂的图示语言。由于测算出的潜在通风廊道是由数据格点组成的信息图层，需要结合研究区域的实际用地使用情况，提出针对性的规划策略，因此本书对通风廊道的分布、布局、规划、景观改造进行图解分析。

1.6 研究框架

本书主要针对滨海山地城市，对城市设计尺度的通风廊道进行发掘。首先对研究基础进行梳理，在气候变化的大背景下明确建设通风廊道的作用和意义，分析了风廊相关的理论、实践、案例，找出现有研究存在的重点难点，发现在城市尺度下，对于海陆风气候特征和复杂地形的风道发掘方法有所欠缺。分别对大连的城市风环境与地理特征进行了研究，确定了风道发掘的基本气候数据，继而通过迎风面积指数（FAI）和最小成本路径（LCP）对潜在风道进行计算。在得到风廊结果后通过空气流体力学（CFD）数值模拟以及实地风速测量对 GIS 发掘廊道进行验证。最后结合城市实际情况，利用 GIS 发掘的风廊结果和温度场数据，提出了有关风道设置、建筑布局、街区形态调整、景观改造的规划缓解策略。研究框架如图 1-10 所示。

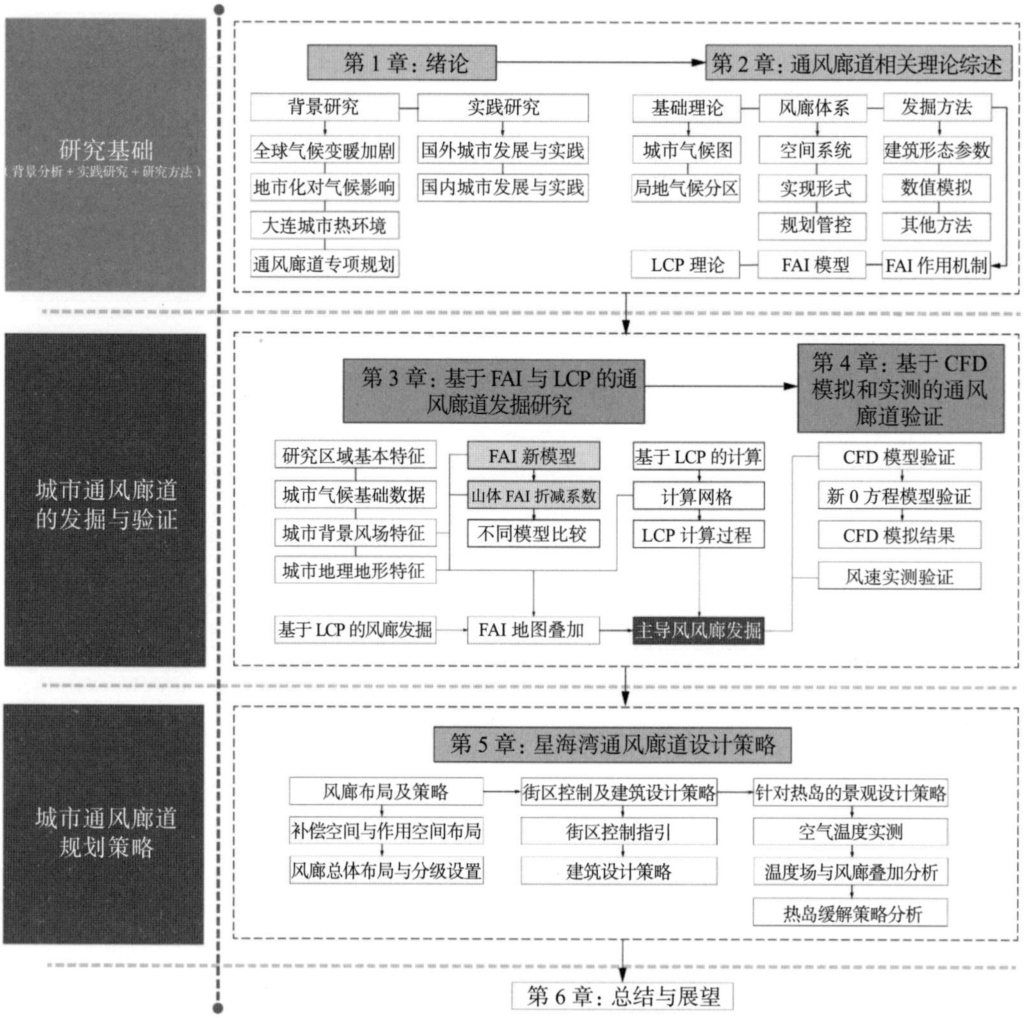

研究基础
（背景分析＋实践研究＋研究方法）

第 1 章：绪论
背景研究
全球气候变暖加剧
地市化对气候影响
大连城市热环境
通风廊道专项规划
实践研究
国外城市发展与实践
国内城市发展与实践

第 2 章：通风廊道相关理论综述
基础理论
城市气候图
局地气候分区
LCP 理论
风廊体系
空间系统
实现形式
规划管控
FAI 模型
发掘方法
建筑形态参数
数值模拟
其他方法
FAI 作用机制

城市通风廊道的发掘与验证

第 3 章：基于 FAI 与 LCP 的通风廊道发掘研究
研究区域基本特征
城市气候基础数据
城市背景风场特征
城市地理地形特征
FAI 新模型
山体 FAI 折减系数
不同模型比较
基于 LCP 的计算
计算网格
LCP 计算过程
基于 LCP 的风廊发掘
FAI 地图叠加
主导风风廊发掘

第 4 章：基于 CFD 模拟和实测的通风廊道验证
CFD 模型验证
新 0 方程模型验证
CFD 模拟结果
风速实测验证

城市通风廊道规划策略

第 5 章：星海湾通风廊道设计策略
风廊布局及策略
补偿空间与作用空间布局
风廊总体布局与分级设置
街区控制及建筑设计策略
街区控制指引
建筑设计策略
针对热岛的景观设计策略
空气温度实测
温度场与风廊叠加分析
热岛缓解策略分析

第 6 章：总结与展望

图 1-10　研究框架

（图片来源：作者自绘）

第 2 章

通风廊道相关理论综述

2.1 城市气候图与局部气候分区

城市气候图与局部气候分区与城市通风廊道的研究密切相关。通风廊道的研究是从城市气候图演化而来，两者具有高度关联性，且城市气候图集所表征的风速、风向、温度、污染物等信息可以成为城市通风廊道发掘的前期基础；局部气候分区对城市的热环境进行了标准化描述，建立了城市发展和城市气候问题之间的联系，其提出的城市形态及地表覆盖特性的指标与利用建筑形态参数发掘风廊的基本指标大部分重合，对城市风廊的规划控制指标有极强的借鉴意义。本书的大部分城市气候及地理地形数据的收集与处理都源于前期对城市气候图及局部气候分区的相关研究。

2.1.1 城市气候图

通风廊道研究与城市气候图的关系一直很密切，严格地说，目前全球在开展通风廊道规划的城市几乎都始于城市气候图的相关研究。城市气候图研究始于德文“Klimaatlas”，即气候图集。有时因为内容涉及环境要素，又可被译为“城市环境气候图”。通过对区域与城市层面的各项气候参数，如风向、风速、太阳辐射、气温、湿度等信息的录入与分析，以地图集的形式分析和描述空间气候与环境状况，将科学研究评估的结果转化为有针对性的城市规划建议，提供给政府管理者、规划师和建筑师等相关人员，以便作出更好的城市设计与发展决策。

20 世纪 80 年代，德国鲁尔工业区为了控制重工业的污染扩散问题，当地政府利用城市气候分析图，根据不同的气候特征，区分不同空气质量的区域，实施清洁空气与管理空气质量。鲁尔工业区超过 25 个城市参与了该项目，如多特蒙德、埃森、杜伊斯堡等地。20 世纪 90 年代，德国北部部分城市也相继开始绘制自己城市的环境气候图。20 世纪 80 年代中期后,欧洲许多国家受德国影响相继开展了城市环境气候图研究，如瑞士、奥地利、瑞典、匈牙利、捷克、波兰、葡萄牙、英国等。2003年和2006年热浪事件后，更多欧洲国家开始加强与气候变化相关联的空间规划研究。如法国、荷兰将热浪导致死亡过量的数据，结合包括覆盖面、屋顶材料、建成区、绿地、和水面等环境要素，并绘制了基本分析图层。在南美洲和亚洲一些国家及地区城市气候图的概念也被引用和发展。日本城市气候图处在领先地位，从2000年开始大阪、神户、横滨、仙台、福冈等地区均开展了相关研究。2006年，我国香港开始针对高密度城市环境的城市环境气候图研究。目前，世界上发达国家及部分发展中国家都开展了城市气候的相关研究，城市气候信息辅助当地城市规划和可持续城市发展成为一种趋势（表2-1）。

城市气候图研究及实践内容 **表2-1**

国家城市	研究时间	研究项目	研究内容	技术核心
德国斯图加特	20世纪70年代	“Stuttgart21”项目、山坡地带规划框架指引（2009）	建立通风廊道、缓解城市热导效应、减轻空气污染	信息采集、气候功能评估、统计回归模型、中尺度天气模型
瑞典哥德堡	20世纪70年代	城市环境气候图研究	为总体规划和建筑设计所绘制多尺度的城市环境气候图（城市温度与风流通分布图）	GIS空间分析、SOLWEIG模型
美国波士顿、圣弗朗西斯科	20世纪70年代	MIT研究项目	对城市与建筑形态及环境性能进行研究	3D扫描、图像处理、高程模型以及灰度分析手段
葡萄牙里斯本	1984年	城市规划气候原则	定义气候空间单位	多站点流动观测、GIS规划数据、城市气候模拟系统（UCSS）
瑞士巴塞尔	2001年	总体规划	分析不同城市下垫面热容特性、量化气候空间单位	Land-TM卫星影像结合土地利用信息
新加坡	2005年	小尺度城市气候图	评估绿化对高热压区的降温作用	气温预测模型、计算叶面指数提高降温效果
中国香港	2006年	城市气候图及空气流通评估标准	评估城市热负荷和风流通潜力，绘制都市环境气候图	风洞实验、CFD数值模拟
英国曼彻斯特	2007年	城市气候图研究	热环境地图、相对湿度地图以及城市通风地图	GIS及高分辨率数据
日本东京都	2007年	“風の道”研究报告、环境影响评估条例	城市风廊和海风减轻城市热岛效果用容积率及建筑平均高度预测城市气温分布	Landsat卫星遥感数据及GIS规划数据
印度金奈	2008年	热岛研究	城市气候相关研究	流动观测和卫星影像数据
中国北京	2017年	总体规划气候专项规划	城市气候特征分析、对极端天气数值模拟、绘制城市气候图	GIS空间分析

城市气候图大致分为“气候分析图”“气候规划建议图”两类。气候分析图内容包括：城市气候分区（绿地、开敞空间、城市功能区等）、各类污染源（交通、燃气、工业等）、风环境信息（不同区域和季节的风玫瑰、地形风、管道风、风屏障等）。规划建议图则

主要对空气引导通道的设置、规划范围、针对性策略进行描述。根据城市总体规划的实际情况，从多尺度层面将气候数据和区位特征用不同符号、颜色加以区分，促进气候学家和规划师们的协同合作。

城市气候图的建立方法主要是：通过 GIS 对城市要素进行空间分析，计算出城市每个单元网格的加权分值；将由高到低的加权值使用符号系统加以表达，就得到了初步的城市气候地图。该地图统合了所有收集到的信息并能直观反映城市空间信息及气候环境，也基于现有的气候条件作出了具体分析。

随着大数据、GIS 空间处理技术、气象数值试验等手段的普及，城市气候图的数据变得越来越精确，应用范围也越来越广。Baumueller J 等人（2009）对斯图加特地区总面积约 3.654km² 的区域进行了气候图集的详细绘制和研究，包括基本图集、结果图集和气候分析图。在基本气候图集中提供了气候评估的事实依据，例如高度、土地利用、测点位置等；其他图集则提供了有关地表温度、年均气温、夜间冷空气产生、冷空气流速和流量的信息。所有这些图集都是利用 GIS 来完成。

此外，部分学者在研究中不仅采用现场测试、遥感或热成像图、气象观测等传统方式，还开始利用风洞实验、中尺度气象模型、CFD 耦合模型等更加先进的方式来获取气象数据分布图。研究者绘制的城市气候图分辨率越来越高，城市建筑物的体量、建筑密度等更精确的规划信息也开始被考虑到气候图当中，例如香港中文大学吴恩融教授领导的团队绘制出我国香港 100m 精度的城市规划气候图（图 2-1）。

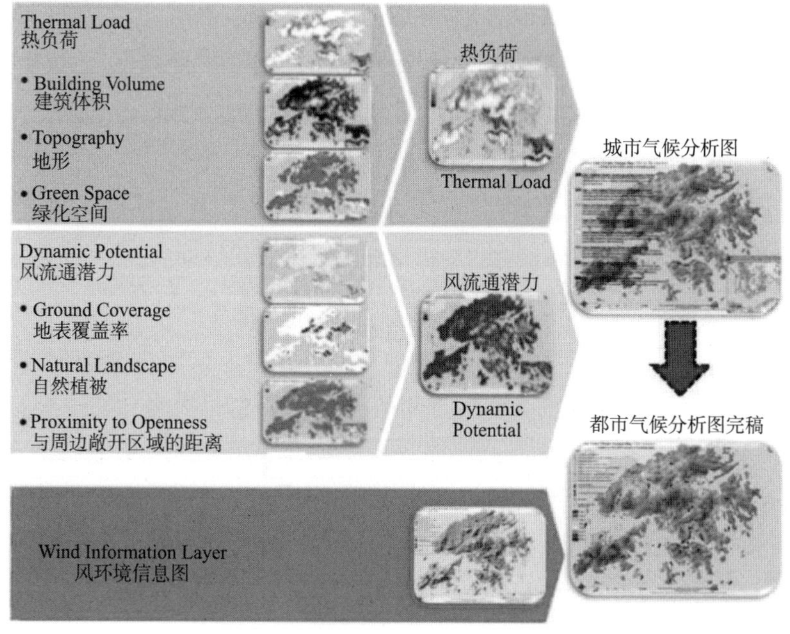

图 2-1　我国香港城市气候图生成过程

（图片来源：中国香港城市环境气候图框架与子图层）

城市气候图将城市气候学和城市规划联系起来，注重城市气候信息在规划设计中的指导与应用。获得城市气候评估结果和气候规划建议策略，根据实际不同的城市规划与设计需要，均可制作成不同尺度使其真正应用在城市规划系统中。城市气候图可以被看作是一个有效的气候信息与咨询平台，图示的方法使得规划时能更好地理解城市环境与气候状况，同时也使得政府决策者和公众可以有彼此沟通的平台。从城市规划角度来看城市气候图，特别是气候规划建议图，必须使其应用具有更大的灵活性，以配合不同层面、不同尺度、不同目的的规划与设计需要。在实际应用中，城市环境气候图的研究结果必须遵循简单明了易操作的理念，便于规划师、发展商和政府决策者理解和应用。否则，其使用价值会大大降低。

2.1.2 局部气候分区

局部气候分区（local climate zones，LCZs）被定义为，在水平尺度上从数百米至数公里的跨度间具有均匀地表覆盖、结构、材质和人类活动的区域。局部气候分区主要是根据城市下垫面特征及结构对热环境的反应进行划分，对城市的热环境进行了量化区分，使得不同程度和类型的城市热岛研究能够横向比较。此外，其主要是依据城市开发强度建立了气候环境与城市发展的关联，提供了城市气候研究与城市规划协调工作的平台。这种新的局部气候分区分类系统为城市热岛提供了一个研究框架，并规范了全球范围内的城市温度观测交流。

局部气候分区的研究初衷最初是为气象监控点的选址服务，经过国内外学者对不同领域的应用拓展，城市范围的 LCZs 已经可以定量描述不同下垫面城市热岛强度，反映城市地标特征、城市开发强度及人为活动的空间分布。到了 21 世纪，国外有关局部气候分区的相关研究逐渐成熟，但国内对此概念的引入和应用才刚刚起步。国内学者陈恺、唐燕对城市局部气候分区进行了较为全面的研究和总结，梳理了 LCZs 的研究发展、应用领域及技术特点，对我国 LCZ 的应用起到了一定的参考作用。

实际上局部气候分区与城市通风廊道关系紧密，两者都是随着气象学、地理学、城乡规划学等多学科领域在研究上的交叉融合而兴起的学科。虽然局部气候分区注重的是热环境的分布，而通风廊道注重的是风流通，但两者殊途同归，它们都是基于城市风热环境评估，对城市用地、空间形态、街道规划提供对接策略的新视角和方法。通过对文献的研究，可以发现许多在通风廊道研究中提出基础理论及方法的学者，在对局部气候分区的研究也颇有建树。如 Oke 在 20 世纪 70 年代区分了城市边界层和城市冠层的概念，这使得城市热岛效应依据温度观测的位置进一步划分为地表热岛、冠层热岛和边界层热岛三类，也对通风廊道中的城市粗糙度长度参数提供理论基础。

近几十年，国内外诸多学者试图从土地利用、城市空间形态、下垫面材质等多个角度，由单要素的相关性分析拓展至多元统计分析，以地表温度或空气温度为基础数据探讨城市要素与城市热岛之间的关系 。从 Auer 依据土地利用、建筑高度、植被覆盖度等要素划分了 St. Louis 市 12 个地表类型 ，到 Ellefsen 依据建筑布局形式、建筑功能、地理位置、建筑高度及时间年限等要素进一步细化出 17 个地表类型，称为城市地形分区（UTZ，urban terrain zone），城市局部气候分区已初具规模。为了规范城市气候观测与研究方法，Oke 又于 2004 年在世界气象组织大会上提出了更为简单的城市气候分区（UCZ，urban climate zone）概念，相比于城市地形分区，它简化并新增了反映城市冠层气候特征的指标，并由 Houet 进行了验证。以上这些研究从城市设计中选择了能适应现实世界的要素和数据，通过“材料”“纹理”和“形态”的表达赋予城市形态定性属性，而这些也都是城市气候学家给予其定量属性的相同表述。这种对同一问题的重叠分析特别有助于将区域城市形态纳入分类系统，并平衡其时间（旧的与现代的）和空间（核心与外围）的表征。

Oke 和 Stewart 为了进一步增加城市气候分区的普适性和可操作性，通过增加原有城市气候分区的类型数量，尤其是自然型和乡村环境的分类，完善对热环境敏感的地表指标体系，使得该分类体系更适合用于城市冠层热岛效应的研究。这一分类方法被命名为“局部气候分区”（LCZs）。这种命名方式是十分恰当的，因为其是基于景观世界的逻辑划分而产生的，这种分类在规模上是局部的，在性质上是气候的，在表现上是地域性的。

Stewart 将局部气候分区分为建设型（built types）和地表覆盖型（land cover types）两大类（表 2-2），共由 17 个标准 LCZs 组成建成型（LCZs 1 ~ 10，其中 LCZs 1 ~ 9 源于 Oke 城市气候分区的分类）由土地覆盖上的建造特征决定，依据建筑布局的排布密度、建筑平均高度、建筑材质进行区分，一般开阔区域为低矮的植物和分散的树木。地表覆盖型（LCZs A-G）由季节性或短时性要素决定，如光秃的树，被雪覆盖的地面，干燥或潮湿的地面。

每个 LCZ 都有一个典型的标准高度温度系统，在干燥的地表、平静晴朗的夜晚和简单的地形中表现最明显，这种温度系统全年持续并与城市（如公园、商业中心）、自然生物群落（如森林、沙漠）和农田（如果园、农场）的同质环境或生态系统高度相关。

这 17 类局部气候分区的定量描述与城市通风廊道的气候、地形、建筑基础信息非常相近。定量描述包含 10 个对热环境最为敏感的指标，其中 7 个指标可以表征城市形态、地表覆盖和建筑材质，取值参考范围由各地已有研究、实测数据和经验值综合得出（表 2-3）。

局部气候分区特性 **表 2-2**

建成型	定义	地表覆盖型	定义
LCZ1：紧凑高层建筑区	10 层以上密集建筑，少树或无树，有铺面，建筑材料为混凝土、钢材、石材和玻璃	LCZA：稠密树木区	繁茂的落叶或常绿景观，透水地面，如天然林、林木栽培或城市公园
LCZ2：紧凑中层建筑区	3 ~ 9 层密集建筑，少树或无树，有铺面，建筑材料为石头、砖、瓦和混凝土	LCZB：稀疏树木区	稀疏的落叶或常绿景观，透水地面，如天然林、林木栽培或城市公园
LCZ3：紧凑底层建筑区	1 ~ 3 层密集建筑，少树或无树，有铺面，建筑材料为石头、砖、瓦和混凝土	LCZC：灌木丛区	开放排列天然灌木林或农田，透水地面，多为裸露的土壤或沙子
LCZ4：开敞高层建筑区	10 层以上开敞建筑，透水地面，类型丰富。建筑材料为混凝土、钢材、石材和玻璃	LCZD：低矮植被区	少树或无树，如天然草地、农田或城市公园
LCZ5：开敞中层建筑区	3 ~ 9 层开敞建筑，透水地面，类型丰富。建筑材料为混凝土、钢材、石材和玻璃	LCZE：硬化地面区	少树或无树，如天然沙漠（岩石）或硬质铺面
LCZ6：开敞低层建筑区	1 ~ 3 层开敞建筑，透水地面，类型丰富。建筑材料为混凝土、钢材、石材和玻璃	LCZF：裸地沙土区	少树或无树，天然土壤或沙地景观
LCZ7：小型低层建筑区	密集单层建筑，少树或无树，硬质地面，轻质建筑材料（如木材、茅草、波纹金属）	LCZG：水域区	大型开敞水域，如海洋和湖泊，或小型水体，如河流、水库和蓄水池
LCZ8：大型低层建筑区	1 ~ 3 层大型开放建筑，少树或无树，有铺面，建筑材料为钢铁、混凝土、金属和石头		
LCZ9：开阔建设区	小型或中型建筑物，密度低，透水地面，植被丰富		
LCZ10：重工业区	低层和中层工业建筑，少树或无树，硬质铺装，建筑材料为金属、钢材和混凝土		

局部气候分区城市形态及地表覆盖特性指标　　表 2-3

局部气候分区	可视天空系数（%）	街道高宽比	建筑密度（%）	不透水盖度（%）	透水盖度（%）	建筑平均高度（m）	地表粗糙等级
LCZ1	0.2 ~ 0.4	> 2	40 ~ 60	40 ~ 60	< 10	> 25	8
LCZ2	0.3 ~ 0.6	0.75 ~ 2	40 ~ 70	30 ~ 50	< 20	10 ~ 25	6 ~ 7
LCZ3	0.2 ~ 0.6	0.75 ~ 1.5	20 ~ 40	20 ~ 50	< 30	3 ~ 10	6
LCZ4	0.5 ~ 0.7	0.75 ~ 1.25	20 ~ 40	30 ~ 40	30 ~ 40	>25	7 ~ 8
LCZ5	0.5 ~ 0.8	0.3 ~ 0.75	20 ~ 40	30 ~ 50	20 ~ 40	10 ~ 25	5 ~ 6
LCZ6	0.6 ~ 0.9	0.3 ~ 0.75	60 ~ 90	20 ~ 50	30 ~ 60	3 ~ 10	5 ~ 6
LCZ7	0.2 ~ 0.5	1 ~ 2	30 ~ 50	< 20	<30	2 ~ 4	4 ~ 5
LCZ8	>0.7	0.1 ~ 0.3	10 ~ 20	40 ~ 50	<20	3 ~ 10	5
LCZ9	> 0.8	0.1 ~ 0.25	20 ~ 30	< 20	60 ~ 80	3 ~ 10	5 ~ 6
LCZ10	0.6 ~ 0.9	0.2 ~ 0.5	<10	20 ~ 40	40 ~ 50	5 ~ 15	5 ~ 6
LCZA	<0.4	>1	<10	<10	>90	3 ~ 30	8
LCZB	0.5 ~ 0.8	0.25 ~ 0.75	<10	<10	>90	3 ~ 15	5 ~ 6
LCZC	0.7 ~ 0.9	0.25 ~ 1.0	<10	<10	>90	<2	4 ~ 5
LCZD	>0.9	<0.1	<10	<10	>90	<1	3 ~ 4
LCZE	>0.9	<0.1	<10	>90	<10	<0.25	1 ~ 2
LCZF	>0.9	<0.1	<10	<10	>90	< 0.25	1 ~ 2
LCZG	>0.9	<0.1	<10	<10	>90	—	1

后期 Stewart 和 Oke 又对 LCZs 进行了佐证研究，首次利用地面大气模型的温度观测和模拟结果来评价 LCZs 的分区，结果证实在各个 LCZ 分类存在明显的热能差异，这种差异主要受建筑高度和密度、透水盖度、植被密度和土壤湿度控制。Fenner 又根据日间的气温比较发现，紧凑和高层布局分区温度较低，呈现日间的“冷岛效应”。

可以发现每个 LCZ 由一个或多个可识别的地表覆盖特性来确定，这些属性在大多数情况下是粗糙元的高度、密度和主要城市用地性质。这些物理属性都是可测量的，并且不局限于位置或时间，这与城市通风廊道需要的建筑和城市形态指标不谋而合，表 2-3 中的可视天空系数、街道高宽比、建筑密度、建筑平均高度和地表粗糙度等级都是测绘城市风道的基本属性。

张云伟等人将局部气候分区应用于风环境模拟和通风廊道研究，其对局部气候分区及其参数特征进行了分析，针对中国城市化建筑高密度发展的特点及多孔介质模型对城市下垫面参数化的要求，提出基于 LCZs 及其参数进行城市风环境数值模拟的方法，研究主要关注 LCZs 内建筑高度、建筑密度、绿化密度等。以西安市西咸新区沣西新城为例进行探讨，并对该区域通风廊道建设进行分析。

由于城市局部气候分区的划分主要依据近地面空气温度，一些学者开始讨论地表温度对局部气候分区划分的可能性，尝试了将 LCZs 与遥感等数值模拟方法对接。Larondelle（2014）基于局部气候分区，应用一种新的城市结构分类法，比较了柏林和纽约城市结构与地表温度的关系，拓展了以减缓城市热环境为导向的地表特征分类体系。Geletič（2016）尝试利用地表温度验证了分区之间热环境的差异性，证实了基于近地面空气温度的局部气候分区也可以利用地表温度作为分区指标，但两者结果略有不同。金珊合等人（2019）就运用局部气候带分类、地表温度反演法，以大连市区建筑数据、SPOT5 和 Landsat8 遥感数据为基础，研究了大连市局部气候带分区类型和特征，进而分析不同局部气候带对城市地表温度的影响。研究结果表明：（1）地表温度整体偏高，空间上呈现东高西低的趋势，局部区域出现极端高温；（2）大连市建筑类型高度主要为低层建筑、多层建筑和中高层建筑，建筑密度为中密度和较高密度，甘井子区分布大量森林绿地，中山区具有丰富的公园绿地；（3）同一建筑高度上，密度越大的建筑区域，地表温度越高；同一建筑密度，多层建筑高度覆盖区地表温度较高。森林绿地地表温度最低，公园绿地和社区绿地地表温度几乎一致，附属绿地地表温度最高。这项研究对本书有着很好的借鉴意义。

2.2 通风廊道的空间系统与分类

2.2.1 空间系统

（1）Kress 的空间划分理论

德国学者 Kress 通过对局地环流运行规律的研究，1979 年提出了城市下垫面气候功能的评价标准，针对城市通风系统的气候功能，根据热力学和空气动力学原理将地表下垫面分成三种类型：气候生态作用空间（简称作用空间）、气候生态补偿空间（简称补偿空间）和空气引导通道，并得到广泛认可。三者形成城市内部冷热风循环系统，能有效减轻城市中心区热负荷。

作用空间是弱风或静风频率较大，局部温度高热岛效应严重、空气污染物集聚难以扩散的区域。一般位于城市中心区、高密度老城区、工业区等热岛效应明显及城市开发强度较大地区。作用空间又分为三个子空间：缓解热污染区域、缓解空气污染区域、提高补偿气团效率区域。

补偿空间是指临近作用空间，能够产生新鲜冷湿空气或局部风系统的来源地区，如城市未开发的郊区、近郊自然绿地、山体林地、海洋河流或大型城内公园等。补偿空间分为三个部分：冷空气生成区、林地、内城绿地。在 Kress 的城市通风系统子空间的分类中，空气引导通道隶属于补偿空间。

空气引导通道一般根据热力环流和空气动力学可分为：通风廊道、新鲜空气廊道及冷空气廊道，是将补偿空间的冷湿空气运送到热负荷高的补偿空间的廊道。对于作用空间和补偿空间的不同功能和子分类，可以提出相应的规划措施。

（2）空气引导通道分类

刘姝宇等人对 Kress 提出的空气引导通道进行了细致的分类，根据热力环流和空气动力学将空气引导通道分为了通风廊道、新鲜空气廊道及冷空气廊道。根据不同通道的用途,可以提出不同的气候适应性方案。通风廊道的选址首先要考虑自然地形地貌，在斯图加特的气候规划建议中，主要从促进及保护小尺度下的局地空气交换的角度来考虑绿化分布。具体做法如表 2-4 所示。

斯图加特气候规划具体方案 **表 2-4**

方案	内容 / 目标	法律法规基础
保障局地空气交换	具有较强的夜间冷却区域（取决于其土壤类型、植被生长和建设程度）或由于大量释放人为热能量（取决于斜坡的坡度、形状及表面构成）导致局地温度差而引起风环流	局地空气交换主要是指在夜间由于城市不同区域间存在典型的温差，致使空气由低温区流向高温区。根据其空间分布与流动状况,被分为“冷空气流”,“下坡风”或“山风”。在大城市的边界区域或被称为“穿堂风”
冷空气产生	低矮绿色植被覆盖区域，如牧场、田野、休耕地和种植园在夜间每小时大约可产生 10 ~ 12m^3 冷空气	新开发成农业和森林的区域必须权衡相关的经济利益，冷空气生成作用的考虑应给予优先权
新鲜空气的输送	当冷空气产生区域位于或接近山谷和山坡下游区域，新鲜冷空气会沿着自然地形通道流向地势低的区域	在分区规划与控制中的土地利用说明与规定来有效管控新鲜空气廊道
绿色廊道与绿化带	绿化空间除了作为新鲜空气廊道的作用外，还对建筑环境起着分隔要素的作用，其有效性和延展性取决于绿化网络，即由各种绿化带或绿化空间的组合	在斯图加特气候图所提供的绿化廊道的评价信息，对合理规划起到了不可或缺的技术支撑作用
城市形态与城市设计优化	分为城市布局、山坡地带发展、高层建筑、大型公园与绿地四个方面	为确保健康的城市气候状况，特别是对于城市通风有利的那些区域，必须建立全面管控的建筑条例

（3）通风廊道的空间系统

本书所研究的城市通风廊道，主要基于国内城市快速发展、城市下垫面粗糙度不断提升影响城市通风的现状，尤其本书的研究区域位于滨海地区，局地气流不占主导因素（这在第 3 章进行了详细阐述）。因此本书借鉴了 Kress、刘姝宇等学者对通风廊道的定义和分类，根据本书研究的实际情况，将“城市通风廊道系统”分为五个组成部分，即：风口空间、作用空间、补偿空间、通风廊道与回归空间（图 2-2）。

图 2-2 城市通风廊道构成要素

（图片来源：作者结合网图绘制）

1）风口空间

城市风口空间，是大气环流或局地环流的进入口。根据成因不同一般分为两种。对于内陆地区一般位于城市边缘地带，植被覆盖密集的自然地形地貌，尤其是较高的山体连延的山脉受到早晚的温差作用易形成山谷风。由于山风的形成主要受制于地形地貌，因此比较稳定，能为城市提供稳定的风源；对于滨水地区，除非内陆有极高的山峰，一般情况下城市的风源为海陆风，由于受到的是海风作用，因此风速的变化波动较大。对于滨海山地城市来说，可能受到海陆风和山谷风的共同作用，因此风环境的研究更加复杂。

城市的风口空间需要尽量保持开敞，严格控制风口的土地利用性质，严禁布置有污染工业用地，对于已经形成的工业用地，若其污染严重，应考虑条件允许时逐步迁出，或布置到城市下风向地区。同时严格控制工业类型，禁止发展化学工业、煤炭工业等大气污染严重的工业。对于滨海地区，海风是主要的风源，沿海地带应该注意避免过长的屏风楼出现，但也应适当注意防风措施。对于内陆地区，风口地带的建筑布局应注意对风的引导作用。

2）作用空间

作用空间是指城市中受到城市热岛或空气污染严重，亟须改善的城市建成区或待建区域。在城市用地上主要表现为城市中心区、高密度老城区、工业区等热岛效应明显及城市开发强度较大的地区。作用空间由于建筑密度高、人为热排放高，导致冷湿空气难以渗入。

3）补偿空间

指局地风环流系统中产生清洁或冷空气的来源地区、区域性或地方性气候资源区域与气候敏感区域。主要涵盖的用地有：农业用地、耕地、草原、山坡林地、郊野绿地及大型公园绿地等。根据补偿空间缓解城市气候问题的作用及发生位置，可将其分为两类：第一类补偿空间能净化及过滤流入的大气污染，主要发生在补偿空间的内部。

因此该类型补偿空间中特别需要考虑种植的树木种类，一般多为阔叶、针叶及混合树种等。第二类则可降低作用空间热污染或改善其空气品质，以能够产生局地环流的自然山体为主。

4）通风廊道

在整体的通风系统中，通风廊道就是将冷湿空气由补偿空间引导至作用空间的连接通道，通常其地表粗糙度较低，比较开阔，且当中没有高大建筑物或阻碍物。一般呈直线型，或有较小的弧度。风廊的布置方向应顺应盛行风向和局地环流风向，可呈较小夹角，作用在于促进空气输送和扩散。特别针对弱风或静风状况下，对于空气流动和污染物消散均起到重要作用。通风廊道需满足一定的宽度要求，在后文的管控规划中有详细的介绍。

5）回归空间

城市回归空间指的是大气环流或局地环流的出口。回归空间与风口空间相互对应，一般城市受到季风影响，不同季节的风向可能完全相反，也就是说回归空间和风口空间会根据盛行风向的改变而对调，可以将郊区的冷湿空气引入城市内部，增加城市风的来源。以大连为例，冬季主导风为北风，夏季为南风，因此夏季临海的风口在冬季会成为回归空间。

途经城市的风受到作用空间的影响温度升高，同时裹挟着被污染的空气回归大自然进行自然过滤。回归空间的设置是基于明确的风口空间、作用空间和空气引导通道，应满足以下条件：一是位于城市边缘地带且应为人烟稀少的地区；二是应为净化能力强的生态空间，比如大型的自然山体、海洋河流、林地草地、农田湿地等；三是可作为反方向季风风源或局地风风源。

2.2.2　实现形式

从城市规划的角度来说，通风廊道可以是各种城市空间或土地利用类型。中国气象局发布的《气候可行性论证规范——城市通风廊道》中指出了通风廊道布置的基本原则：“城市主通风廊道宜贯穿整个城市，应沿低地表粗糙度区域和通风潜力较大的区域进行规划，应连通绿源与城市中心、郊区通风量大与城市通风量小的区域，打通城市中心通风量弱、热岛强度的区域，在用地上，除增加通风廊道用地外，宜依托城市现有交通干道、河道、公园、绿地、高压线走廊、相连的休憩用地以及其他类型的空旷地作为廊道载体。”通风廊道的呈现形式通常为带状要素类型，同时，廊道与两侧的下垫面性质差异显著。

因此可以这样理解，通风廊道并不是一种实体空间，其是一个相对概念，只要是通过控制用地功能、局部开发强度、引导街道走向、建筑形态与布局等方式，对大型公共空间、城市绿地、水体等进行有效利用，使之成为完整的通风系统，都可以视作通风廊道的载体。因此本书将通风廊道分为道路型风道、绿地型风道、河流型风道、低矮建筑型风道、混合型风道（图 2-3）。

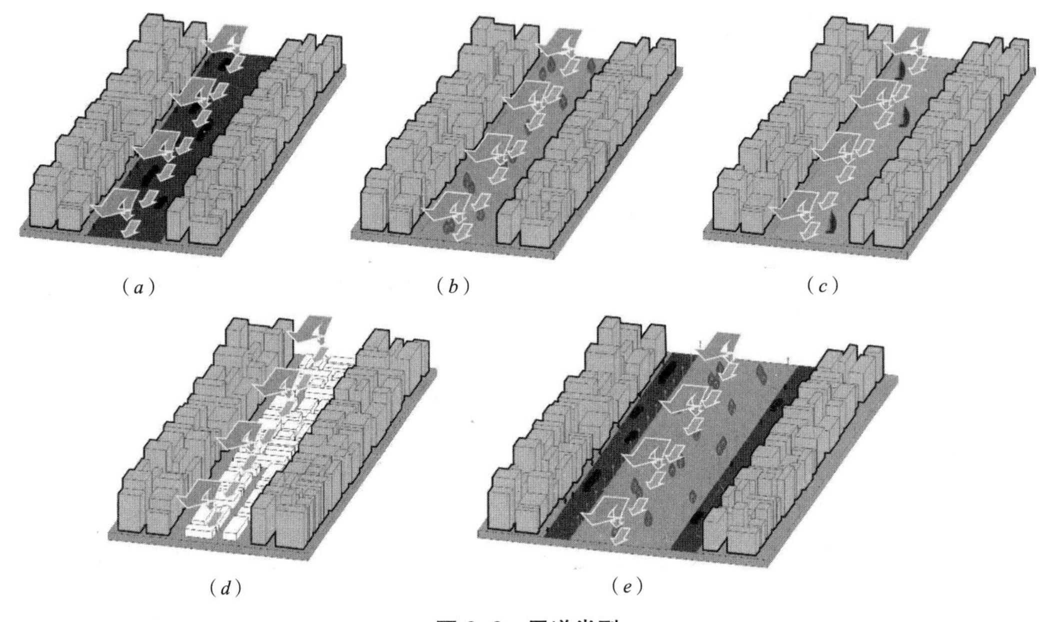

图 2-3 风道类型

（图片来源：作者自绘）

（*a*）道路型风道；（*b*）绿地型风道；（*c*）河流型风道；（*d*）低矮建筑型风道；（*e*）混合型风道

（1）道路型风道

道路型风道，如图 2-3（*a*）是以城市道路为载体，通过街道峡谷空间对风的引导，引入冷湿空气缓解局部热岛、促进以车辆尾气为主的空气污染物排出。城市道路具有分布均匀、相互连通的特点，这与风道的基本要求一致，尤其对于高密度、紧凑型的大型城市建成区，道路型风道是最主要的城市通风廊道，对道路宽度、朝向、两侧建筑物高度、形态的把控将直接影响城市核心区的通风能力。

Ghiaus 等人（2006）研究了城市环境尤其是街道形态对自然通风的影响。其为了量化城市街道峡谷对通风、温度、噪声衰减和室内外污染转移的影响，测量了大范围的变化阈值和不同类型的城市配置，用以评估城市环境中自然通风的可行性。

Weber 等人（2013）通过研究城市街道峡谷在不同气象条件下的颗粒数量、浓度和粒径动态变化，反映了道路通风的重要性。在 6 个月时间内对德国埃森的一个城市街道峡谷测量了气溶胶数量大小分布、平均气象条件以及湍流交换和不同的峡谷流动情况对街峡谷内气溶胶数量浓度变异性的影响。结果表明，与郊区测点相比，繁忙的城市街道峡谷气溶胶数量浓度在日间显著升高，峡谷内的湍流混合、交通强度与 NO_x

浓度高度相关，说明街道通风强度和能力对空气污染的排出有重要影响。

冯娴慧（2006）对城市导风体系的研究表明，道路型风道应保持与城市主导风向一致性，通过合理规划街道宽度、走向、两侧建筑高宽比等，改善城市内部通风状况。建议在城市重要节点建设大型公共空间，连接城中绿地和内河等自然城市表面，增加风流通效率。

此外，针对不同城市道路可以采用对应措施来促进风流通：对于交通流量大的城市主干道，街道朝向应尽量保持与城市盛行风向一致，以促进尾气及人为热的快速排出；对于城市次级道路和与城市盛行风呈一定夹角的道路，要注重于主干道的连接处，引导风进入其他区域；对于城市步行道，应注意下风向的回归空间，避免污染物滞留。

（2）绿地型风道

绿地型风道，如图 2-3（*b*）是以城市线性绿地空间作为载体形成的通风廊道。绿地型风道的作用体现在三点：一是绿地对空气污染物的吸附过滤作用，结合风对污染物的稀释作用能最大程度引入新鲜空气；二是以自然山体为主的绿地能产生冷湿空气（山风），达到一定规模时能与四周的高温区形成局地环流，即“林源风”，从而自主对临近区域降温；三是没有高大植被或植被较少的绿地地表粗糙度很低，利于促进风流通。

绿地型风道相比于零散的绿地有更强的通风能力，这是因为绿地型风道的植被覆盖度更加集中，与周边作用空间的温差更大，更利于风流通。而过于均匀的局部零散绿化使城市下垫面热压差趋于稳定状态，不利于风的形成。因此在建设绿地型风道时要注重绿地率的整体提高和连续性，而非仅在局部地区进行零散绿化。此外，绿地型风道应以草坪和低矮植被种植为主，避免高大密叶植被对风的阻碍。但对于风速过大的区域，应种植高大的密叶乔木，下部避免种植集中灌木，这样既能减轻过大风速对人的不适感，也可以保持人行区域通风（图 2-4）。

图 2-4　绿地通风效果比较

（图片来源：作者自绘）

唐春和张巍（2012）在绿地廊道走向与风向平行的理想模式基础上，利用计算机模拟软件对利于通风的绿地廊道模式及形态关系（图 2-5）进行研究表明：绿廊应保持与城市盛行风向一致，可以处于 30°～60° 夹角；绿地应与城市边缘地带的自然绿地连接，以线贯穿城市内部，避免出现局部点状绿化；折线型绿地相比直线型，更利于形成气压差促进内部通风（图 2-6）。如纽约中央公园就是一个很好的例子，在纽约鳞次栉比的高层建筑间，公园形成了一个天然氧吧，它也能一定程度上缓解纽约城市热岛的问题，但它太过独立，缺乏与其连通的辅助绿色廊道，且周边建筑的高度和建筑密度都会阻碍风的流通，因此纽约中央公园不能形成良好的通风廊道。

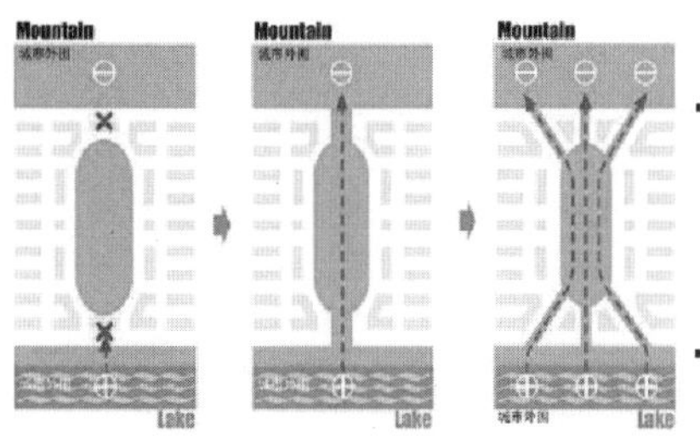

图 2-5　绿岛式优化方案

图 2-6　直线型布局和优化后建筑布局风环境表现

（图片来源：唐春《利于城市通风的绿地廊道设计探索》）

（3）河流型风道

河流型风道，如图 2-3（c）是以河流为载体，天然的城市通风廊道形式。河流型风道主要作用体现在两方面：一是城市内河、内湖与城市不透水垫面比热容相差大从而产生温差，促进局部风流通；二是水体摩擦系数小，河流型风道的空气流动要比其他形式风道更顺畅，对城市内部通风具有显著的促进作用，城市内河即为城市中天然的盛行风引导通道。

李书严等人（2008）在研究水体对城市微气候的影响时发现：城市内湖泊、河流等面积达到 1.25km^2 的水体，对周边 2.5km 范围内区域降温作用达到 0.2 ~ 1.0℃，水汽比湿度增大 0.1 ~ 0.7g/kg；同时，还能够促进地面风速提升 0.1 ~ 0.2m/s。Zhi Cai 等人（2018）还研究了水体对城市形态与地表温度（LST，Land Surface Temperature）关联性的影响，发现城市形态与 LST 的 Pearson 相关系数与距离水体的长度（DIST，the Distance to The Water）相关：当 DIST 小于 250m 时，水体对城市形态和 LST 的相关性影响极大；当 DIST 大于 500m 时，部分城市形态参数与 LST 的相关性增强，说明水体的影响变小。

韩国清溪川就是典型的河流型风道（图 2-7），在首尔的风道体系中，汉江承担了主要通风廊道的作用，将清洁凉爽的空气输送至中心区内，而作为其支流的清溪川是重要的次级通风廊道。20 世纪 50 年代，清溪川是首尔市中心污染严重的内河，曾被改为暗渠导致水质更差。20 世纪 70 年代将其建成了一条城市主干道，并修建高架桥 。在之后的几十年，清溪川不见天日，但成为城市重要的交通枢纽。2003 年，时任首尔市长李明博开始实施“城市复兴计划”，拆除高架桥重新挖掘河道，对其进行全面生态整治，将其改建成了长达 5.8km 的城中水景花园，使清溪川成为重要的生态枢纽。改造后对清溪川进行测评，结果表明其能应对 200 年一遇洪水及 118mm/h 的特大降雨量；在 4 ~ 7 个街区内，增加城市通风效率 2.2% ~ 7.8%，降低热岛效应 3.3 ~ 5.9℃；降低 35% 的城市空气污染。

图 2-7　韩国清溪川改造前后

（图片来源：来自网络）

（4）低矮建筑型风道

低矮建筑型风道，如图 2-3（*d*）是指在大片低矮建筑群中空气流通较好而形成的风道。城市通风廊道并不仅仅局限于带状空间，我们经常可以发现在一些低矮的小区，通风状况反而较好。这是因为建筑物高度不足以影响冷风的运行，或是在一些低洼的地势中，建筑物产生的粗糙度不足以对空气流通产生影响。这种情况多表现在城市老城区的低矮建筑群中。对低矮建筑型风道，应对未来片区建筑高度和密度加以管控，注重屋顶绿化和楼间绿化能够有效促进通风。

由于低矮建筑型风道并不明显，因此在发掘低层、多层建筑群风道时，应结合地形进行 GIS 空间分析，也可利用计算机流体力学对这些地区的通风性能进行模拟。

（5）混合型风道

混合型城市风道，如图 2-3（*e*）顾名思义是结合道路、绿地、水体、低矮建筑的综合型通风廊道。在城市高速发展中很少有专项规划设定开放式廊道，例如生态廊道、绿色廊道的概念也是近十几年才提出并重视的。对于改革开放后的中国，城市发展飞快已经难以在城市建成区形成大范围的线性开放空间，所以目前城市风道的存在方式多为混合型风道。

混合型城市风道并不是一种空间实体，在对风道规划的时候要注意，风道应结合绿地、道路、水系等各类景观要素，形成多功能的城市开放空间。混合型风道更像是一种弹性空间，应该是城市活动、生态修复、防灾减灾的综合载体，以便更好地考虑市民实际需求和对接国土空间规划的要求。

2.2.3 规划管控

通风廊道的形态需要符合易于空气流通的基本原则才能发挥良好的作用，因此其走向、高度和宽度、空间形态等都有一定的要求，不少学者对此加以研究，提出了相关的管控原则。早期有关风环境的城市形态控制研究局限在较小尺度，主要是对单体建筑和独立街区与风场情况的研究。

Wedding 等人早在 1977 年就对城市街道峡谷的气体污染物进行了风洞实验。结果表明，污染物的稀释是由平均流量控制的，而不是由湍流扩散控制的，有利的几何形状（建筑形态）和较高的稀释速度（风速）的结合可能使污染水平降低到空气质量标准的要求。

Hosker（1985）对围合结构和建筑群绕流情况进行了研究。研究表明建筑物能够强烈扰动局部风场，街道结构会影响空气污染物的传输和扩散。但现场观测和风洞实验仅能为估算单体建筑、建筑群附近和城市街道峡谷中的污染物流量和弥散提供有限的参考。

Andy（2001）提出了街道峡谷的几何形态会影响街道空气质量的可持续性。研究关注城市街道峡谷内的空气运动，通过各种简单的峡谷几何形状和污染源位置，更深入地了解污染物的扩散。研究了相对高度，峡谷高宽比和峡谷长度高度比，使用 CFD 标准的 $k\varepsilon$ 湍流闭合模型，发现污染物的运移和扩散与峡谷内的流态类型、峡谷内空气与顶部空气的交换密切相关。当峡谷高宽比小于 0.5 时，污染物不易被稀释排出；当高宽比大于 0.5 时，污染物稀释加快；当比值为 1 时，空气流动又趋于平稳，污染扩散不明显。

Craig 等（2001）提出了一种数学优化与计算流体力学（CFD）相结合的方法来研究城市的空间形态对污染物水平的扩散影响。研究主要目的是试图提出最有利的理想化城市形态，最大限度地减少峰值污染物。将街道峡谷深度和街道峡谷宽度作为数学参数进行模拟，发现入流风速为 2m/s、街道高宽比为 1 时，街谷中污染气体的扩散状况最理想。

Givoni（1998）在《建筑和城市设计中的气候因素》一书中，认为主要街道走向与夏季主导风成 20° ~ 30° 夹角可使街道内的空气流动达到最大化；Brown（2008）则认为城市风道最适合的宽度应大于 100m。

以上研究对于街道高宽比、建筑形态对风的影响都做出了研究，提出了实验和数值模拟的理想结果，但无论是利用精确的风洞实验，还是先进的数值模拟技术都不可能在一种背景下测定准确的管控标准。其实早在 20 世纪 70 年代，Kress 就对城市风道提出了管控建议，这是基于斯图加特市的城市气候图基础信息提出的。近些年，我国多个研究通风廊道和城市风环境的城市都相继制定了通风廊道的规划技术导则（表 2-5），直到 2018 年，中国气象局发布了《气候可行性论证规范 城市通风廊道》

QX/T437—2018。给出的建议和规定是：主通风廊道，最优方案是与城市软轻风主导风向近似一致，夹角不大于 30°，宽度宜大于 500m；次优方案的宽度宜大于 200m；次通风廊道，最优方案是与局地软轻风主导风向夹角小于 45°，宽度宜大于 80m；次优方案是宽度宜大于 50m。在此规范的基础上，国内各城市可基于实际情况，制定适用于街区尺度的控制指标，本研究即在后文中提出了大连星海湾地区的风道管控建议。

城市通风廊道规划管控建议　　表 2-5

作者	时间（年）	规范 / 著作	管控建议
Kress	1979	《Air Exchange Processes and Their Importance for the R· Umliche Planning》	风道长度不小于 500m，1000m 以上为宜；风道宽度不小于 30m，50m 以上为宜；街道高宽比不少于 1.5，2 ~ 4 为宜；风道要平滑均匀，无大型建筑遮挡，若有障碍物，高度不得超过 10m
清华大学	2010	《长沙市城市通风规划技术导则》	主风道宽度应大于 50m，100m 以上为宜；次风道应大于 30m，应与主风道呼应
武汉市规划局	2012	《武汉市城市总体规划（2010 ~ 2020）》	共建设 6 条一级通风廊道；一级风道宽度应在 100 ~ 1000m 之间；二级风道宽度应在 100 ~ 300m 之间
石华	2012	《基于深圳市道路气流特征的城市通风网络模型研究》	主风道宽度 80 ~ 150m 为宜；次风道宽度不小于 30m；城市道路与盛行风夹角应小于 30°；城市支路的街道高宽比应小于 1
梁颢严	2014	《城市通风廊道规划与控制方法研究》	主风道宽度应大于 150m，用地比例小于 20%，建筑密度小于 25%，高宽比小于 0.5；次风道宽度应大于 80m，用地比例小于 25%，建筑密度小于 30%；高宽比小于 1；风道走向与盛行风向夹角不大于 45°
匡晓明	2015	《基于计算机模拟的城市街区尺度绿带通风效能评价》	风道宽度不宜小于 30m，50 ~ 100m 为宜；风道走向与盛行风向夹角应小于 30° ；风道内障碍物高度应小于宽度 20%
中国气象局	2018	《气候可行性论证规范 – 城市通风廊道》QX/T 437—2018	主风道宽度应大于 500m，不小于 200m，与城市软轻风主导风夹角应小于 30° ；次风道宽度应大于 80m，不小于 50m，与城市软轻风主导风夹角应小于 45°

2.3　通风廊道发掘方法

城市通风廊道的研究，就是吸收现有的建筑学、城市规划、气候学和环境科学的理论成果（表 2-6），将其应用于城市设计实践中，这需要将城市气候信息、地理信息、建筑指标，转化为能与城市总体规划或城市设计相对接的语言；并从促进宜居生态城市建设和改善城市气候的视角，对城市空间形态尤其是街道两侧的控制性详细规划提出规范性要求。

建筑学、城市规划与气候学、环境科学的风道研究内容　　表 2-6

学科分类	研究对象	研究尺度	研究方法
建筑学	建筑及建筑群自然通风、绿色建筑及建筑布局	建筑群及建筑单体尺度	绿色建筑评价体系、GIS 空间分析、CFD 模拟、实地测量
城市规划	城市形态及城市功能布局	城市尺度 街区尺度	遥感与地表温度反演、GIS 空间分析、气象基础数据（风速、风向）、污染物指标
气象学、大气科学	通过气象观测及预测，计算大气边界层内的主导风向及风速动态	大气尺度、区域尺度	气象观测、大气边界层风洞、中尺度数值模拟
环境科学与工程	污染物指标、污染物系数、流场分布、空气质量等环境问题	街区尺度	污染物指标、CFD 模拟、气象基础数据（风速、风向）

由于城市风环境的复杂性，传统的风玫瑰、气象观测等手段已经难以满足定量化、科学性研究的要求，因此许多现代理论与技术手段引入到研究中，代表性的有中尺度气象学、流体力学、建筑形态参数和地理信息系统等。本节主要从城市总规尺度、街区尺度两方面进行解读。在城市及城市群级尺度下，遥感与地表温度反演能直观地反映城市热环境、热岛强度概况；中尺度数值模拟模型能对各种复杂的区域风环境进行模拟。在街区尺度下，现场观测是最准确且能准确描述行人层风热环境的方法，但成本高、周期长；计算流体力学模型（CFD）能够较精确地体现空气流动等物理现象，但其对模拟设置、湍流模型及地理模型的建构有较高要求。

本书以建筑形态参数为基础对城市风环境进行评估和风廊发掘，其已经成为风环境评价的重要且简便的方法。在高密度城市中，城市冠层下的结构与风速有密切的相关性，相比于计算流体力学、风洞试验等风环境研究方法，利用 GIS 对城市三维（3D）形态进行参数分析能够以较低的成本准确描述城市的空气流动特性，解释大部分城市气候现象和过程。本书即选择了建筑形态指标中的迎风面积参数（FAI）作为研究基础，FAI 能够有效评价建筑物对风的阻力影响，准确描述风的流通能力，且 FAI 对行人层风环境的评估更加准确。

2.3.1　数值模拟

进入 21 世纪，有关城市风环境预测与评估的重要手段以数值模拟为主。城市气候的数值模拟研究主要有中尺度模型（城市总规尺度）与微观尺度（城市街区与建筑尺度）两种类型。

（1）中尺度及其耦合模型

宏观层面大气运动的研究是大尺度城市风环境评估的理论与实践基础。随着数值模拟技术和研究水平的提高，对城市风环境评估的尺度逐渐从街区尺度扩展到城市甚至城市群的尺度，涌现出许多联系大气环境与城市大气环境的研究。

“中尺度”（meso-scale）介于大尺度和小尺度之间，是气象科学领域专门描述数千米至数百千米天气现象的专业词汇，中尺度气象模型采用完全可压、非静力平衡的欧拉模型、多重嵌套网格技术，拥有较为完善的物理模型方案，特别适用于具有各种复杂物理现象的城市风环境的耦合解析。

20 世纪 80 年代，中尺度大气数值模拟技术已开始发展，到了 20 世纪 90 年代已初具规模并在世界范围内广为使用。其中比较典型的气象学领域的预报工具有美国 MM5（第五代中尺度模式）和 WRF（The Weather Research and Forecasting Model）、中国 GRAPES（Global and Regional Assimilation and Prediction System）、欧洲 ECMWF（European Centre for Medium-Range Weather Forecasts）和日本 MSM（Meso-Scale Model）等。中尺度气象模型适用于城市总规尺度的模拟，可对接城市用地的宏观调控等需求。

由于是上一代气象模型，MM5 的耦合模型在近几年运用并不多。Yim 等（2007）利用 MM5/CALMET 系统为复杂地形开发了高分辨率风场 。周卫荣等人（2010）运用 MM5 和微尺度模块 Calmet 分别对江苏省沿海地区和甘肃省酒泉地区的风能资源进行 1km × 1km 高分辨率的逐时模拟，并通过与气象观测数据对比检验该模式系统对我国不同地形条件下的风能资源进行评估。

随着 WRF 模型的快速发展，其在城市气候中的应用主要是通过耦合城市冠层模型来实现精细化的模拟结果，且已经形成比较成熟的方案，包括单层冠层模型、多层冠层模型等。

Coceal 等人（2004）通过构建城市冠层风速计算模型计算出城市冠层平均风速，并将结果与风洞测试校对。Kaminski 等人（2006）采用 MC2-AQ 和 GEM-AQ 模型进行高分辨率空气质量模拟。Salamanca 等（2010）建立了一个新的建筑能源模型与城市冠层参数化城市气候模拟，能较好地研究城市建筑的风热情况，在观测实验也被充分验证。Tewari M（2010）通过微尺度计算流体动力学模型与中尺度模型耦合对城市尺度污染物迁移和扩散影响进行评估。Chen 等人（2011）也对 WRF 耦合城市冠层模式的精度进行了比较。

Lee 等人（2010）利用 2006 年美国德州空气质量研究活动期间的测量数据，对 WRF 模型中的城市表面参数化进行了评估 。Salamanca 等人（2011）利用不同城市参数化和高分辨率城市冠层参数的 WRF 模型来研究城市边界层问题。

由于中尺度模型的模拟精度一般只有 1km 左右，还不能完全满足城市规划层面通风廊道发掘的要求，因此不少研究者将中尺度模型与其他模型相耦合，将模拟精度进一步提高。例如胡莎莎等人（2016）以黄石市区为研究对象，运用 WRF 和 CFD 模拟评估了城市热环境和风环境状况，并对城市的风道发展规划提出优化建议。林欣（2014）在研究深圳市城市通风廊道的过程中，先是运用 WRF 耦合城市多冠层模型，分析城市总规尺度的通风能力，然后运用 GIS 计算并将结果与 WRF 模拟结果比较，得到中尺度通风廊道，最后运用 CFD 数值模拟计算街区层面风廊。

通过大量研究可以发现，WRF 等中尺度模型配有精准的城市下垫面地形资料、具备多重嵌套功能，适用于城市总规甚至更大区域的数值模拟和风环境评估，对小范围的风场模拟还需结合耦合模型，但精度很难适应人行尺度。

（2）CFD 及其耦合模型

城市建成区的微气候对人的健康和舒适度具有重要意义，此外还对区域内建筑物能耗和自然通风具有重要影响，因此在城市规划阶段，设计并优化建筑周边微气候成为备受关注的问题。微气候是由空气流速、温度、太阳辐射强度、污染物浓度等多种物理参数相互作用的结果，因此需要一个耦合的模拟平台同时分析多个物理参数。

伴随着计算机技术的发展，计算流体力学（CFD，Computational Fluid Dynamics）被开发运用于流场仿真模拟计算上。CFD 根据实际情况建立湍流模型，设置模拟边界条件和参数，可以对模拟区域的流体流动形成的风场、温度场、浓度场进行仿真模拟，并直观地显示其计算结果，因此 CFD 对实际应用有着巨大的潜力。

CFD 的耦合模型则是在传统 CFD 模型的基础上，考虑城市详规和城市设计尺度中的风、太阳辐射、热、人工排热等要素，耦合辐射、热舒适、污染物传递等的模型。其适用于数十米至数千米范围，精度可达 1m 甚至更精细，极大提高了城市设计和建筑设计尺度的流场模拟精度。许多学者利用 CFD 耦合模型深入解析空气流动、热量交换和水蒸气输送等物理现象，对城市详规、城市设计尺度的局地气候环境影响规律进行了有益的探索。主要的 CFD 数值模拟软件包括 ENVI-met、FLUENT、Airpak、PHOENICS 和 OpenFOAM 等软件。许多研究者利用这些模型对城市设计、居住区规划尺度的气候条件进行了研究。

2002 年，傅晓英、刘俊等探讨了计算流体力学模型技术，即 CFD 在规划设计中应用的可行性和作用。他们以一个文化广场规划为个案，对规划方案中所涉及的区域进行了风场数值模拟，评价了规划方案并提出建议。通过这项研究，证明将 CFD 方法运用于建筑规划方案评价和辅助建筑规划设计是可行的。

之后，国内很多学者运用 CFD 进行了相关研究。李鹍、余庄（2006）等运用 CFD 模型和 Airpak 软件，对武汉市一条通风道规划进行了可行性和营建模式分析。模拟结果表明，这条长 1.8km、宽 80m 的通风道在理想状态下，城市风环境的温度下降 3 ~ 5℃，从而论证了城市风道规划是可行的。2009 年，袁磊等从物理环境质量与城市空间特征关系的视角，以建筑单体至街区的研究尺度，运用 CFD 技术和 Airpak 3.05 软件，选择 6 个典型个案进行了整体热岛强度、温度场分布、风场对夏季热岛的影响的具体分析，提出了风环境控制指标和通风设计优化建议。刘沛等人（2013）以广东省南雄市为例，进行了气候特征和宜居性分析，然后运用CFD模型和FLUENT13.0软件，评价了用地区域布局和通风道方案，提出了湿热地区中小城市通风道的构建策略。陈国慧运用 CFD 数值模拟技术，以重庆市为例，分析了山地城市的不同建筑格局对微环境的影响。分别选择了点群式和行列式两种典型格局，具体针对平地和山地建筑群的迎风坡和背风坡进行了风速和气温微环境模拟对比分析，提出在山地适宜建设面水背山、低矮且体量小的建筑群，前排采用点群式布局，建筑的迎风面最好与盛行风向垂直，采用底层架空结构更有利于风的流动。曾忠忠、袁靖智认为，规划合理的通风廊道是解决城市环境问题的主要手段之一，他们基于 CFD 风环境模拟技术，针对城市日益严重的热岛效应以及雾霾等问题，以北京市为例，对城市通风廊道进行分级、分类的模拟研究，进而针对不同类型的通风廊道提出规划建议。黄文锋、周桐、陈星等基于 CFD 数值模拟方法评估了大型、复杂建筑群的风环境。他们以行列式、错列式及围合式 3 种典型建筑群布局为例，运用定量和定性分析方法，对三种布局的建筑进行了风流场数值模拟和风环境评估。2019 年，袁磊、宛杨、何成选取深圳市某高密度街区开展交通污染物分布和扩散模拟研究，运用 CFD 建立了空间模型，在东北、西南偏南两个典型风向上，对交通污染物的扩散进行数值模拟，并分析了建筑形态、城市绿化、通风廊道对污染物扩散和分布的影响。

近年来，由于雾霾天气增多，居住区的风环境得到越来越多的关注，不少学者将 CFD 数值模拟方法应用于住宅微环境通风模拟以及住宅小区风环境模拟研究。李绥等基于 CFD 数值模拟技术，应用 Airpak 软件，以临渤海的锦州市龙栖湾规划项目为例，模拟该居住区的风环境并进行分析，探索风环境对人体舒适度和绿地释氧的影响，最后根据研究结论提出优化滨海居住园区空间布局策略 。石峰、庄涛运用 CFD 数值模拟方法对厦门地区高层住宅中间户型的室内风环境进行模拟，探讨了有无室内天井和天井布局形式对室内风环境质量的影响，提出了有利于室内风流动的布局形式。刘赟、王蓉两位学者则选取了兰州市某小区作为研究对象，运用 CFD 数值模拟技术，利用 PHOENICS 软件，对住宅建筑室外风环境进行分析。针对不同的建筑布局和建筑朝向方案，模拟夏季和冬季主导风向下的小区室外风速、风压和建筑前后压差。他们将模拟结果与《绿色建筑评价标准》进行对比评价，提出优化室外风环境的建筑朝向和布局调整方案。刘惠芳、胡毅采用 CFD 数值模拟方法，对圆山德国风情小镇商业街周边的室外风环境进行研究。运用模拟结果提出促进自然通风的商业街布局优化调整策略。夏冬、王静等以珠海市某标志性超高层建筑群为研究对象，对其室外风环境及舒适性进行 CFD 数值模拟，比较详细地分析了不同风向下地面和建筑立面风速及舒适性的差别。曾穗平、田健等人运用 CFD 数值模拟方法，针对天津市 4 类典型居住组团的 20 种住区模块的风环境进行研究，主要分析了冬、夏两季的风环境特征，结合当地气候环境，提出了居住建筑布局改进建议。

上述学者对国内外规划案例和实践的风环境模拟研究表明，CFD 数值模拟技术用于城市设计尺度是可行的，其与城市设计、建筑设计、景观设计的对接方法也较为成熟。但 CFD 模拟在城市设计中的应用仍需注意以下几点：一是原则上模拟精度越精细、模型范围越大越好，但会消耗大量计算资源，因此应根据实际情况选择合理的模拟精度与范围；二是边界条件和湍流模型的选择需按照科学的方法，参照权威文献进行设置，否则会造成结果的偏差；三是 CFD 模拟具有一定的不确定性，因此在用于指导实践前，需利用实测或风洞数据验证模拟结果的可靠性。

2.3.2 遥感与地表温度反演

利用卫星遥感反演城市地表温度，评判热岛强度、热环境状况等信息，已成为城市气候领域当中非常重要的技术研究手段。城市热岛强度指的是城市和郊区之间的温差，获取方式可以是:（1）气象站或者现场观测的空气温度;（2）遥感反演的地表温度;（3）数值模拟等方式。遥感反演地表温度具有技术成熟、数据来源广泛、数据精度多样、与地面观测空气温度一致性高、与城市土地利用和建筑形态关系密切等特点，在城市空间形态评价、通风廊道研究中也有相关应用和实践。

香港理工大学的 Wong M S 等人（2010）在香港九龙半岛的通风廊道研究中，利用卫星反演的城市热岛强度地图（10m 精度）对通风廊道发掘结果进行了验证。结果发现利用迎风面积地图（FAI 地图）所发掘出的四条风道，都以最短距离穿过了那些热岛强度较高的地区。

翁清鹏等（2015）在南京市通风廊道研究中分析了作用空间与补偿空间，并结合南京盛行风向、城市绿地规划，构建了“四横一纵”的五条通风廊道。研究运用遥感 Landsat8 的红外波段来反演南京市地表温度，证实了其识别的作用空间和补偿空间具有更高准确性。

Zhi Qiao（2017）等研究者在北京通风廊道建构方法的研究中，提出了利用风阻系数发掘风廊的方法 。利用遥感反演的地表温度对风廊发掘结果进行了对比，发现由于较高的风速会带走热量、缓解热岛效应，通风效果最高的区域比最低区域平均地表温度低 0.19℃。

2.3.3 实测与风洞试验

（1）气象站与现场观测

气象站与现场观测是获取地面人行高度城市复杂风场分布的重要手段。不少研究者通过固定或者流动观测对此加以研究，为阐明地形、城市用地、街区布局、建筑形态与风环境之间的关系提供了重要的基础和证据。

2005 年，日本东京开展了一项大规模的海风通道的现场观测计划。旨在定量分析海风对城市气候的影响。选取 190 个观测点放置了温湿度计，40 个观测点放置风速计，测试的地点类型丰富，包括街区、高层建筑周边及河流等。观测记录间隔是 5 ~ 10min，持续了两周，并且每隔数天使用热气球测试垂直方向的气候参数。结果表明，在东京湾地区，岸线附近 2km 范围内受海风影响较大，在宽阔的街道、河流等处，海风更容易流入城市。天气晴朗时，河口与城市中心相比，海风降温效果可达到 4℃。

印度学者为了理解预测的城市热岛效应的性质，在 2008 年 5 月和 2009 年 1 月于金奈市进行了流动观测来评估城市热岛（图 2-8）。首先在两条固定路线进行流动观测，并对收集的数据进行标识，以显示金奈市夏季和冬季的温度相关参数，最后根据流动观测，绘制出城市热岛廓线和五个温度场剖面图，显示出不同土地利用和植被与热岛强度的关系。

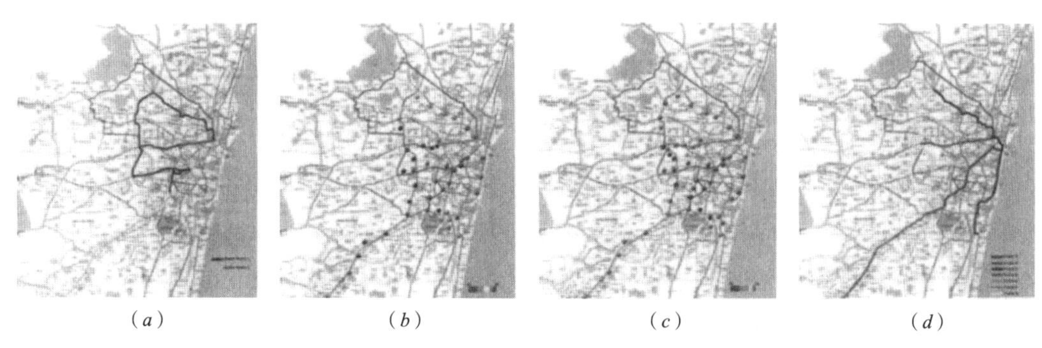

(*a*)　(*b*)　(*c*)　(*d*)

图 2-8　金奈市流动观测基本信息

（图片来源：任超《城市环境气候图》）

（*a*）两条测量路线；（*b*）夏季温度分布图；（*c*）冬季温度分布图；（*d*）温度廓线

（2）风洞试验

风洞试验，又叫气动试验。空气动力学中的风洞试验是指在风洞中安置某种模型，研究气体流动及其与模型的相互作用。一般在研究建筑、街区甚至城市体量的风洞试验中，会将研究对象等比固定在风洞中与人为制造的气流摩擦，通过模拟各种来流情况获取相关的试验数据。实际上在风洞试验下，模型的精度以及测点的精度都会对实验结果有较大影响，有时可通过数据修正对误差予以消除，如雷诺数修正；有时对洞壁和模型的干扰也应修正。

如今由于各类计算流体力学模拟技术的普及，对城市风环境的评估很少用到风洞试验。这是因为风洞试验的成本非常高，建造风洞最难的地方在于实现指标和达到流场质量的要求，一般像城市尺度如此大的规模，若等比模型较小，则精度难以保证数据准确，若模型较大则缺少实验所需的硬件设备。其次风洞试验的前期准备时间也较长。

但即便如此，风洞试验依然是对模型流场模拟的必要手段之一。这是因为诸如CFD等数值模拟技术的参数设定，都需要风洞试验来确定。在本书4.1.2节中，就利用日本建筑师协会（AIJ）提供的标准风洞试验数据，对本书CFD数值模拟运用的新0方程模型进行了验证。Huang（2013）就是先采用自主开发的湍流模型研究城市街道峡谷内高架高速公路对大气环境的影响，根据风洞试验加以验证，结果表明数值模拟结果与风洞试验数据吻合较好。

有关城市风洞试验的相关研究在20世纪初就有体现，其中模拟街道峡谷气流与污染物的实验居多。最早进行单体建筑风环境的风洞实验始于20世纪70年代。1978年，Hutchinson运用风洞试验来评估伦敦两座拟建高层建筑周边的风环境。Britter（1979）随后利用风洞试验模拟大气边界层中两座建筑物之间的流速。Baker（1980）对两幢建筑物之间的流场进行了风洞试验。以上都是对两个固定的建筑物模型间的气体流动进行研究，在此之后很多学者都开展了对不同高度、体量建筑物周围流场状况的风洞模拟。

Dabberdt等人于1991年在风洞中进行了大气边界层踪剂弥散实验。以1：300的比例模拟了一个由统一的城市街区和建筑高度组成的城市中心，街道峡谷纵横比为1.2：1，虽然对于比较不同来流风的风洞试验在这时已比较常见，但Dabberdt将风洞的研究对象上升到街区尺度，对之后的相关研究有很好的借鉴意义。实验中15 ~ 28个探测器被安置在建筑的矩形阵列中，风向变化超过90°，以10°为一个变量。进行了4个示踪实验，包括矩形和方形城市街区以及可变的街道宽度等不同形态，将发射源放置在正交街道峡谷中。观测结果表明城市街区结构与相邻的正交街道对峡谷浓度（实验气流中的乙烷）的影响作用明显，说明街区形态会很大程度影响风流通。

随后，Livesey等人（1992）讨论了在边界层风洞实验室（BLWTL）中用于评估行人水平风的技术。Uematsu等（1992）利用风洞试验评估了平均风速和脉动风速下的高层建筑转角形状对行人层风环境的影响，结果表明变换建筑物的转角形态能够明显改善其附近风环境，但当来流风与建筑物夹角为45° 时，转变拐角形状没有明显效果。Williams（1992）利用风洞和现场测量研究了渥太华市行人层的风环境。Jamieson（1992）也通过风洞对6种不同形态的建筑物风场模拟，来评估其对行人层水平风速的影响。

到了21世纪，随着数值模拟技术的进步，通过风洞试验对模型进行流场模拟变得更有针对性。Georgakis等（2006）对城市峡谷自然通风空气流动与温度分布进行实验研究，目的首先是评估城市环境中自然通风的潜力，其次是更好地了解城市峡谷中的气流和热现象。研究发现，位于城市峡谷内的建筑物，无论是单侧通风还是穿堂风，其自然通风的潜力都大大降低。据估计，在特定的峡谷中，与未受干扰的位置相比，单侧通风和穿堂风的气流速度分别减少了82%和68%，这说明街道（风道）中的障碍物（建筑）对城市通风影响较大。

以上文献均表明，城市形态、街区结构对行人层的通风有较大影响。我国香港在 2006 ~ 2012 年开展的《都市气候图及风环境评估标准——可行性研究》就针对 10 个典型市区的 20 个重点研究区域，利用风洞试验进行城市行人层风环境模拟研究，为量化规划与设计的影响提供科学依据（图 2-9），同时也便于研究者和决策者了解我国香港高密度城市风环境现状及问题。该风洞试验考虑了中国香港夏季和全年的气候条件、城市形态以及地形地貌的状况。

图 2-9　我国香港屯门城市区域风洞试验

（图片来源：《Fianl Report and Appendices, Urban Climatic Map and Standards for Wind Environment-Feasibility Study》）

2.3.4　基于 GIS 的建筑形态参数应用

建筑形态学是利用定量法、图示法研究城市和建筑物质空间形态的一个研究领域，其关注点包括城市空间肌理、城市形态的美学、城市形态的定量表征方法等。其中建筑形态参数的合理阈值是确立设计原则、修订城市建设规范的重要基础 。

利用 GIS 对城市三维（3D）形态进行参数分析，成为风环境评价的一种重要而简单的方法，与城市环境中的风速有密切的相关性（图 2-10）。Yang 在城市热环境的相关研究中表明，相比于计算流体力学、风洞试验等风环境研究方法，应用广泛的城市形态参数能够以较低的成本准确描述城市的空气流动特性，解释大部分城市气候现象和过程。与风环境紧密相关的建筑形态参数较多，如零平面位移高度（Z_d）、粗糙长度（Z_0）、迎风面积指数（FAI）、建筑密度、建筑平均高度（Z_h）、可视天空系数（SVF）、有效高度（h_{eff}）、城市多孔性（P_h）等。GIS 模型还可以将地形地貌、城市热力学特征、建筑环境、开敞空间、主导风向等作为单因子进行分析，将分析结果应用于城市风道规划的编制。目前已有很多学者将建筑形态要素应用于风环境、热能、遥感等多个领域的交叉研究。

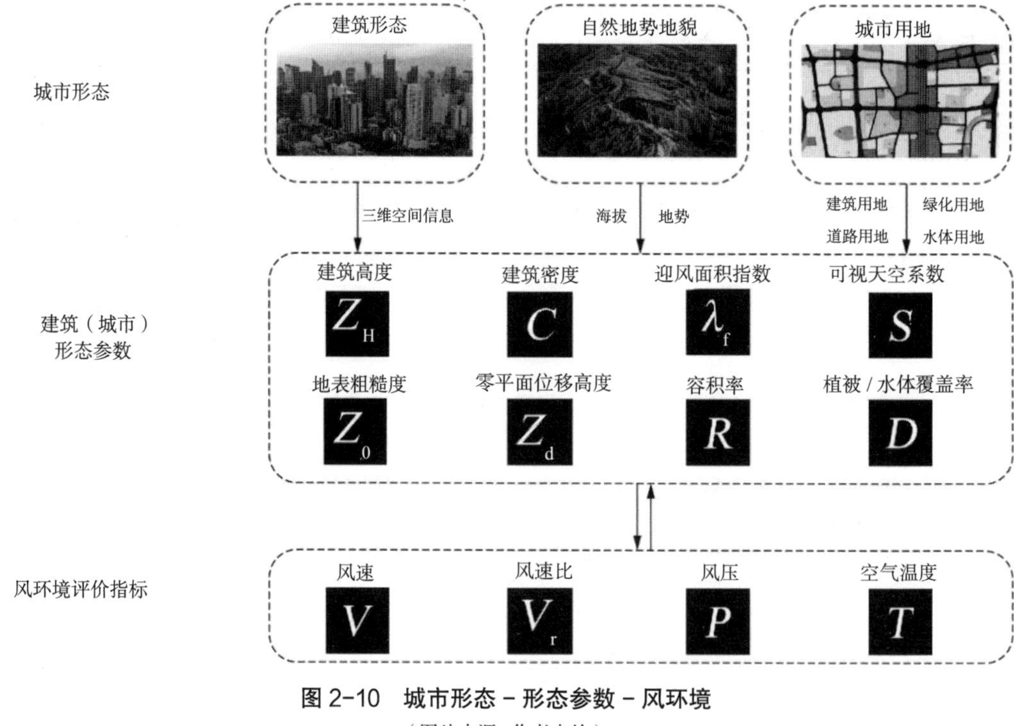

图 2-10　城市形态 – 形态参数 – 风环境

（图片来源：作者自绘）

例如蔡智等人（2018）利用四个城市形态参数（建筑密度、建筑平均高度、容积率和可视天空系数）与城市地表温度（LST）的多元线性回归分析，研究了水体的降温作用对城市地表温度的潜在影响。结果表明，水体的降温作用可达 1km，对城市形态与地表温度的关联有很大影响。

Park C Y 等人（2019）研究了城市形态对城市小河流降温效果的影响，通过对韩国首尔清溪的实测资料，计算清溪在夏季不同时段的降温强度（RCI）和降温距离（RCD），确定河流冷却效应（RCE）与城市形态的关系。结果表明，清溪流域 14：00 平均 RCI 为 0.46℃，平均 RCD 为 327m，22：00 平均 RCI 为 0.37℃，平均 RCD 为 372m。14：00，RCE 的空间变化与街道宽度和平均建筑高度呈负相关，显示较窄的街道及较低的建筑物可改善道路舒适度。此外，RCE 的时间变化与相同湿度水平下风速的变化有关。研究结果表明，河流周围的城市形态可以影响当地的 RCE，城市规划者应该将城市形态作为缓解热环境的重要手段。

刘勇洪、房小怡等人（2016）在基于遥感（RS）与 GIS 技术的城市精细化通风评估方法中提到，地表粗糙度可以由气象学中的空气动力粗糙度长度（RL，Roughness Length）定量估算，而开敞区域程度可以由天空开阔度（SVF，Sky View Factor）来反映。利用这两个指标可构建城市通风评估指标——通风潜力指数（VPI），可定量评估一个地区的总体通风状况。

（1）建筑平均高度

建筑高度（Building Height）指建筑物室外地平面至外墙顶部的总高度，是设计的技术经济指标之一，也是城市规划控制的指数。但在计算城市或街区尺度参数或计算机模拟时，由于建筑单体体量复杂，高度不一，不仅增加了计算量，也使计算方法变得十分复杂。因此在衡量某一区域的总体建筑高度时，通常采用建筑平均高度（Z_h），计算方法如下：

$$Z_h = \frac{\sum_{i=1}^{n} S_i h_i}{\sum_{i=1}^{n} S_i} \tag{2-1}$$

式中　S_i——单栋建筑的占地面积（m^2）；

h_i——单栋建筑的高度（m）（图 2-11）。

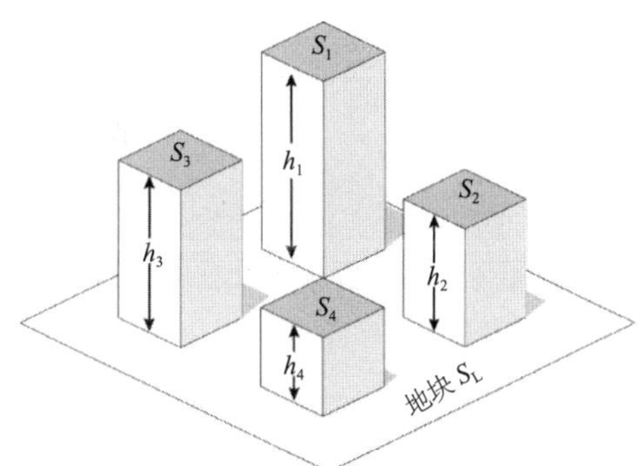

图 2-11　建筑平均高度示意图

（图片来源：作者自绘）

建筑平均高度是计算城市地表粗糙度的重要参数。城市地表的粗糙程度是反映该城市的形态对其所处风环境所产生阻碍作用的基本参数 。粗糙度越高对风流动所产生的阻碍越大，而衡量城市的粗糙程度的最常用参量之一是粗糙元平均高度（Z_h）。粗糙元平均高度是城市形态的参数之一，同时也是风环境的参数，因此，可作为关键参数去建立风环境的研究与城市研究的联系。对于城市环境来说，建筑及植被是粗糙元的主要构成单元。一般对于城市高密度建设区的研究，建筑平均高度即是粗糙元平均高度，因此具有较高的建筑平均高度的城市环境对风所造成的影响比于其他区域要高。

一些学者在研究中发现了建筑平均高度与城市风速具有较强相关性。Du Yaxing 等人通过 CFD 数值模拟风在建筑物周围的流动情况，计算了在高密度城市中，建筑高度和孔隙度对行人层风环境舒适度的影响。结果表明，在同样容积率条件下增加单体建筑的建筑高度或建筑群的平均高度，均可有效改善场地边界内的风舒适性。此外，底层架空的风舒适性要好于二层镂空，且较大的孔隙度尺寸通常比小孔隙度尺寸带来更好的风舒适性。Chae Y P 等人在研究通过河流冷却效应（RCE）来降低城市空气温度时，发现 RCE 的空间变化与街道宽度和平均建筑高度呈负相关。

（2）建筑密度

建筑密度（Building Density），指在一定范围内，建筑物的基底面积总和与占用地面积的比例。有时也称建筑覆盖率（building coverage ratio），它可以反映出区域范围内的空地率和建筑密集程度。城市建成区的建筑密度直接影响着楼宇间的采光、风速以及绿地率等热环境指标。计算方式如下：

$$C=\frac{\sum_{i=1}^{n}S_i}{S_L} \tag{2-2}$$

式中 S_i——单栋建筑的占地面积（m^2），

S_L——整个地块面积（m^2），（图 2-12）。

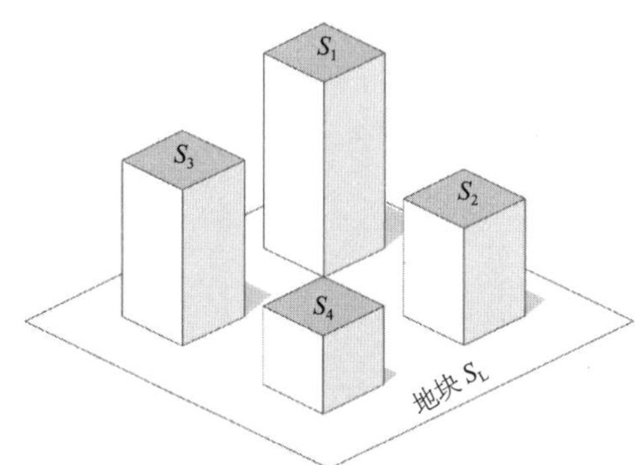

图 2-12 建筑密度示意图

（图片来源：作者自绘）

建筑密度是城市规划的一个重要规划指标，根据日本学者久保田澈和义江龙一郎对日本和我国香港建筑案例的风洞试验研究发现，建筑密度对于行人层风环境存在直接影响，并就此划分出优、良、差三个风环境表现等级。该研究进一步证实通过控制建筑密度可以有效控制高密度城市区域内人行高度的风渗透性。

日本学者 Tetsu Kubota 研究了居住建筑密度与行人平均风速之间的关系。从日本各城市选取的 22 个住宅区建立模型并进行风洞试验。结果表明，建筑密度与平均风速比之间存在较强的相关关系。建筑密度增加则平均风速下降，且建筑密度与风速的关系比容积率要更密切。

Edward Ng 在针对我国香港高密度城市形态与风环境关联的研究中，在 200m × 200m 的方格网上分别计算了两种参数，利用回归模型检验了迎风面积和建筑密度之间的关系。结果表明两者之间的相关性达到 0.88（决定系数 0.7748）。由于建筑密度是常用的规划指标，计算方法也比迎风面积简单，因此，利用建筑密度指标控制城市风环境是一个简便可靠的选项。

（3）容积率

容积率（Floor Area Ratio）又称建筑面积毛密度，是指一个地块的地上总建筑面积与净用地面积的比率（图 2-13）。容积率的计算公式如下：

$$R=\frac{\sum_{i=1}^{n}S_iF_i}{S_L} \tag{2-3}$$

式中　S_i——单栋建筑的占地面积（m^2）；

F_i——单栋建筑的层数。

作为城市空间形态的重要指标，容积率对城市能源效率，尤其是建筑能耗的影响非常大。高容积率有助于拉近出行出发地与目的地的距离，有利于公交模式发展，从而有效降低人为热排放。有研究表明：125 个全美最大城市中人口密度增加 10% 会导致居民生活能耗降低 3.5%。但与此同时，高容积率可能带来更严重的拥挤。在紧凑型城市条件下，容积率与建筑平均高度、建筑密度控制结合使用对通风更有利。比如在同样容积率下，增加建筑平均高度就意味地面的公共空间更多，楼宇间的距离越大，对风流通的促进也就更强 。

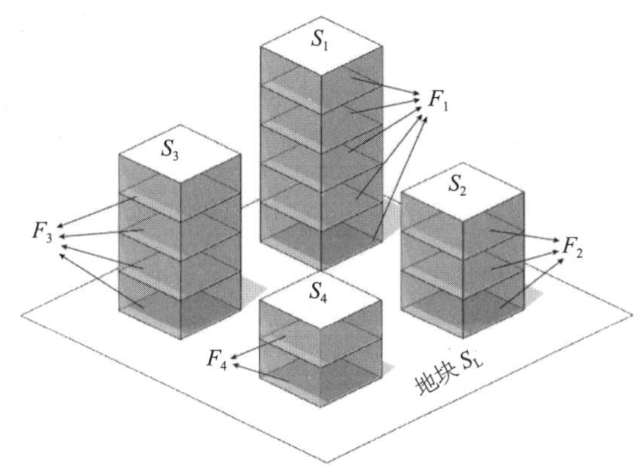

图 2-13　容积率示意图

（图片来源：作者自绘）

（4）可视天空系数

可视天空系数（Sky View Factors，SVF）也称天空开阔度，或天穹可见度，可描述三维城市形态的密集程度和遮挡天空的状况，同时也是表征地表散热和局地空气流通能力的重要参数。

Watson 和 Johnson 在 1987 年第一次提出了“可视天空系数”的概念，他们描述了一种方法，通过了解周围建筑物的方位角和仰角，就可以从示意图中计算城市位置的天空可视因子。这种方法一开始是为了在无法获得更精细的计算结果或是不能采用摄像设备时使用的，能够提供足够精确的结果。

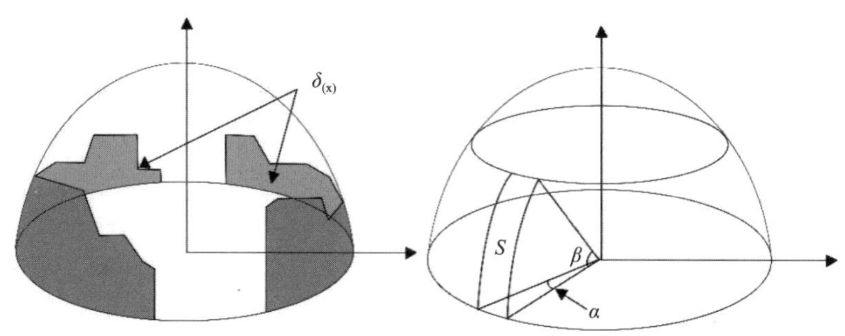

图 2-14　基于城市 DEM 数据计算 SVF 原理示意图

（图片来源：作者自绘）

SVF 的计算过程为从地面每一个计算点发出指向天空的扫描束，角度为 β，扫描间隔角度 α，用以判断被遮挡的天穹范围 S，计算建筑的投影面积 $\delta_{(x)}$。在扫描半径范围内的天穹上，天空占据整个视野的百分比就是 SVF 值（图 2-14）。SVF 的计算公式如下：

$$S=1-\sum_{i=1}^{n}\sin^2\beta_i\left(\frac{\alpha_i}{360°}\right) \tag{2-4}$$

可视天空系数是研究城市形态和城市通风能力的重要参数。许川、杨坤丽从街谷走向、高宽比（W/H）、天空可视因子 SVF 三方面入手，对比分析其在夏季对街 谷内风环境的影响，发现 SVF 与风速大小成正相关的关系。

同时 SVF 和城市气温之间也有重要关联。一种结论是，SVF 是城市热岛主要成因之一：SVF 值越低，城市温度越高。而另一方面，其他的研究人员却发现城市气温与 SVF 之间相关性较弱，但 SVF 却和表面温度有较好相关性。袁超以我国香港为主要研究对象，通过 GIS 软件对建筑形态参数研究，发现通过控制建筑密度和调整建筑高度来提高 SVF，可以缓解高密度城市中热岛效应。

（5）迎风面积指数

迎风面积指数（FAI，Frontal Area Index），定义为城市盛行风向（θ）的影响下，城市建筑总的迎风面积与建筑底下标准单位网格面积的比例关系 $\lambda_{f(\theta)}$（图 2-15）。计算公式如下：

$$\lambda_{f(\theta)}=\frac{A_{(\theta)\,\mathrm{proj}\,(\Delta z)}}{B} \tag{2-5}$$

$$\lambda_F=\sum_{i=1}^{n}\lambda_{F(\theta)}P_{(\theta,\ i)} \tag{2-6}$$

两式中　$\lambda_{f(\theta)}$——某方向下的建筑迎风面积指数计算；

λ_F——所有风向下的建筑迎风面积指数平均值。其中 $A_{(\theta)\,\mathrm{proj}\,(\Delta z)}$ 为建筑迎风投影面积（m^2）；θ 是风的不同方位的方向角度（°）；B 为计算地块的面积（m^2）；Δz 为计算投影面积高度方向的计算范围；$P_{(\theta,\ i)}$ 为第 i 个方位的风向年均出现频率，以百分比表示；n 是气象站统计的风向方位数，一般取 8 或 16。

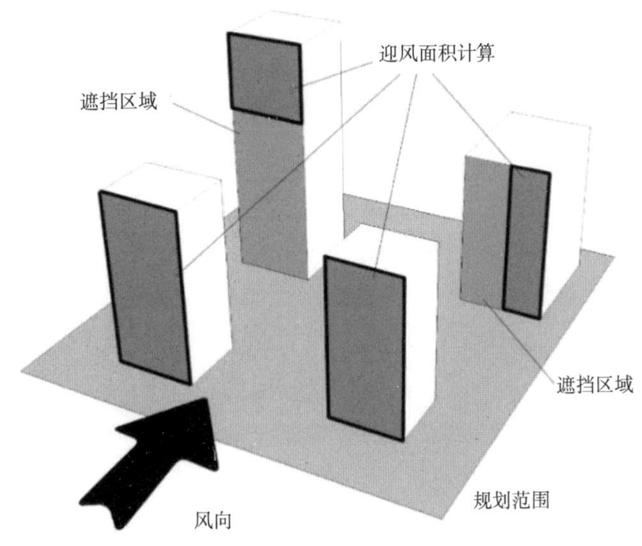

图 2-15　迎风面积图示

（图片来源：作者自绘）

Wong 和 Nichol（2010）以我国香港九龙半岛为例，运用迎风面积指数（FAI）计算分析发现四条潜在的通风廊道。研究绘制了城市的迎风面积地图，并以亚热带密集的城市环境为例，探讨了通风对人体健康的重要性。计算了均匀 100m 网格单元的 FAI 值，每个网格单元代表基于 8 个不同风向的迎风面积平均值。在地理信息系统中，基于 FAI 地图，运用最小成本路径分析确定了城市主要的通风路径。

Ng Edward 等人（2011）绘制了一张高分辨率的迎风密度地图（FAD 地图），来评估我国香港城市的地表粗糙度。他们使用 MM5/CALMET 模型模拟我国香港的风场数据，并计算三个高度的建筑迎风密度：裙楼（0 ~ 15m）、建筑（15 ~ 60m）、城市冠层（0 ~ 60m）。通过线性回归分析表明，较低的裙楼区域与风洞试验数据的相关性最好。研究还表明较为简单的二维场地覆盖率（GCR）可以用来预测该区域的行人层通风性能。GCR 与 GIS 耦合，利用现有的数据，可以为规划者提供一种了解城市空气流通的方式，从而制定与通风廊道、城市孔隙度相关的决策。

（6）城市地表粗糙度

地表粗糙度（Surface Roughness）源于空气动力学的概念，是指空气中的气流受到粗糙元的阻力作用，风速廓线上风速为 0 时的几何高度。

不同的地表均有一定的粗糙度，例如森林地区就比农田、海面粗糙度高。随着城市的高密度建设，特别是建筑物对气流的阻碍作用十分明显（图 2-16），城市表面比起自然表面要粗糙很多，导致城市边界层的风速随任意一点距离城市表面高度的增加而上升。利用城市形态参数可以估算地表粗糙度。地表粗糙度越低，气流通过的阻力越小，风速越大。

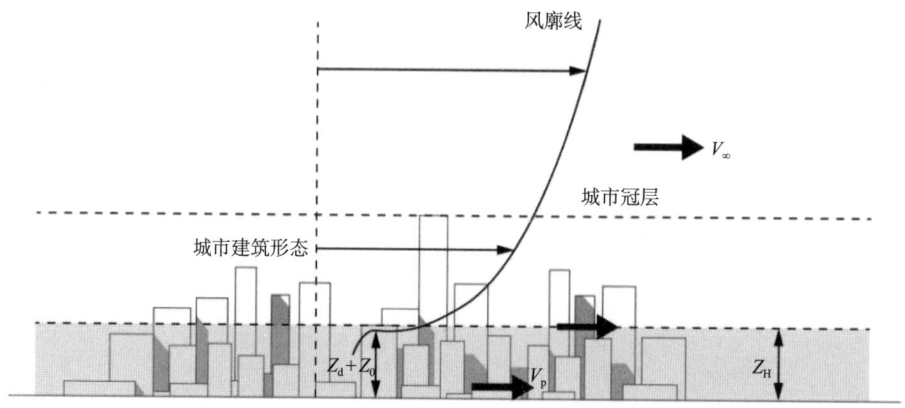

图 2-16　城市冠层内城市形态、风环境及投影面积计算高度示意

（图片来源：根据《通过城市形态和地表粗糙度来改善高密度城市风环境》改绘）

计算城市地表粗糙长度比较可靠的方法是通过微气象学的实地观测，直接用风廓线计算。然而测量城区风速的垂直廓线常常成本较高且过程复杂。如果直接根据城市不同特征估算，则难以表征城市形态的不均匀性。

由于直接确定一个特定情况下的粗糙度参数存在困难，所以人们开发了若干种形态模型（Morphometric models）。这些模型以现实城市风廓线实际观测为基础，或者以城市表面的等比例缩小模型为基础。其中常被运用的有地表粗糙度、建筑平均高度、零平面位移、迎风面积指数（FAI）和迎风面积密度等参数。

动力粗糙度由气象学中的 Z_0 来定量表达。可以通过遥感影像分析和地理信息数据来计算植被类型、建筑覆盖率、植被高度、建筑高度等从而提取地表粗糙度。

$$Z_0 = H \times \frac{a}{A} \tag{2-7}$$

式中　Z_0——粗糙度长度；

H——障碍物的平均高度（m）；

a——气流接触到的障碍物侧面面积；

A——建筑覆盖面积（m^2）。

一般来说粗糙度长度约为障碍物高度的 3% ~ 10%，美国学者 Hansen 基于前人的研究总结了一般城市地表粗糙度的经验值（表 2-7）。

一般城市地表粗糙度值　　**表 2-7**

地表类型	地表粗糙度长度 Z_0（cm）	地表类型	地表粗糙度长度 Z_0（cm）
人工路面	0.002	低密度居住区	110
1cm 高草坪	0.1	城市公园	130
修剪后草坪少量树木	1	商业大厦	175

续表

地表类型	地表粗糙度长度 Z_0（cm）	地表类型	地表粗糙度长度 Z_0（cm）
机场跑道	3	城市扩展区域	260
村庄	40	中心商业区	330
高速公路、铁路	50	高层建筑	370
村镇	55		

目前基于三维建筑数据库计算城市粗糙度地图，以此发掘城市通风廊道是比较常见的做法。Gál 和 Unger（2009）采用了高分辨率粗糙度参数发掘检测大型城市区域的通风路径。研究以匈牙利塞格德的一个大型研究区为例，提出了一种城市粗糙度计算方法（图 2-17），并表明利用此方法计算的风廊对城市热岛缓解具有重要作用，且可以较少城市中心区的空气污染。

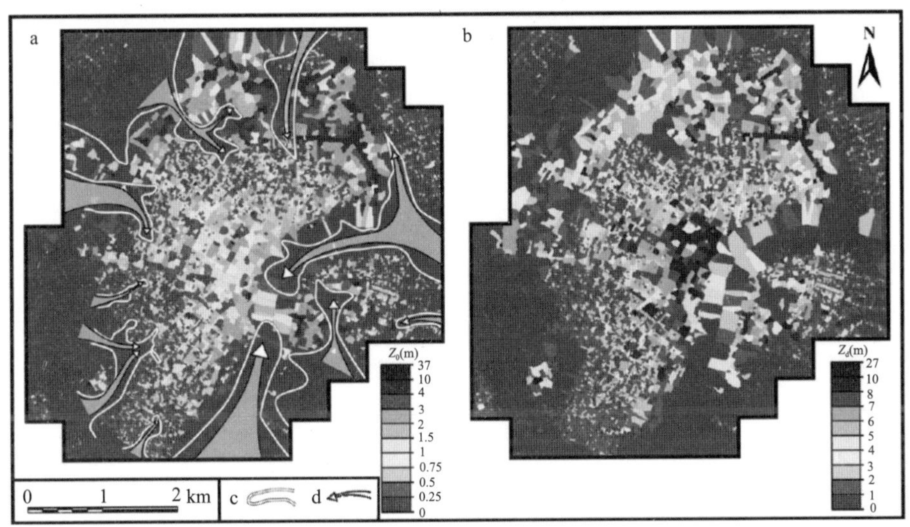

图 2-17　城市粗糙度 Z_0 及零平面位移高度 Z_d 空间分布图

（图片来源：Gál T, Unger J《Detection of ventilation paths using high-resolution roughness parameter mapping in a large urban area》）

（7）零平面位移

零平面位移高度也是描述下垫面相糙度的一种参数，指的是地面上方平均风速为 0 的位置距离地面的距离。即高度原点 Z_0 向上位移到 Z_d（风速为 0 处），这个高度被称为零平面位移高度。

零平面位移主要针对地面有较高较复杂的覆盖物的情况，比如建筑平均高度高、密度大的城市区域。可以这样理解：当地面有较高的覆盖物（如城市建筑、树林、农作物）时，地表粗糙度表征的是与大气接触的覆盖物顶部的崎岖情况（而不是地面情况），这时平均风速为 0 的高度应是地面粗糙度和一个与覆盖物高度有关的修订值之和。这个修订值就是零平面位移，叫作位移长度，一般取值为覆盖物高度的 2/3 ~ 4/5。

通常中性层结条件下观测的近地面风速廓线由高向低延伸至风速为 0 处，该高度即为地面粗糙度和零平面位移高度之和。如果覆盖度高度很低，则所得风速为 0 的高度就为地面粗糙度。由此可以看出，零平面位移高度和城市地表粗糙度长度两个指标不可分割，息息相关。

许多相关研究表明，通过零平面位移高度 Z_d 和地表粗糙长度 Z_0 计算可以对城市通风廊道进行有效发掘。德国学者 Matzarakis 早在 1992 年就运用了粗糙度长度和零平面位移高度来划定城市通风廊道。Grimmond 和 Oke（1999）则阐述了通过城市形态来计算粗糙度长度和零平面位移高度的方法。Gál 针对热岛效应产生的城乡风，采用粗糙度长度和零平面位移高度来挖掘城市的通风路径，并建议采用 2D 的栅格来进行提取，栅格的大小在 50 ~ 450m 之间。

获取 Z_d 和 Z_0 的方法较为繁琐。Bottema 和 Mestayer（1998）研究得出对针对城市粗糙度参数测量中存在的问题，提出了一种利用粗糙度计算工具对城市地理数据库中的粗糙度长度 Z_0 和零平面位移 Z_d 进行测量的新方法，并利用实验室数据对粗糙度公式进行了验证。其中粗糙度计算公式如下：

$$Z_0=(Z_{\mathrm{h}}-Z_{\mathrm{d}})\exp\left(-\frac{\kappa}{\sqrt{0.5C_{\mathrm{Dh}}\lambda_{\mathrm{f}}}}\right) \tag{2-8}$$

$$Z_0=(Z_{\mathrm{h}}-Z_{\mathrm{d}})\exp\left(-\frac{0.4}{\sqrt{\lambda_{\mathrm{f}}}}\right) \tag{2-9}$$

$$Z_{\mathrm{d}}=Z_{\mathrm{h}}(\lambda_{\mathrm{p}})^{0.6} \tag{2-10}$$

式（2-8）中 λ_{f} 为网格内的迎风面积指数；C_{Dh} 为独立障碍物拖曳系数，一般取常数 0.8；式（2-9）由式（2-8）简化而来。Gál 和 Unger（2009）在赛德格的城市粗糙度计算中也应用了以上公式。

2.4　FAI 与城市风环境的关联性

本研究以迎风面积指数（FAI）作为表征城市地表粗糙度的基本指标，运用最小成本路径法（LCP）发掘城市通风廊道。实际上，近些年建筑师和规划师们通过 GIS 平台通过计算各类建筑（城市）形态参数发掘通风廊道的实践和研究屡见不鲜，本研究之所以利用 FAI 作为基础指标发掘风廊，是因其作为城市街区尺度风流通能力的表征作用良好，尤其是行人层风环境的评估更加准确。另外，本书还对 FAI 模型进行了改良，扩大了 FAI 模型对复杂地形潜在风道识别的适用范围。

2.4.1 FAI 模型发展

（1）传统模型与改进模型

迎风面积指数（FAI，Frontal Area Index）被视作是建筑物对风的拖曳作用的指标，其传统定义如式（2-11）[相比式（2-5）更加具体]，计算每个建筑物面对指定风向的投影面积，再除以所占计算网格的面积，计算公式如下：

$$\lambda_{f(\theta)}=\frac{A_F}{A_T}=\frac{nb_{f(\theta)}h_{f(\theta)}}{A_T} \tag{2-11}$$

式中　A_F——面向某个风向 θ 的建筑物的总投影面积（m^2）；

A_T——计算单元的面积（m^2）；

n——每个单位面积的建筑数量；

$b_{f(\theta)}$、$h_{f(\theta)}$——面向风的建筑物的平均投影宽度和高度（m）。

我国香港地政总署就运用 ArcGIS 9.2 编写了一个程序用于估算垂直特定风向的总建筑投影面积。

Wong、Nichol（2010）开发了一种新方法，通过消除被前排建筑投影阻挡的背风建筑面积（图 2-18），使迎风面积更合理地反映实际情况，也减轻了计算压力。这种方法对不规则建筑群的迎风面计算非常重要。

$$\lambda_f=\sum_{\theta=1}^{N}\lambda_{f(\theta)}B_\theta \tag{2-12}$$

式（2-12）是由 Ng 和 Yuan 开发的另一种 FAI 计算的新方法，用来计算在 N 个方向上的年均加权迎风面积指数 λ_f。N 可以是 4、8 或 16，而 B_θ 是特定方向 θ 的年均风频。

上述两种改进方法在本书的计算中也被采用。

（2）山体迎风面积模型

传统 FAI 模型仅测算建筑物的迎风面积指数，不考虑地形或山体对风环境的影响。陈士凌（2016）以典型的山地（中高山峡谷型喀斯特地貌）城市为例，提出了一种改进 FAI 计算方法来描述贵州仁怀地区的地表粗糙度。尽管其并未对山体迎风面积模型进行详细描述，但其将山体视为建筑物纳入 FAI 计算，打破了传统模型只能针对平坦地形建筑物进行迎风面积指数计算的局限，丰富了 FAI 的适用范围。

陈士凌的研究区域为贵州仁怀南部新城。作为一个典型山地城镇，许多山体分布于城市建成区之中，有 60% 的地域是由中等大小的山体组成。这些山体的高度从 50m 到 100m 不等，与区域内大量建筑的高度非常接近，难以忽略它们对风环境的巨大影响。因此陈士凌在论文中提出了一个新构想，将山体作为构筑物来计算其迎风面积，与建筑迎风面积相叠加计算通风廊道。在每个 100m × 100m 网格单元的 FAI 计算中加入局部地形（丘陵）因子，将山体与 3D 建筑进行统一 FAI 计算（图 2-19）。结果表明，与传统的 FAI 模型相比，改良的 FAI 模型与山地土地利用的相关性更强，这对计算山地城市迎风面积具有更高的应用价值。这种将山体与建筑一起纳入 FAI 计算中的方法，为山地城市相关研究提供了一种新思路。

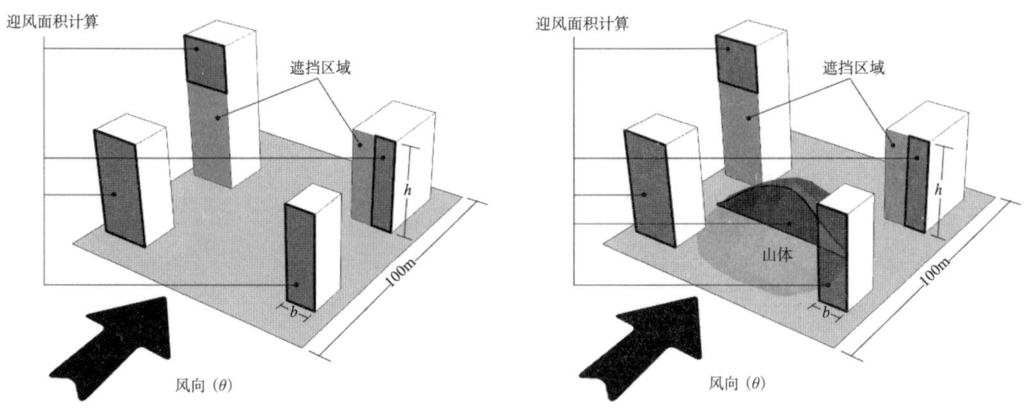

图 2-18　Wong、Nichol 的 FAI 模型

（图片来源：作者自绘）

图 2-19　陈士凌的 FAI 模型

（图片来源：作者自绘）

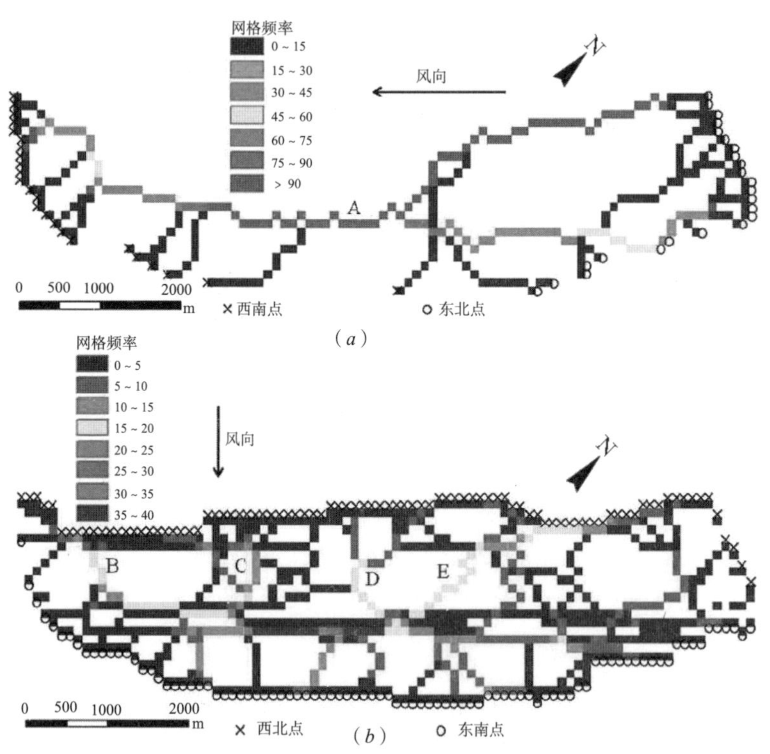

图 2-20　通风廊道出现频率

（图片来源：Chen S L《A quantitative method to detect the ventilation paths in a mountainous urban city for urban planning: a case study in Guizhou, China》）

（a）东北 - 西南向（总通道数 576 条）；（b）西北 - 东南向（总通道数 8100）

另外，陈士凌还在经典的 Dijkstra 算法基础上，开发了一个比 GIS 中 LCP 模块更方便的 LCP 程序，并利用 C 语言自编译脚本执行。首先将 FAI 值定义为摩擦值，FAI 值越高，摩擦值就越高。其次定义通风的起始点，24 个点均匀地分布在研究区域的东北区域，代表东北风从东北向西南流经研究区域的起始点。在自编译 LCP 模块中输入沿南部新城西南方向均匀分布的 24 个终点，在起点和终点之间生成 576 和 8100 条路径，模拟结果中 LCPs 相互重叠，换句话说，在各网格中会有许多 LCPs 在它们之间移动。通过对每个网格（单元）的闭合 LCP 路径进行统计，得到出现频率。高出现频率的网格单元对应低 FAI 值。因此，这些网格可能比那些很少或没有路径通过的单元有更好的通风条件，研究最后发掘了数条通风廊道（图 2-20）。为了验证其算法的合理性及有效性，陈士凌还通过 PHOENICS（2012）来模拟研究区域风环境，对发掘的通风廊道来加以验证。结果表明，修改后的 FAI 地图所得通风路径与 CFD 模拟结果更吻合。

2.4.2　FAI 对城市通风的影响

地理信息系统（GIS）和遥感技术（RS）可以通过采用简化的计算公式和数值转化来解决城市问题。通过估计城市、建筑物结构的粗糙度参数，可以从数学层面简化近地面条件下的风环境模拟，因此利用地理信息系统和遥感技术对地表粗糙度进行建模研究成为城市通风（廊道）领域的常规方法。早在 20 世纪 70 年代，Lettau H（1969）、Panofsky H（1975）等学者就利用 GIS 对零平面位移高度（Z_d）和粗糙度长度（Z_0）进行了研究。Burian SJ（2002）和 Gál（2009）等人运用 GIS 研究了迎风面积指数（λ_f）以及加权平均高度与迎风面积的关系。Bottema M（1997）运用 GIS 绘制粗糙度地图，并用以优化风洞入口的流体粗糙度。大量学者利用 GIS 平台进行了城市形态参数与城市风热环境的耦合研究。

在众多建筑（城市）形态参数中，迎风面积指数（FAI，Frontal Area Index）被认为是中尺度气象和城市离散模型中表征能力很好的城市地表粗糙度指标。它与粗糙度长度（Z_0）相关性极高，是城市街道峡谷流体动态的一种函数。Gál 和 Unger 在 2009 年就利用 FAI 计算并描述了匈牙利赛德格的通风廊道，但并未进行验证。随后 Wong M S（2010）演示了一种利用 GIS 提取 FAI 的简易自动化方法，并运用最小成本路径法（LCP）推导研究区域内通风路径的出现频率。他研究结果表明了 FAI 与建筑特征之间存在直接关系，较高的 λ_f 值总是与较宽和较高的建筑（工业区、商业区）相关，此外，FAI 与热岛强度（HII）、建筑密度（BD）、建筑高度（BH）呈显著正相关，与植被覆盖度（NDVI）呈显著负相关。以上研究表明，FAI 是城市风热环境研究中的重要参数。

还有多位学者研究了迎风面积指数（FAI）对行人层风环境的影响机制。Razak 等人（2013）利用大涡模拟方法对不同类型块体周围的空气流动进行了研究，表明基于迎风面积比的计算工具，适用于预测不同建筑形态下行人层高度的风环境。他们将FAI和风廓线与前人实验结果的进行对比，验证了仿真模拟的准确性，并表示FAI是评价行人风环境最重要的参数之一。

Leonidas和Marialena（2019）研究了建筑高度与立面面积比对行人风舒适度的影响 。通过研究20多个500m × 500m单元大小且不同配置和尺寸的案例，发现地面平均风速比与行人可接受或可容忍的风况发展有密切关系。结果表明，从建筑形态指标来看，迎风面积比（FAI）对平均风速比和室外活动舒适空间比例上影响很大，因此在评价行人层水平风环境时，应重点考虑FAI的影响。

根据前人的实验和实践总结能够证明，迎风面积指数（FAI）能够有效评价建筑物迎风面积对风的阻力影响，准确描述风的流通能力，可以作为风道发掘的基本参数，且FAI对行人层风环境的评估更加准确，因此对于城市设计、街区尺度的风道测量和风舒适度评价尤为重要。

2.4.3 LCP的原理与应用

本书运用了最小成本路径法（LCP，Least Cost Path），计算出地表粗糙度较低的路径，即为城市潜在风道。LCP方法是在风遵循最小阻力流动的前提下，确定气流将沿着具有更好的通风能力和连通性的空间前进，根据能够表达研究区域地表粗糙度的栅格地图，可以计算出给定源点到目标点之间的通风路径。

目前，LCP方法已广泛应用于交通、空气污染、城市规划等多个领域，运用该方法能够在保证准确的前提下极大减小运算量。如北京师范大学的王西凯等人（2018）就提出了利用LCP标记河流并计算河流长度的方法。董文多（2018）运用LCP理论结合电煤运输特点进行了当前我国电煤运输路径优化研究。童麟凯等人（2018）利用GIS最小成本路径法研究了复杂地形下的引水工程机助选线问题，并证实了该算法适用于成本较小的引水工程线路选择。陈玥璐等人（2018）运用LCP计算了复杂林区的最优步行路径。由此可见，LCP方法对于两点之间最优路径的算法应用广泛，且具有较高的应用价值。

本书运用LCP方法，通过迎风面积地图（FAI地图）计算发掘城市通风廊道。具体的研究思路是：以迎风面积表征星海湾地区的地表粗糙度，绘制研究区域的FAI地图，得到每个栅格（成本单元）的FAI值，从而利用LCP方法计算了从每个起点到每个终点的成本单元阻力最小的路径。然后统计所有起点到所有终点上最小成本路径出现的频率，出现频率高的路径代表了高概率的通风潜力和高连接度，可以表达通风廊道所在位置及强度（图2-21）。

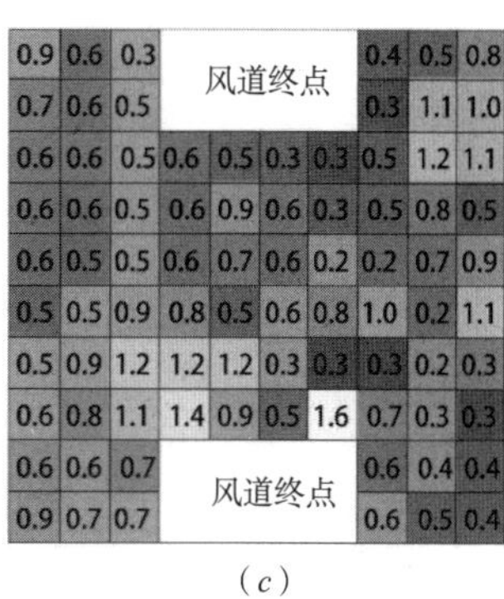

（*a*）　　（*b*）　　（*c*）

图 2-21　最小成本路径示意图

（图片来源：作者自绘）

（*a*）成本单元 FAI 值；（*b*）最小成本路径；（*c*）最小成本风道

国内外一些学者也运用了基于 FAI 地图的最小成本路径法发掘城市通风廊道。如 Wong，Nichol 等人（2010）就采用了 LCP 方法对我国香港九龙半岛区域进行了计算，分析得出四条通风廊道。其具体研究方法是：首先确定东风和东北风为研究区域的主导风，依据主导风绘制了 FAI 地图，如图 2-22（*a*）；然后，将 FAI 地图导入 IDRISI v.14.02（Clark 实验室，美国伍斯特），FAI 像素值被重新划分为 5 类，并根据风阻程度为每一类赋予一个摩擦值，对于较大的 FAI 值给予较大的摩擦值。随着 FAI 值的升高，摩擦值逐渐增大（表 2-8）。假设空气在 FAI 值高的区域最容易堵塞，但如果使用替代路径的成本距离大于单元格 FAI 值的成本，则气流不会完全堵塞；接着确定气流的起始点，然后由 IDRIS 成本模块创建摩擦表面，该模块计算了 50 个起点的成本表面。最后将位于九龙半岛西岸的 50 个终点输入路径模块，从起点到终点生成 LCPs。

FAI 对应不同等级摩擦值　　表 2-8

摩擦力分配值	FAI
20	＜ 0.2
40	0.2 ~ 0.4
60	0.4 ~ 0.6
80	0.6 ~ 0.8
100	＞ 0.8

结果计算了由多个起始点和结束点组合而成的 2500 和 5186 路径分别代表东风和东北风风道。由于起始点和结束点的数量很多，所以在很多地方 LCPs 是重叠的，也就是说很多网格单元中有很多的 LCPs 贯穿其中。通过计算每个栅格的 LCP 出现频率。因此，高出现频率的网格单元与低摩擦值所代表的低 FAI 值相关。相比于那些很少或没有通过它们的路径，这些单元可能有更强的空气流动和更好的通风潜力。

此外，为验证基于 FAI 地图和 LCP 方法发掘的通风廊道，Wong 进行了田野调查，并在盛行风向天，沿通风路径出现频率高的两条风道路段进行慢速行走，记录沿途风速并用 GPS 定位，如图 2-22（*b*）。每段风速测量 4 次，分别从两条路段获取 22 和 48 个读数并取平均值。我国香港九龙半岛区域采用FAI计算方法获得的分析结果与东向实际测量的路径风速进行对比，验证了发掘风道的实际风速（两条路平均风速分别 9.3m/s 和 3.5m/s）远高于周边的风速（2.3m/s 和 1.1m/s），从而说明 FAI 和 LCP 法具有科学性和实践意义。

谢俊民（2013）同样基于 FAI 地图和 LCP 方法对我国台湾台南市的部分区域进行了风道发掘。通过计算发掘了 8 条通风廊道，利用 WindperfectDX 软件进行仿真模拟，对 FAI 计算的通风道加以验证。并且根据土地利用地图绘制了城市升降温图，将其与 FAI 风道叠加提出相应的改造策略。

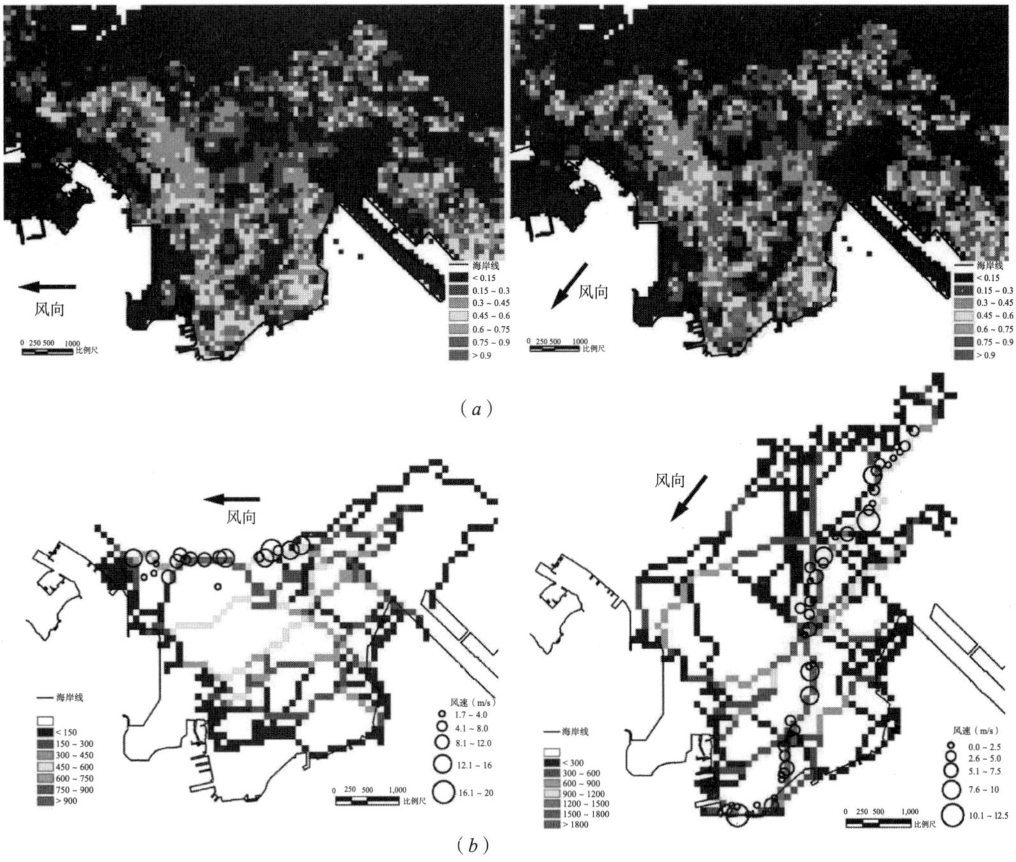

（*a*）

（*b*）

图 2-22 我国香港九龙半岛风道发掘

（图片来源：Wong，Nichol《A simple method for designation of urban ventilation corridors and its application to urban heat island analysis》）

（*a*）东风向和东北风向的 FAI 地图；（*b*）东风向和东北风向的风道出现频率和风速实测验证

2.5　小结

本章对通风廊道的相关理论与发掘方法进行了深入总结。首先，对城市气候图与局部气候分区进行研究总结：全球展开的通风廊道的规划实践几乎都始于城市气候图的相关研究，气候图集描述的各项气候参数可以成为通风廊道的前期数据信息基础；局部气候分区对城市的热环境进行标准化描述，建立城市发展和城市气候问题之间的联系，其提出的城市形态及地表覆盖特性的指标与利用建筑形态参数发掘风廊的基本指标大部分重合，对城市风廊的规划控制指标有极强的借鉴意义。

其次，在空间划分理论、分类与形态、规划管控方面阐述了通风廊道的理论基础和相关释义，归纳了通风廊道管控的相关参数及指标：借鉴了 Kress、刘姝宇等学者对通风廊道的定义和分类，根据本书研究的实际情况，将“城市通风廊道系统”分为五个组成部分，即风口空间、作用空间、补偿空间、通风廊道与回归空间；总结了通风廊道的五种类型，主要分为道路型风道、绿地型风道、河流型风道、低矮建筑型风道、混合型风道；对多位学者提出的风道管控原则进行了总结。

然后对通风廊道的发掘方法进行综述，由于城市风环境研究的跨度较大，研究工具与方法众多，从城市尺度、街区 - 建筑尺度两方面进行解读。城市尺度的风道研究方法包括地理领域的遥感技术、地表温度反演，气象领域的气象站观测和现场观测、风洞试验、数值模拟等。街区尺度对风道的研究主要涉及建筑学和城市规划领域用以评估风环境的建筑形态参数。其中迎风面积指数（FAI）与行人层风环境关联最好，适合对城市小尺度通风廊道的计算；可视天空系数（SVF）与城市热岛关联更好；而城市地表粗糙度和零平面位移对大范围的城市冠层风流通评估起到很好的作用。

由于本书选取迎风面积指数（FAI）作为计算地表粗糙度的基本指标，因此阐述 FAI 对城市通风的影响机制。FAI 能够有效评价建筑物迎风面积对风的阻力影响，准确描述风的流通能力，可以作为风道发掘的基本参数，且 FAI 对行人层风环境的评估更加准确，因此对于城市设计、街区尺度的风道测量和风舒适度评价尤为重要。

第 3 章

基于 FAI 与 LCP 的通风廊道发掘研究

本章以迎风面积指数（FAI）作为表征城市通风能力的研究基础，运用最小成本路径法（LCP）发掘城市通风廊道。大量文献研究表明，FAI 对城市风流通能力的表征，尤其是行人层风环境的评估更加准确。本章对 FAI 计算进行了改进，运用 LCP 法计算 FAI 值较低的区域形成通道，就能找出城市的潜在通风廊道。

主要利用 GIS 系统计算迎风面积对风环境的影响并进行详细的评估。在高密度城市的风环境评估中仍存在许多挑战，计算流体动力学和中尺度气象模型这两种方法，在对几十公里范围的详细规划的研究中作用都是有限的。CFD 模型的复杂边界条件配置、计算资源的消耗、城市形态在中尺度模型的简化，都是城市规划者面临的主要挑战。因此，迫切需要应用基于 GIS 平台的建筑形态参数方法来定位通风廊道，以缓解城市的气候问题。

在以往的风廊研究中，大多数都是位于内陆且地势相对平坦的地区，这对于风环境成因较多、地形复杂的地区不具有很好的适用性。本章提出了一种沿海山地城市迎风面积指数计算的新模型，将地形、山体、建筑一起纳入 FAI 计算，扩大了 FAI 的适用范围。通过这种 FAI 新模型的提出，FAI 的计算将可以更好地适应像大连这样复杂的地形，也将较高斜坡上建筑对风环境的影响进行更准确的评估，这对地形复杂的城市研究提供了一种参考。

3.1 大连风环境与地理特征研究

城市气候的基础研究是通风廊道发掘的必要条件，且与城市宜居性高度相关。城市的气候现状调查与评估工作是城市风环境评估和城市风廊发掘的前期工作。由于城市气候的形成机制是非常复杂的，不仅受到周围地理环境的影响，也受到土地利用、人类活动和建筑形式的影响。同时，城市气候的研究和基础数据分析也是土地利用、城市规划、城市设计、建筑设计等基于人文和生态保护学科的重要依托。因此目前风环境的前期研究多集中于土地利用、地形条件、风热环境三个方面。

城市通风廊道就是基于城市气候图的基础信息图层演变而来的，而通风廊道的发掘所需要用到的数据类型也多种多样，因此需要利用 GIS 平台对这些基础信息进行分析、整合，其来源和与风廊的关联性如表 3-1 所示。本节通过对大连城市的海陆风特征、地形特征、山体与海风的相互作用进行分析和数据整理，为大连星海湾地区的风廊发掘提供前期数据基础。

基础数据图层与城市通风廊道的关联性　　表 3-1

风廊发掘分析图层	基础数据类型	数据来源	与风环境的关联性
建筑形态参数	容积率	数字影像及现场测绘、GIS 空间分析	容积率越高，建筑蓄热能力越强，人员和设备产生废热越多，城市热环境压力越大
	建筑密度	数字影像及现场测绘、GIS 空间分析	建筑密度越高，绿地率和空间开敞程度越低，导致风速减弱
	建筑平均高度	数字影像及现场测绘、GIS 空间分析	建筑高度越高，地表粗糙度越大，城市通风将受到不利的影响
	迎风面积	数字影像及现场测绘、GIS 空间分析	与风速成反比关系
	可视天空系数	数字影像及现场测绘、GIS 空间分析	与热岛强度成反比关系，表征散热和流通能力
	城市粗糙度等	数字影像及现场测绘、GIS 空间分析	与城市风速成反比关系
城市地理气候环境	风环境、背景风场	气象观测、中尺度数值模拟	城市宏观尺度（海陆、山地、用地布局等）的风环境信息
	风环境、风速、风玫瑰	气象观测、中尺度数值模拟、CFD 模拟	风廊布局和走向
	热环境、温度、热岛强度	气象观测、遥感	城市冷源、风廊途径区域的热环境
	土地利用、绿化覆盖率	规划用地图、Globe Land 30	提供城市冷源和通风走廊，有利于城市通风
	土地利用、水体覆盖率	规划用地图、Globe Land 30	水体的粗糙度在地表覆盖物中最低，有利于城市通风，并提供冷源
	DEM高程数据	SRTM、ASTER GDEM	地形高度增加，气温下降，提供冷源

3.1.1　城市基础数据来源

城市通风廊道是一个跨学科、综合性的研究，所需基础数据至少包括地形、土地利用、建筑信息、气候几大类型。本书采用的基础数据来源于团队前期的资料收集和科学统计，以 GIS 平台为核心，用到的基础数据包括建筑信息（平面形态及高度）、城市气候基础数据（温度、风速、风向）、DEM 高程数据等，本书的基础数据以大地 2000 坐标系为主进行处理，为了 Python 脚本运算方便，部分数据采用了 WGS84 坐标系。由于数据的来源、格式、分辨率和表达方式等各不相同，所以有必要对其加以梳理。

本书的气象信息数据主要收集于大连气象站及国家气象站的往年数据、针对研究区域进行风速和温度的实测数据、大连理工大学气象站的参考数据以及国内外气象数据网站（中国气象数据网、美国国家环境预报中心 NCEP）提供的基础数据。其中大连气象台是城市的中心站（图 3-1），其周围没有任何遮挡能使风向数据产生偏差，符合世界气象组织标准。

图 3-1　大连气象站装置照片

（图片来源：作者拍摄）

地形数据主要来源于 ASTER 的数字高程模型（DEM，Digital Elevation Model）。能够描述地形起伏的数字地形模型称为 DTM（Digital Terrain Model），目前最常用的 DTM 数据是数字高程模型（DEM，Digital Elevation Model）。可获取的能够覆盖全球的公开数据源主要有两个：一是美国太空总署的航天飞机雷达地形测绘项目（SRTM，Shuttle Radar Topography Mission）的数据集，分辨率 90m（大约 3 弧秒）；二是美国太空总署的先进星载热发射和反射辐射仪（ASTER，Advanced Spaceborne Thermal Emission and Reflection Radiometer）数据集，分辨率 30m（大约 1 弧秒）。本书主要采用的是后者，在后续的地形建模中，首先将带有高程信息的 DEM 文件在 GIS 中生成等高线，并输出为 DWG 格式文件。然后运用 Google Earth 将其进行校准，再进行三维建模与 GIS 地形分析。

建筑基础信息主要来源于遥感卫星影像及现场测绘，土地利用数据主要来源于大连市规划局（今大连市自然资源局）官网。由于通风廊道的计算依托于建筑形态的数字化，因此需要精确的建筑底图来完善建筑的三维信息。

利用校准卫星影像，作为参考底图插入 CAD 中，用多段线沿建筑轮廓描绘出闭合图形，从而得到建筑图底（图 3-2）。需要说明的是，建筑底图在描绘过程中更注重体块关系，忽略微小细部，这是因为在如此大的城市区域中，微小的建筑细部不足以影响整体风环境，且避免了过于精细的建筑体块在后期模拟计算中带来的难以承受的

计算负荷，提高了计算效率。另外，建筑高度信息主要来源于街景地图与实地调研。高度信息记录为“层数 × 层高”，将建筑类型分为公建商建和住宅，公共建筑与商业建筑层高设为 3.9m，住宅建筑层高设为 3.3m。在实际计算和模拟中，适当扩大范围，为模拟区域预留一定的缓冲空间，保证模拟结果的准确性。

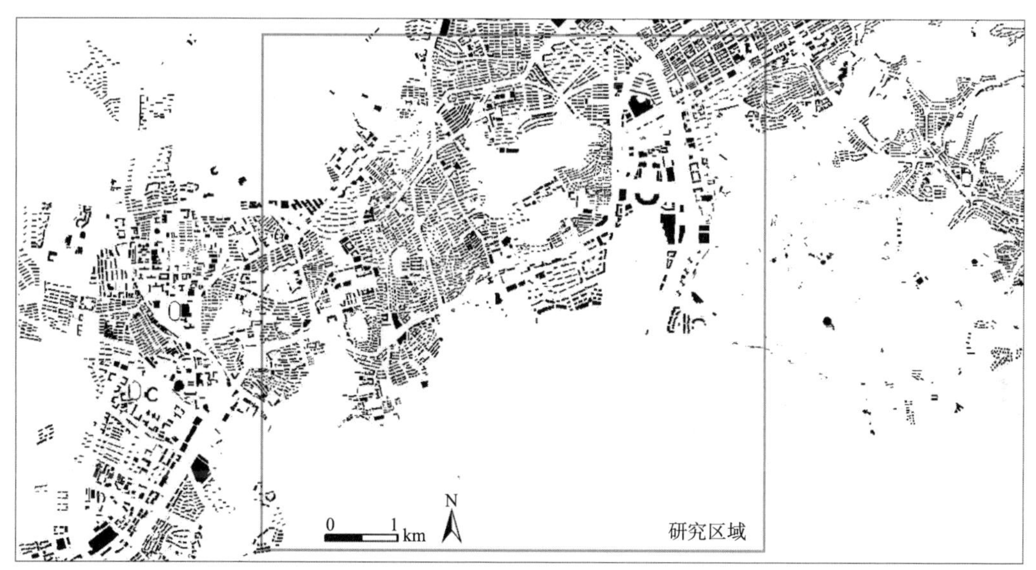

图 3-2　研究区域建筑底图

（图片来源：作者自绘）

3.1.2　城市背景风场特征

利用大连气象站的观测数据整理并计算了不同季节和日夜的风向频率。春季最高风向频率为南风 11.98%，次为北风 11.21%，平均风速为 4.25m/s；夏季最高风向频率为南风 17.25%，次为南东南 10.87%，平均风速为 3.35m/s；秋季最高风向频率为北风 19.88%，次为南风 11.52%，平均风速为 3.45m/s；冬季最高风向频率为北风 26.79%，次为南风 6.10%，平均风速为 4.02m/s。

结果表明，在春季（3 月到 5 月）和夏季（6 月到 8 月）的主要风向为南；在秋季（9 月到 10 月）和冬季（11 月到 3 月）的主导风向为北，如图 3-3（*a*）所示，因此本书在后期计算风廊时将以南风和北风为准。

根据不同季节和日夜的风向频率统计结果，绘制了风玫瑰图，如图 3-3（*b*）所示。年主导风向是北向，平均速度为 5.9m/s，频率为 19.3%；南风的平均速度为 4m/s，频率为 9.4%（表 3-2）。

大连气象站年均风频（1951 ~ 2017 年） 表 3-2

风向	风频	风向	风频
N	19.3%	S	9.4%
NNE	6.0%	SSW	6.2%
NE	2.1%	SW	4.2%
ENE	2.0%	WSW	3.3%
E	4.0%	W	6.7%
ESE	5.2%	WNW	6.6%
SE	4.8%	NW	5.8%
SSE	5.8%	NNW	8.6%

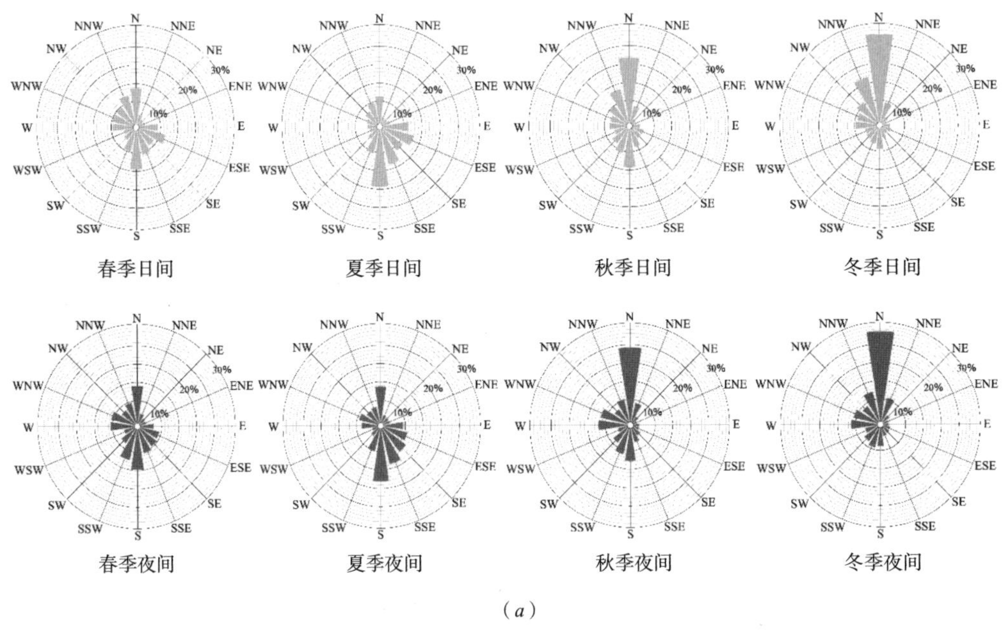

（a）

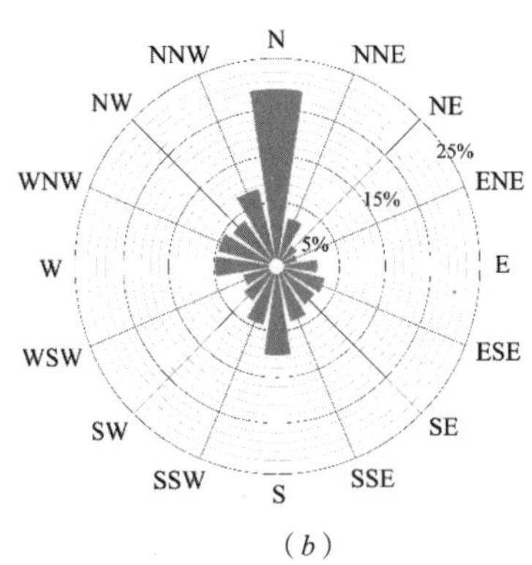

（b）

图 3-3 大连风玫瑰图

（图片来源：作者自绘）

（a）四季日间和夜间风玫瑰图；（b）年均风频

此外，还提取了大连理工大学气象站的数据进行参考佐证。大连理工大学气象站置于大连理工大学建筑与艺术学院的楼顶，距地面约 16m 的高度，周边环境开敞，且附近没有明显的遮挡物（图 3-4）。气象监测设备为 HOBO U30-NRC-SYS-ADV 小型自动气象站，可同时对空气温度、湿度、风速、风向、大气压力和降雨六个气象要素进行实时测量，除了可使用交流电外，还可以利用系统配备的太阳能板，在不需要外接电源的情况下独立工作，其部署和使用都极为灵活、快捷、方便。HOBO 小型气象站采用了防水设计，能够满足野外工作需要，经受恶劣气象环境的考验。

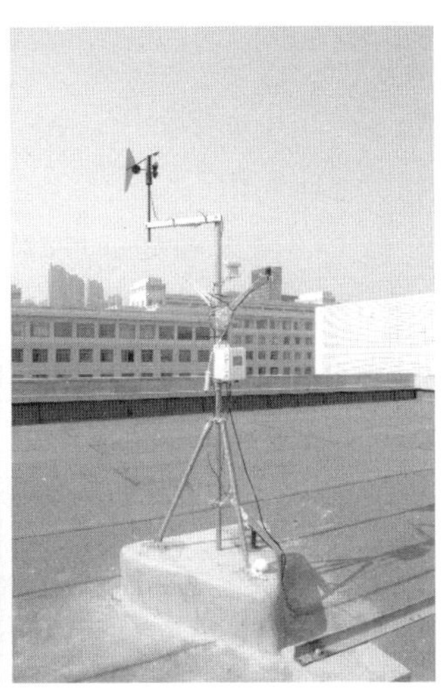

图 3-4　大连理工大学气象站装置照片

（图片来源：作者拍摄）

根据大连理工大学气象站 2014 年 4 月至 2017 年 4 月共 3 年的气象数据进行统计（附录 B），得到的风频结果与表 3-2 结果相似。最高风频为北向，14.92%，比大连气象站的统计结果略低，次高风频为南向，11.95%，略高于大连站风频。此外 SSE、SSW 的风频也略高。平均风速结果整体远高于大连气象站，这是由于大连理工大学气象站监测设备的高度距地面较高，并非人行层风速，此外气象站位于校园中周边建筑较低的区域。最高平均风速为北向的 8.11m/s，次为 SSW 方向的 7.91m/s，南向平均风速也较高，达到了 7.31m/s。统计结果进一步证实了大连的主导风向为北风和南风，因此在后续进行通风道计算的过程中以北风和南风为风向设置条件，风速入流数据以大连气象站的监测结果为准。

根据风频风速统计结果显示（图 3-5），大连白天和夜晚风的模式是相似的。风速有明显的昼夜循环，全年白天（从 8：00 到 18：00）的平均风速比夜间（从 19：00 到 7：00）都要高。研究结果还表明，在大多数情况下，城市的平均风速超过了 3m/s。与此同时，某些时段（在夏季和秋季的夜晚）风速低于 3m/s，此时山上的冷空气可以产生风流入城市。

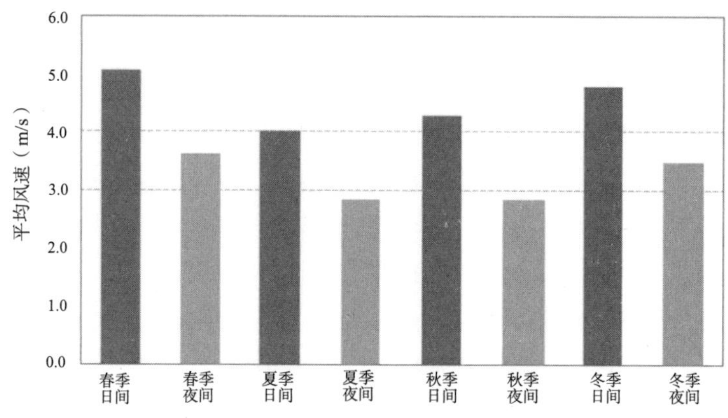

图 3-5　大连四季日间和夜间平均风速

（图片来源：根据气象统计数据绘制）

3.1.3　城市地理地形特征

（1）大连地理特征

大连（N38.9°，E121.6°）是我国辽东半岛最南端的一个典型的沿海山地城市，城市呈现复杂的地形，总体是“七山一水二分田”的格局。城市三面环海，中心区位于半岛的最南端，受海洋气候影响甚大。

根据大连市统计局的统计数据，在过去的 60 多年里，大连的城市建成区面积从 50km^2（1950 年）逐渐扩大到 396km^2（2017 年）。由于城市的扩张和土地利用的高度集中，在城市中心区，高层建筑和高人口密度的形态特征与复杂地形形成了相互交错的关系。

（2）半岛地形与海陆风特征

大连属于一个典型的半岛城市，中心城区位于辽东半岛的最南端。因此城市风环境主要受黄海和渤海的海风影响。由于通风廊道的基础研究主要是基于风速和风向，而土地覆盖和地形对当地气候以及建筑迎风面积（FAI）计算有相当大的影响，因此需要明确研究区域地形与海陆风特征。

海陆风是由陆地和海洋之间的热容差异引起的热诱导风和热力环流。白天吹海风（海洋吹向陆地），夜晚吹陆风（陆地吹向海洋）的现象与温度差引起的表面压力梯度密切相关。海陆风的强度和结构因时因地而异，通常海风强于陆风，可深入内陆，厚度为 0.1 ~ 1.0km。研究表明，海风向陆地渗透的距离一般可达 30 ~ 40km，某些情况下，可达 100km。比如 Alcimoni、Mario 等人（2015）对意大利东南部萨伦托半岛不同海风系统辐合引起的对流、降水事件的频率、位置和特征进行了分析，结果显示其在 NW-SE 方向长约 100km，平均宽度 30 ~ 40km，地形高度小于 200m，不足以产生局地环流，从春末到秋季该地区主要受海陆风的影响。

渤海是我国东北黄海最深处的海湾，其海风的渗透距离就可达 100km。另一项研究表明，黄海以东的朝鲜半岛的海风穿透距离为 25 ~ 30km。大连市位于辽东半岛的最南端，陆地深度仅为 8 ~ 35km，比一般海风的穿透距离小，这跟萨伦托半岛的情况相似。因此，由于城市的陆地面积较小，陆风不易形成。大连南部海风强，陆风弱，北部可能存在一定的陆风，海风同时从北方和南方吹向陆地，且黄海海风强于渤海海风。

本书研究区域星海湾是黄海的一部分，位于大连的南部，从研究区域到渤海的最短距离是 20km。海风经常从南北方垂直于海岸线，同时吹向城市。实际上半岛海风从不同方向吹向陆地的现象，在许多其他半岛城市都广泛存在。如萨伦托半岛的海风风向主要是 NE 和 SW，垂直于海岸线，同样的情况也发生于佛罗里达半岛。

（3）山与海风的相互作用

辽东半岛中部多山体。大连山地丘陵多，平原低地少，整个地形为北高南低、北宽南窄，主城区西部高、南部次之，其高度为 100 ~ 300m 之间。城市扩张过程中，与山体形成复杂的相互咬合关系。城市同时还可能受到山风的影响。

山风和海风同属于局地热力环流，当条件允许时（背景风场较弱），两者可能同时存在，并且会互相影响。山对海风有三种主要影响机制（图 3-6）：

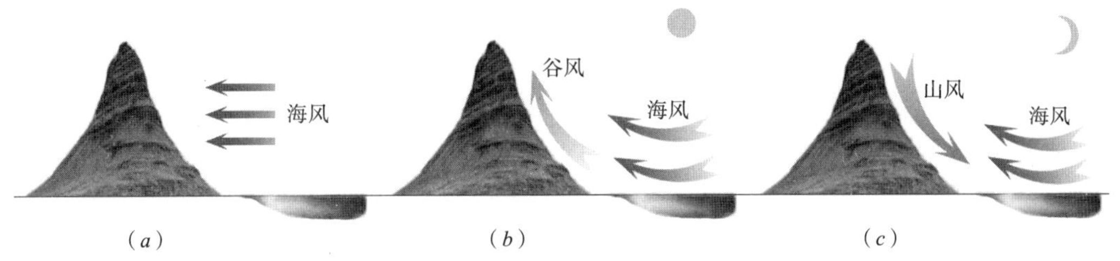

图 3-6　山对海风的影响

（图片来源：作者自绘）

（*a*）机械阻挡作用；（*b*）谷风与海风辐合；（*c*）山风阻碍海风

1）机械阻挡效应。Seo 等人（2015）基于山体对风的机械阻挡作用，对地形影响局地风的情况做了深入研究。在城市实时风环境的背景下，通过山地机械阻挡作用与城市热动力、山地热动力的叠加，研究了城市微风与山谷风之间的相互作用。结果表明：夜间，山体降温与山体机械作用力诱发了地表风水平流动与城市微风相互作用，导致风的加强；白天，由于山体升温引起地表风水平流动与城市微风相反，导致风力减弱。

2）白天向上的谷风，与海风幅合起到增强效果。Miao 等人通过海风垂直于海岸线的特性定位了靠近山体的幅合区，发现了地形对海风环流有着重要影响。其方法是将海风对准海岸线，并在靠近山脉的地方设置幅合带，利用海风与山风辐合作用，海风环流受地形影响增强，从而进行敏感性分析，以确定植被和土壤水分是否受到海风环流的影响。

3）夜间向下的山风，与海风方向相反，主要起阻碍作用。Darby 的研究中显示，即使离海岸线距离非常远，高大的山脉依旧对 1500m 高度以上的海风影响很大，且 1500m 以下的海风受海陆反差和沿海山体的影响速度大幅削弱。

根据 Federico，Dalu 的研究，当半岛上的山高为 500m 时，山对海风的阻碍作用和增强作用相互平衡，也就是说山地半岛城市海风的强度与平坦的半岛地形是相同的。当高度大于 500m 时，白天谷风对海风的增强作用占更大比重，风向会显示出较强的离岸性和向岸性。大连中心城区附近的山体高度分布在 100 ~ 300m 之间，这表明大部分时间，山谷风的强度不足以增强或阻碍海风，山体对风的机械阻挡效应成为主导因素。

在撒丁岛的观测研究中，就有着类似的现象。12 个站点的风玫瑰均显示出了明确的离岸和向岸特征，与山体和海岸线相呼应。撒丁岛内的山脉高度介于 200 ~ 1500m，远远高于本书研究区域的山体高度，因此它的山风作用非常强。

此外，《德国环境气象学指南——地方冷空气 VDI》指出，山上方的冷空气的厚度通常只有几十到一百米，海风则更厚更强劲，从几百到一千米。当海风强度大于 3m/s 时，山间的冷空气就很难持续存在或发展。因此在大连这样的地形地势中，将海风作为主要的通风道发掘依据。

3.1.4 星海湾区域基本特征

星海湾区域的地形十分复杂，主要由三个丘陵组成（图 3-7）。西北的大顶山最高海拔是 250m。在中心有一座独立山体——富国公园，海拔高度为 180m。东面的山体是大连森林动物园的一部分，海拔 190m。最平坦的地区是星海广场和东部的马兰河流域。

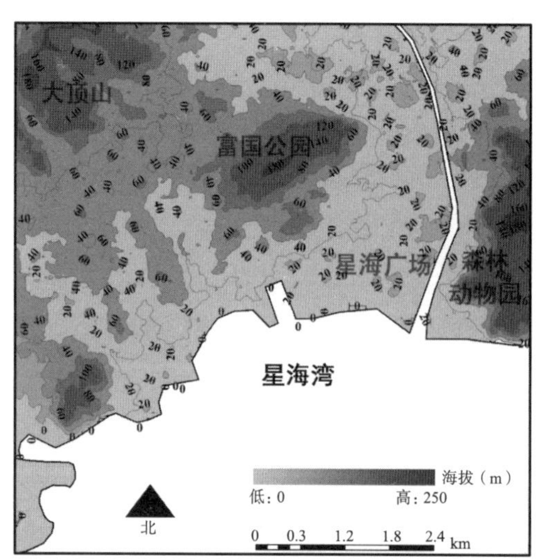

图 3-7 研究区域海拔

（图片来源：作者自绘）

地块内的主要城市干道有中山路、五一路、西南路、高尔基路。围绕富国公园及场地东侧的建筑主要以住宅建筑为主，其中孙家沟及黑石礁区域老旧住宅居多，主要的商业区域位于和平广场及西安路。详细的建筑分布已在 1.2.2 节介绍，此处不再赘述。

3.2　山体 FAI 新模型

3.2.1　山体 FAI 新模型与计算

（1）本研究的山体 FAI 新模型

在本书 2.4.1 节介绍了迎风面积（FAI）传统模型及其改进模型。传统 FAI 模型的计算方法是：特定风向下，建筑的投影总面积（与建筑朝向无关）除以场地面积。Burian 等人（2002）就是运用类似方法估算了洛杉矶的 FAI 值（λ_f）。Wong M S（2010）则修改了 Burian 及 Grimmond 等人的传统算法，从下风区建筑的阻挡面域中减少了建筑物被遮蔽的部分，如图 3-8（*a*）所示。这种改进的方法对于不规则建筑群的计算更加合理，并且可以减少计算面数从而降低负荷，但是这种方法仅适用于平整地势。Chen S L（2016）首次将山体视为建筑物纳入迎风面积指数的计算，这种改进打破了传统模型只能针对平坦地形建筑物进行迎风面积指数计算的局限，丰富了 FAI 的适用范围，如图 3-8（*b*）所示。

虽然 FAI 模型不断被改进，其适用对象也不再局限于建筑物，但对于地形复杂区域的适用性仍需进一步提高。根据 Dalu 等人（2000）的研究结论，山的存在对风主要有三种作用：机械阻挡、谷风增强和山风的阻碍作用。当半岛城市的山大于 500m 高时，山对海风的阻碍作用和增强作用相互平衡；当高度小于 500m 时，白天山对海风的机械阻挡作用是主要因素。

像大连这样的山地城市，海风受到地形的影响非常大。大连的山体高度分布在 100 ~ 300m 之间，这表明大连的山体对海风的阻挡作用更为主要。本书研究区域星海湾地区，地形起伏较大，地形高度与周边的建筑高度相近。在陈士凌的研究当中，城市建成区的地形是平坦的，山体都是独立的个体。然而大连许多建筑都建在海拔较高的坡地（研究区域内最高建筑高程 100m）上。如果在计算 FAI 的值时，只考虑建筑物的高度，那么斜坡上建筑的阻挡影响就会被低估。

因此，本书对陈士凌论文中的山体 FAI 计算方法进行了修正，把整个研究区域作为一个对海风的集合障碍物，包括所有的建筑物和海平面以上的地形（斜坡和独立的山体），如图 3-8（*c*）所示。此时需要设定一个假想的地平面 Z_r（本书设定为海平面），用来计算斜坡和山丘的 FAI。通过这种改进，FAI 的计算将可以更好地适应大连复杂的地形，将那些较高的山坡上的建筑对风环境的影响进行更准确的评估。

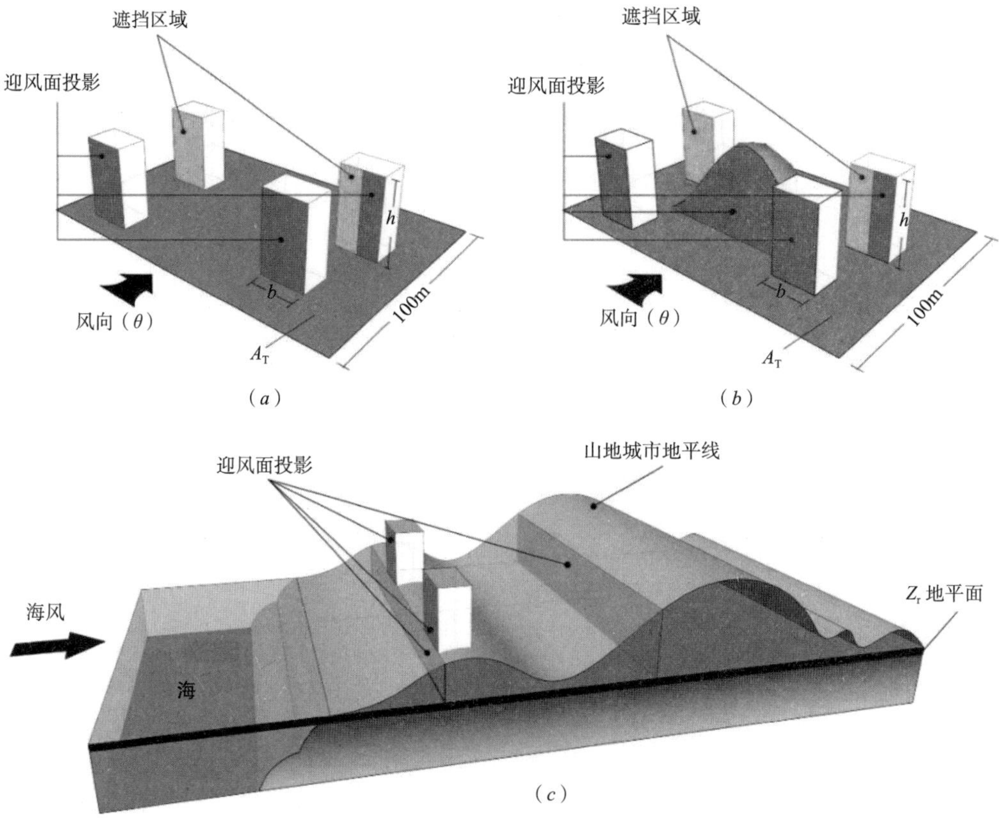

（*a*）

（*b*）

（*c*）

图 3-8　FAI 模型

（图片来源：作者自绘）

（*a*）Wong 的模型；（*b*）Chen S L 的模型；（*c*）新模型

（2）FAI 的计算思路

前文介绍了多种迎风面积指数（FAI）的计算公式以及模型的改进与发展，FAI 作为地表粗糙度的指标之一，需要将具有建筑形态参数及山体（地形）高程的三维模型转化为可视化的栅格数据，形成成本单元，继而运用最小成本路径法发掘潜在通风廊道。

计算的思路为：将研究区域划分成大小相等的网格单元，分别计算每一网格中建筑物和山体在某一风向（θ）下的投影面积，除以网格单元面积即为此网格的 FAI 值（$\lambda_{f(\theta)}$），可以视作此区域的地表粗糙度（图 3-9）。由于网格大小需要较精准才能保证结果的科学性（本书网格大小为 100m × 100m），因此较小的网格可能会分割大体量建筑，如商业综合体、公共交通建筑等，在这种情况下，网格单元的 $\lambda_{f(\theta)}$ 可能会被低估。因此，为了准确估算大型建筑跨多个网格时的 FAI，本书运用了一种计算相应网格单元投影区域及截面区域的方法（图 3-10）。这种新的计算方法允许探索具有更好的解释力的统一网格地图。

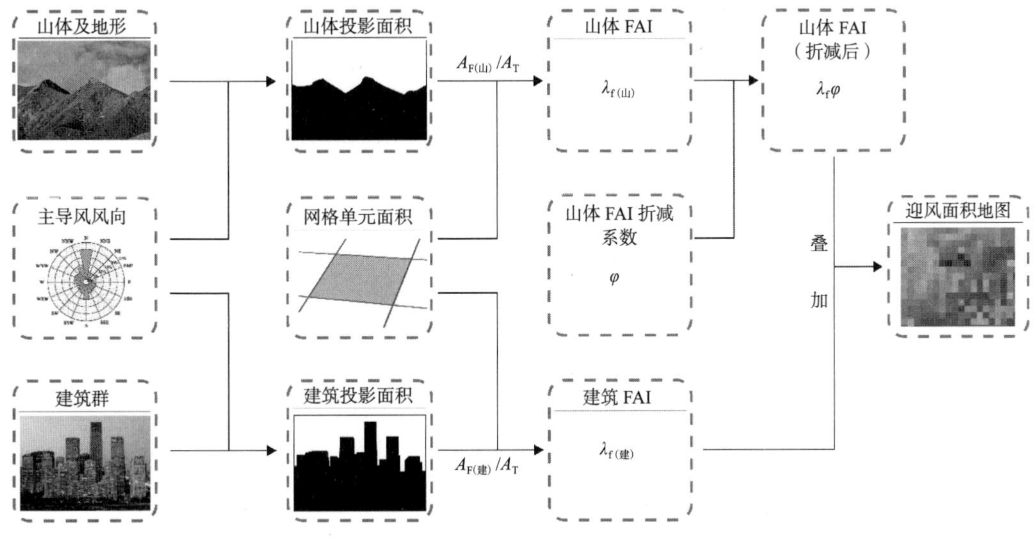

图 3-9　FAI 计算流程

（图片来源：作者自绘）

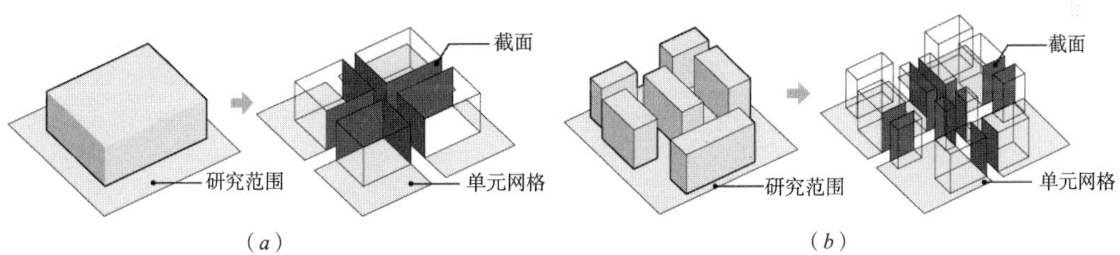

图 3-10　两种网格分割情况的横截面

（图片来源：根据 Ng E，Yuan C 研究绘制）

（a）大体量建筑；（b）高密度建筑群

Ng E 和 Yuan C（2011）对这种新方法进行了验证，比较了两种方法（为计算截面和计算截面）的差异。在研究的九龙半岛高密度城区地面层（0 ~ 15m）的迎风面积指数计算中，用无截面法计算的 λ_f 小于 0.1，有些甚至接近于 0，严重低估了地表粗糙度。而通过加入横截面的计算方法有效地缓解了 λ_f 被低估的问题。因此本书也采用了这种方法。

3.2.2　山体 FAI 的折减系数

研究区域的地形比较复杂，有多处自然山体，且高差达 250m，地形对风的影响非常大。建筑的形状大多为矩形且比较规则，而大多数山脉受到水和风的侵蚀，具有流线型的形状。由于山体与建筑相比，形体更加圆润，对风的阻力也更小，为了区分两者的差异，需要对山体迎风面积指数（FAI）加以修正。本书使用的是由 GDEM 提供的 30m 分辨率的 DEM 地形数据（图 3-11），来计算研究区域的山体和地形 FAI 地图。

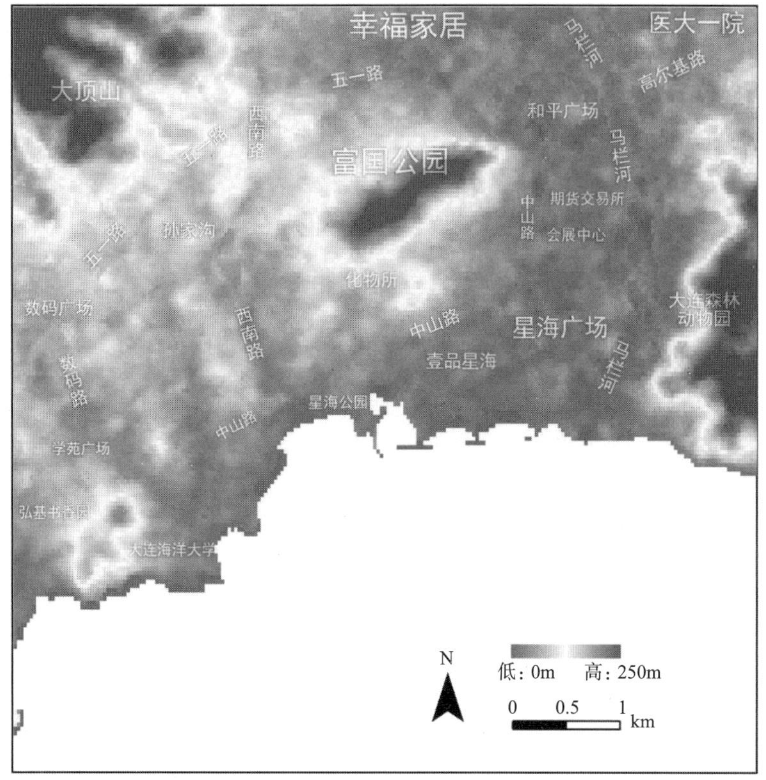

图 3-11　研究区域 DEM 高程

（图片来源：作者自绘）

研究在山的 FAI 计算中设定了一个折减系数（φ）。计算思路和过程如下：首先需要明确：一座山越陡峭，其形态与一座建筑就越相似，山体的坡度是其机械作用强弱的重要影响因素。其次利用 ArcGIS 分析了研究区域的山地坡度（α），其原理是根据 DEM 高程栅格数据计算各像元中 Z 值的最大变化率，即可得到坡度值，范围为 0 ~ 90，继而计算出坡度分布百分比。

ArcGIS 分析的结果表明，研究区域内山坡的斜率主要分布于 6° ~ 48° 之间（图 3-12）。将统计结果以 2° 差值划分成 21 个细分组，以 4° 差值划分成 11 个大组，分别计算出其统计占比（表 3-3）。其中研究区域内分布集中的坡度为 6° ~ 10° 和 10° ~ 14°，分别占比 25.27% 和 24.24%，6° ~ 14° 总占比接近 50%，且当坡度大于 38° 时，其总占比小于 1%，这说明研究区域的整体地势和自然山体的走势比较平缓。坡度占比随着坡度增加不断减少，这符合山体的起伏规律。其中坡度小于 22° 的比例超过了 80%，也与大连的丘陵地势相符合。需要注意的是，本书针对山体坡度的统计及折减系数的计算结果均只适用于研究区域，针对不同地域，地形地貌的不同状态需要重新进行统计计算，尤其地势高差巨大的地区，需要根据情况进行细分。本书计算山体折减系数（φ）的方法和思路适用于其他山地城市。

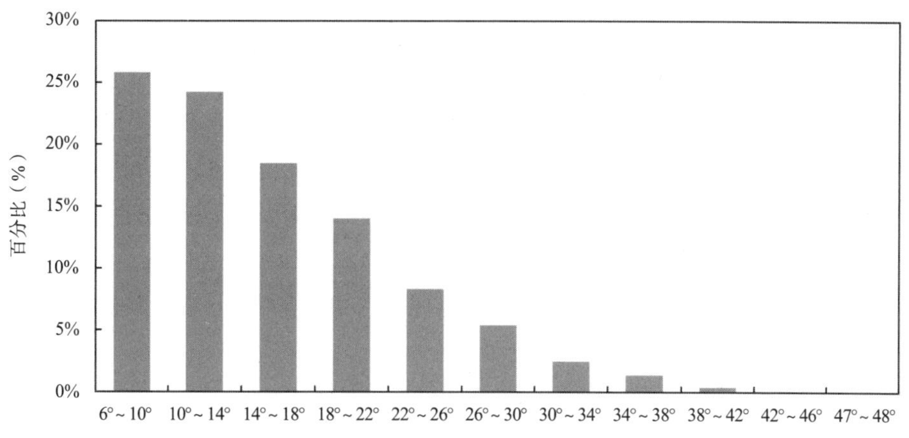

图 3-12　统计山体坡度

（图片来源：作者自绘）

研究区域坡度统计　　　　**表 3-3**

坡度区间	坡度区间（细分）	统计个数（个）	坡度细分占比	坡度区间占比
6° ～ 10°	6° ～ 8°	924	13.01%	25.27%
	8° ～ 10°	871	12.26%	
10° ～ 14°	10° ～ 12°	910	12.81%	24.24%
	12° ～ 14°	812	11.43%	
14° ～ 18°	14° ～ 16°	710	9.99%	18.48%
	16° ～ 18°	603	8.49%	
18° ～ 22°	18° ～ 20°	580	8.16%	14.01%
	20° ～ 22°	415	5.84%	
22° ～ 26°	22° ～ 24°	325	4.57%	8.32%
	24° ～ 26°	266	3.74%	
26° ～ 30°	26° ～ 28°	222	3.13%	5.38%
	28° ～ 30°	160	2.25%	
30° ～ 34°	30° ～ 32°	96	1.35%	2.46%
	32° ～ 34°	79	1.11%	
34° ～ 38°	34° ～ 36°	57	0.80%	1.37%
	36° ～ 38°	40	0.56%	
38° ～ 42°	38° ～ 40°	22	0.31%	0.39%
	40° ～ 42°	6	0.08%	
42° ～ 46°	42° ～ 44°	3	0.04%	0.07%
	44° ～ 46°	2	0.03%	
47° ～ 48°	46° ～ 48°	1	0.01%	0.01%

得到研究区域山体坡度的分布统计结果后，需要建立能够代表研究区域坡度特征的山体和对应的建筑模型，分析两者在流场之中的差异，从而测算出研究区域的折减

系数（φ）。本书根据坡度统计结果选择了 7 个具有代表性的度数 α（8°、12°、16°、20°、24°、28°、32°），这些度数涵盖了研究区域 97% 的山地坡度，以此建立研究区域的山体模型 C_n（7 个角度模型分别命名为 C_1 ~ C_7）。

然后为每一种代表性山体模型 C_n 建立两个对比建筑模型 C_{Ln} 和 C_{hn}，它们与代表性山体模型拥有相同的 FAI 值和体积（图 3-13）。C_{Ln} 与 C_n 具有相同的宽度（$W_{C_{Ln}}=W_{C_n}$），C_{hn} 的高度（$h_{C_{hn}}=h_{C_n}$）与模型 C_n 相同。

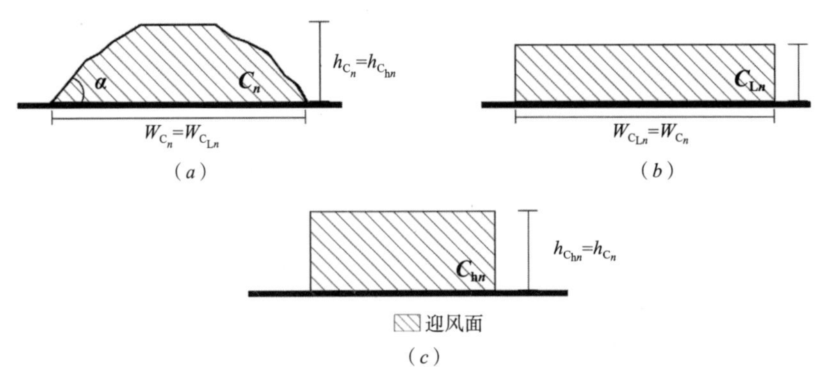

图 3-13 代表性山体和对应的建筑模型

（图片来源：作者自绘）

将 C_n、C_{Ln} 和 C_{hn} 分别进行 CFD 模拟（图 3-14），CFD 模型的设置与 4.1.3 节相同。从图中的风影区能看出，在迎风面积相等的情况下，不同的形态对风的阻挡作用差异很大：7 组对比实验可以发现山体模型的风影区非常小，且随着坡度增加，风影区越来越明显，对比建筑模型也呈现同样特点，说明坡度越大（高度越高），山体对风的阻挡作用越明显；C_{Ln} 等宽建筑模型除了 $\alpha=8°$ 时风影区不明显，其他角度均表现出明显的风影区，且拖曳长度较大；C_{hn} 等高建筑模型均表现出明显的风影区，且随着坡度增大，建筑背风处出现了明显的湍流区，低坡度的拖曳状逐渐变为了水滴状。总体来说，当体积相同、迎风面积相同时，山体模型的风影区要明显小于对照建筑模型，山体对风的阻挡作用明显弱于建筑物，因此针对复杂地形和山体的 FAI 折减系数计算是科学且必要的。

根据模拟结果计算 7 个代表性山体模型（C_1 ~ C_7）10m 处风影区（涡流区）的平均风速（A_{C_n}），并计算了对照建筑模型的平均风速（$A_{C_{Ln}}$ 和 $A_{C_{hn}}$）。结果表明（表 3-4），在所有 7 个测试组中，山背风处的平均速度（2.51m/s）是最高的，而两种代表性建筑 C_{Ln} 和 C_{hn} 背风面平均速度几乎是相同的（分别为 2.03m/s 和 2.02m/s）。山体模型背风区的平均速度随着坡度增大不断减小；C_{Ln} 等宽建筑模型整体来看随着坡度增大而减小，但当 $\alpha=20°$、$\alpha=28°$ 时出现了风速变大的现象；C_{hn} 等高建筑模型平均速度同样随着坡度增大而减小，当 α=16° 时出现了风速变大的现象。

7 组模型风影区风速统计结果　　**表 3-4**

坡度	A_{C_n}（m/s）	$A_{C_{Ln}}$（m/s）	$A_{C_{hn}}$（m/s）
8°	3.022	2.361	2.127
12°	2.616	2.026	2.052
16°	2.521	1.87	2.08
20°	2.457	2.207	2.011
24°	2.36	1.866	1.999
28°	2.3343	1.963	1.942
32°	2.270	1.887	1.937
总计	2.511	2.025	2.021

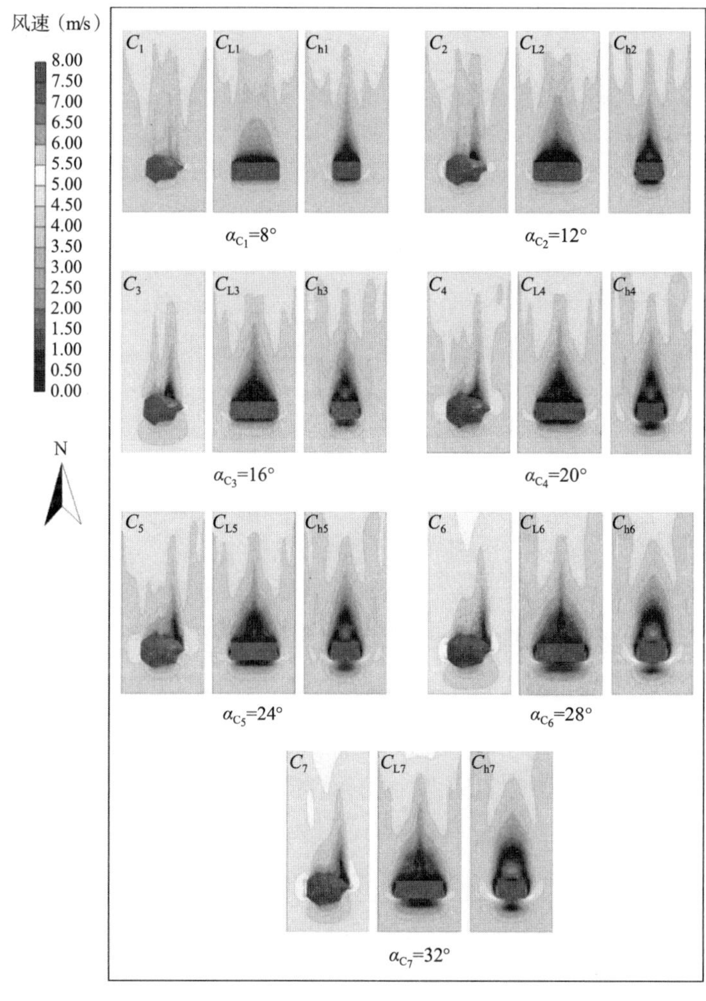

图 3-14　CFD 模拟代表性山体与对比建筑附近流场比较

（图片来源：作者自绘）

将 7 组模型风影区的平均风速制成柱状图（图 3-15），结果显示，山体模型的背风区风速要明显大于对照建筑组，且坡度较小时（α=8°、12°、16°），平均风速的差值较大，山体对风的阻挡作用也较小。这与之前的预估相符，即当山体坡度越大，越趋近于建筑形态，对风的阻挡作用也就越大。

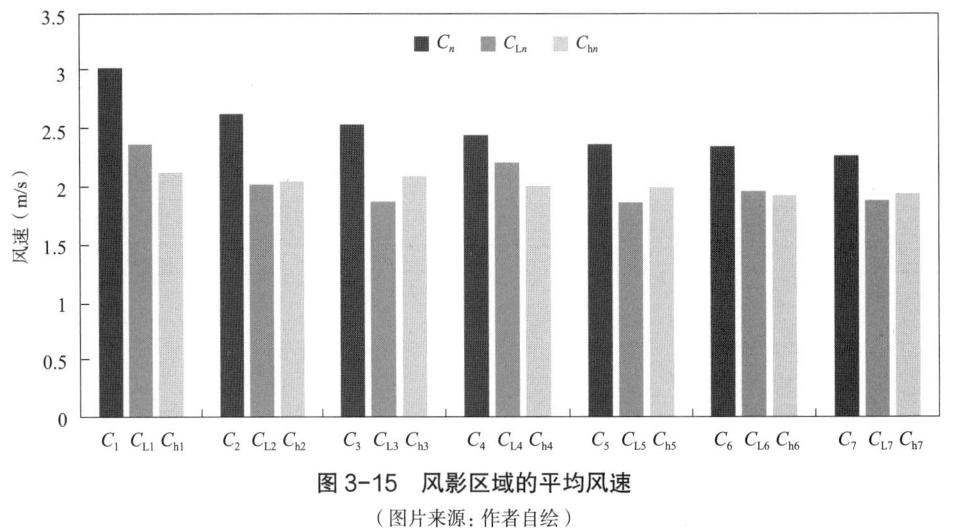

图 3-15　风影区域的平均风速

（图片来源：作者自绘）

最后通过计算山体模型与建筑对比模型风速之商的加权平均数，即可得到山体折减系数 φ，具体的计算方法参照式（3-1）。

$$\varphi=\sum_{\phi=8}^{32}\frac{A_{C_n}}{\dfrac{A_{C_{Ln}}+A_{C_{hn}}}{2}}\vartheta_{\varphi} \tag{3-1}$$

根据上述计算方法，计算得出研究区域的山体的折减系数 φ=0.77，当按照常规方法计算山体 FAI 值后需要乘以折减系数 φ，得到精确的山体 FAI。本书通过使用由 GDEM 提供的 30m 分辨率的 DEM 地形数据，利用自行开发的 Python 脚本来计算研究区域的山体和地形 FAI 地图。

从图 3-16 能看出折减前南风的 FAI 最高值为 2.03，北风 FAI 最高值为 2.02，结果近乎一致：图中明显显示出研究区域的三个自然山体（大顶山、富国公园、大连森林动物园）具有较高的 FAI 值，且在东部显示出大面积 FAI 值约为 1 的区域，这说明研究区域内东部的整体地势更高，FAI 值最低的区域位于星海广场和马栏河处。而在考虑折减系数后，能发现折减后的 FAI 地图的高 FAI 区域略有减小，但整体的趋势没有改变。

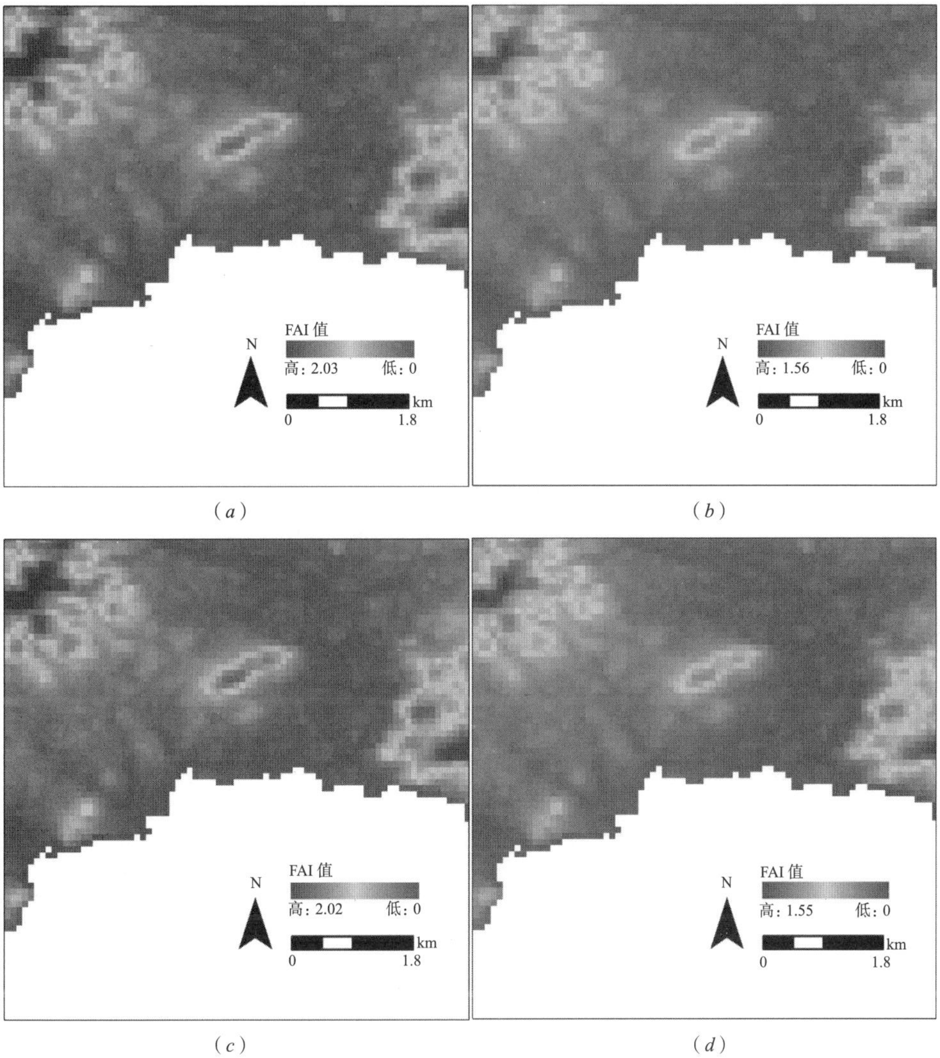

（*a*）　　（*b*）

（*c*）　　（*d*）

图 3-16　山体及地形对应的 FAI 地图

（图片来源：作者自绘）

（*a*）南向 FAI 地图（折减前）；（*b*）南向 FAI 地图（折减后）；
（*c*）北向 FAI 地图（折减前）；（*d*）北向 FAI 地图（折减后）

3.2.3　FAI 地图叠加

根据第 3.1.2 节的风速分析，春季和夏季的盛行风是南风；秋天和冬天是北风。据此利用本研究开发的 Python 工具，先分别对建筑和山体进行 FAI 计算，山体通过计算折减系数后的 FAI 地图已在前文阐明。本书使用的建筑数据来源于一个 10m × 10m 的分辨率 3D 建筑数据库，从图 3-17 可看出，计算后的建筑 FAI 地图明显扣除了自然山体和河流区域，高 FAI 区集中体现在星海广场周边的金融区和高层住宅区。

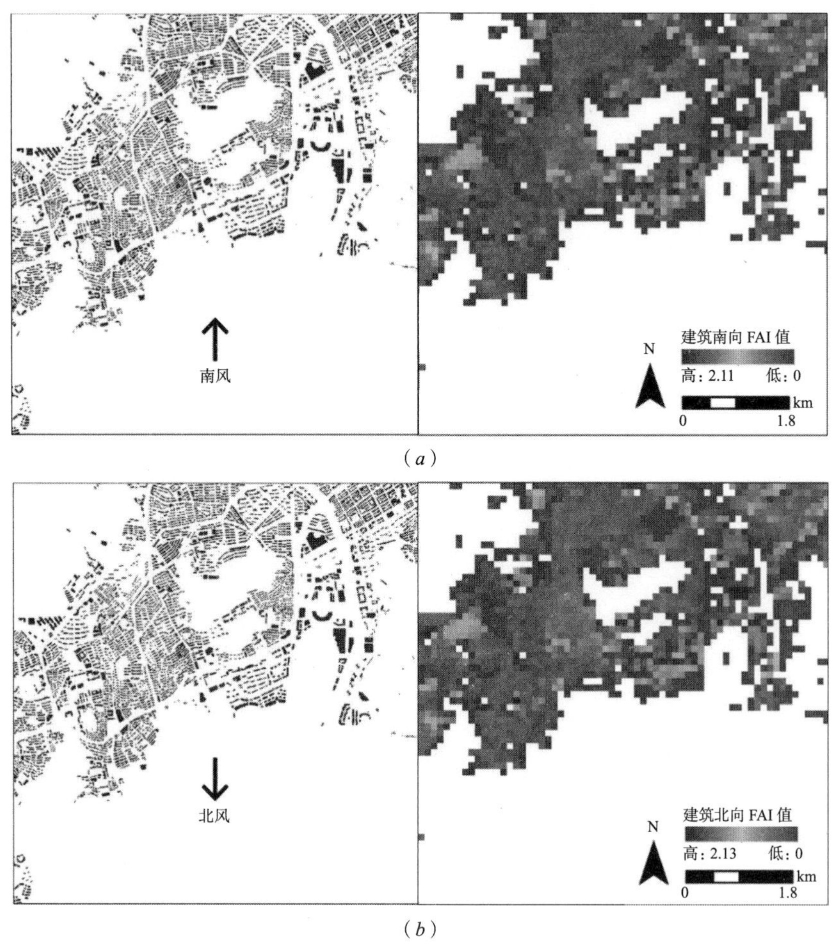

图 3-17　研究区域建筑对应的 FAI 地图

（图片来源：作者自绘）

（a）南风；（b）北风

将建筑和山体的 FAI 地图叠加，即可得到南、北两个风向的 FAI 地图，如图 3-18（a）、（b）所示，最后本书得到的 FAI 值是建筑物、斜坡和山丘的代数总和。南向和北向 FAI 地图上的平均 FAI 值分别为 0.50 和 0.49，而这两张地图的最大 FAI 值均为 2.52。

南风和北风的 FAI 地图表现出十分类似的结果：一是 FAI 值大于 2.0 的区域都出现在自然山体区海拔高于 160m 处（大顶山、富国公园、森林动物园）、高层高密度商业金融区（和平广场、会展中心、期货交易所）和部分住宅区（化物所周边、学苑广场、数码广场）；二是 FAI 值介于 0.5 和 2.0 之间的区域广泛分布于城市建设区，如孙家沟地区、幸福家居地区、中山路、五一路、数码路沿线；三是较低 FAI 数值介于 0 和 0.3 之间，呈现出两条路线，一条为从星海广场沿马栏河、中山路，至幸福家居地区的南北向轴线。一条为经过大连海洋大学，沿海岸线至森林动物园南侧的东西向路线。其中星海广场和马栏河入海口区域是 FAI 值最小且分布最广的区域，也是两条低 FAI 路径的交点。

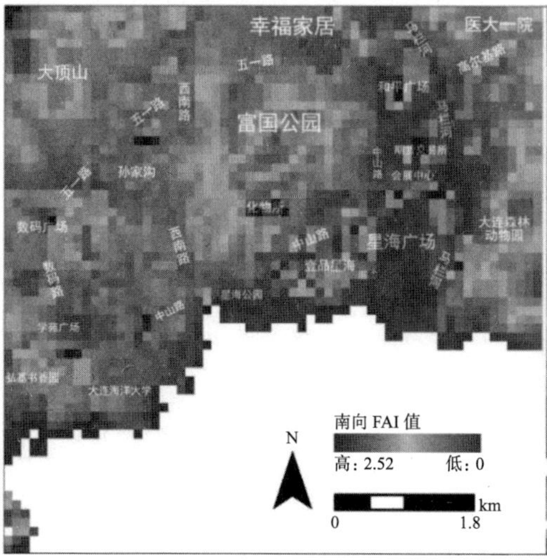

（*a*） 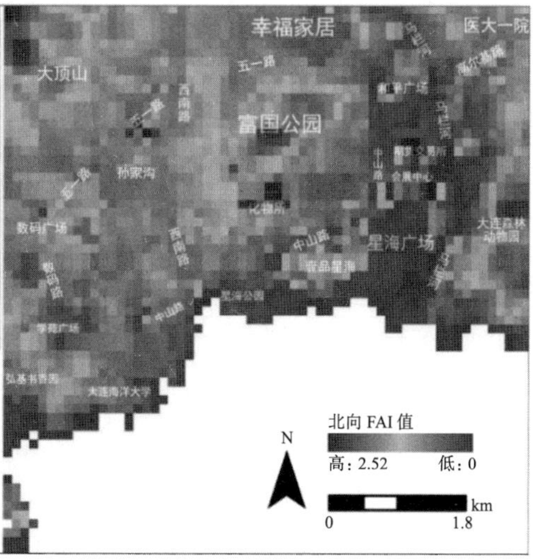　　（*b*）

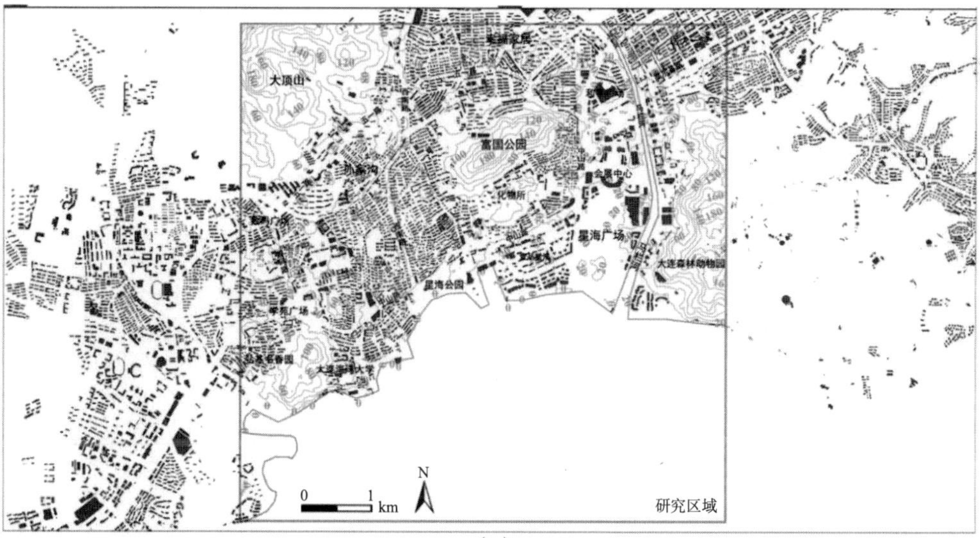

（*c*）

图 3-18 研究区域 FAI 地图及地形图

（图片来源：作者自绘）

（*a*）南风 FAI；（*b*）北风 FAI；（*c*）建筑及地形图

南风与北风的 FAI 地图在局部区域也表现出了一定的差异性：一是北风自然山体的 FAI 高值范围要比南风更大，最高值更大，具体表现在大顶山西北部（南风最高 FAI 为 2.31，北风最高 FAI 为 2.39）、富国公园中部（南风最高 FAI 为 2.12，北风最高 FAI 为 2.35）和大连森林动物园中部（南风最高 FAI 为 2.05，北风最高 FAI 为 2.17）；二是北风的个别高层建筑 FAI 值要大于南风，表现在化物所建筑区（南风平均 FAI 为 2.25，北风平均 FAI 为 2.42）、会展中心及期货交易所区域（南风平均 FAI 为 2.21，北风平均 FAI 为 2.33）；三是南风局部区域 FAI 值高于北风，表现在和平广场区域（南风最高 FAI 为 2.38，北风最高 FAI 为 2.30），数码广场区域（南风最高 FAI 为 2.07，北风最高 FAI 为 1.92）、尖山街区域（南风最高 FAI 为 1.88，北风最高 FAI 为 1.55）、学苑广场区域（南风最高 FAI 为 2.01，北风最高 FAI 为 1.75）。

总体来说，南向和北向 FAI 地图的分布规律基本相同，FAI 值大小与建筑密度和地势高低呈正相关，北向 FAI 大于 2.2 的区域要略大于南向。

3.2.4 山体 FAI 新模型的改进效果

为比较传统 FAI 模型和山体 FAI 新模型发掘风廊的差异性，通过 GIS 对南向 FAI 地图进行了 LCP 计算。从图 3-19 能看出，两种模型发掘的风廊结果有很大的差异性。传统 FAI 模型（图 3-23（*a*））发掘的潜在风廊主要集中于三个自然山体（大顶山、富国公园、大连森林动物园）以及星海广场，马栏河虽有风道但不连续，孙家沟地区几乎无风道经过。山体 FAI 新模型（图 3-19（*b*））发掘的风廊主要集中在星海广场及马栏河沿线、西南路至孙家沟沿线、数码路至大顶山沿线，富国公园和大连森林动物园区域无明显风道。

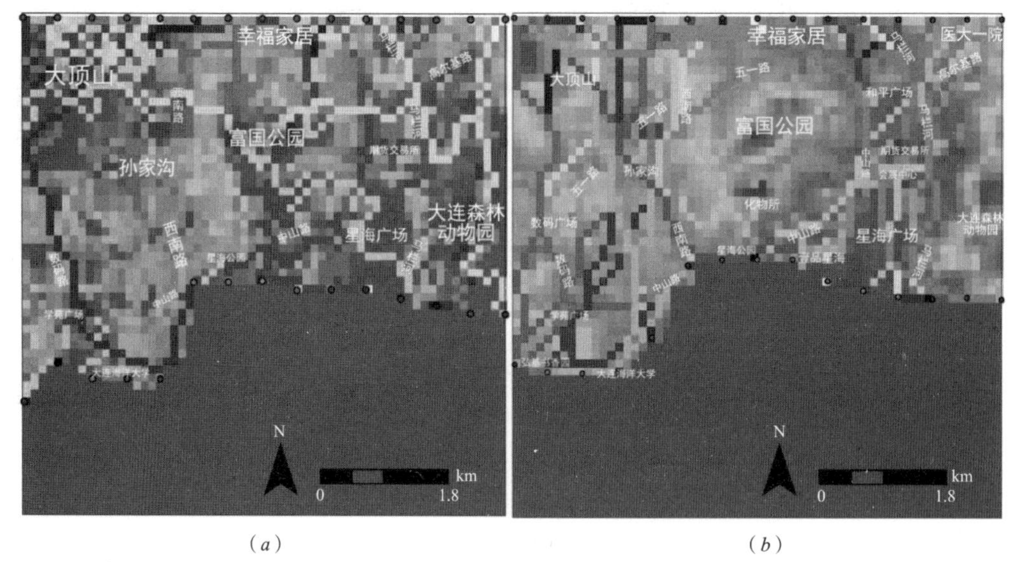

（*a*）　　（*b*）

图 3-19　基于南向 FAI 地图计算的 LCP 结果

（图片来源：作者自绘）

（*a*）传统 FAI 模型；（*b*）山体 FAI 新模型

由此可见，山体 FAI 新模型的风廊发掘结果更符合主观认知和客观事实：（1）通风廊道的特质应具有清晰连续的线性特征，传统 FAI 模型结果在大顶山、富国公园、星海广场和森林动物园处均呈现出团状，不符合风流通的特征；（2）本次模拟是针对南向海风的 LCP 计算，整体的风道应呈现较为明显的南北向走势，很显然传统 FAI 模型的 LCP 路径走势无明显特征；（3）风应更易流经阻力较小（粗糙度低）的区域，在传统 FAI 模型中风道集中在了三处自然山体与星海广场处，星海广场是整个研究区域地势最低的区域之一，而三处自然山体是高程最高的区域，两者高程相差接近 250m，风道由星海广场流经富国公园甚至到大顶山的情况是不合理的。因此相比于传统 FAI 模型，山体 FAI 新模型对复杂地形风廊发掘结果更合理、清晰，适用性更强。

3.3　基于 LCP 的风廊计算

3.3.1　计算网格

最小成本路径（LCP）的计算首先要明确 GIS 中栅格单元（计算网格）的大小。在城市规划和地理相关研究中，计算网格的形状和大小对城市地理、气候研究的结果具有较大的影响。在地理学领域中，因所选面积单元的不同而对分析结果产生的影响被定义为可变面元问题（Modifiable Areal Unit Problem，MAUP）。一般在对社会、经济、健康等类型的数据进行空间分析时，常常需要根据实际情况将数据聚合为特定的面积单元，当将基于点测量的空间现象的点数据聚合或扩散为区域数据时，统计值的结果会受空间分区的影响。而我们在对城市空间、土地利用、局部气候研究时，通常采用栅格数据作为数据源，因此栅格单元的大小，即在数值模拟中的分辨率，必然会涉及 MAUP。

由 MAUP 造成的统计结果和空间分析结果的偏差常以尺度效应（Scale）和分区效应（Zoning effect）来描述。实际上，引起 MAUP 的本质原因，是从小单元到大尺度的空间聚合过程中，数据属性值的聚合以及空间划分的不同共同导致了信息缺失现象。但是其究竟对模型中各统计特征值有何影响,一直是一个尚待定量化描述的问题。因此，在研究中选用何种分辨率的栅格数据，以及如何切分空间单元（网格）需要借鉴前人的研究成果。

首先在不同尺度的风环境研究中，要求的分辨率本身就不同。一般在建筑尺度上采用精细网格，获取风场及湍流信息，而在城市尺度上采用较粗的网格，获取宏观的风环境信息，并为建筑尺度模拟提供边界条件。

Yang J 的研究就分析了不同网格下大连市区迎风面积指数（FAI）与地表温度（LST）的相关性。结果表明：第一，FAI 对网格尺寸变化非常敏感。7 月份，当 25m × 25m 网格以 25m 长度增加到 150m × 150m 时，FAI > 1 的网格数量为 19992 个、1538 个、153 个、20 个、4 个和 0 个，分别占网格总数的 2.106%、0.645%、0.081%、0.019%、0.006% 和 0%。9 月份，拥有 FAI > 1 的网格数分别为 17633、1643、164、22、8、0，分别占网格总数的 1.849%、0.689%、0.155%、0.037%、0.021%、0%。当网格尺寸大于或等于 150m×150m 时，没有 FAI＞1 的网格（图 3-20）。其次，研究 FAI 与 LST 关系的最有效网格尺寸为 25m。当网格尺寸从 25m 增加到 300m，步长为 25m 时，FAI 与 LST 之间的相关性显著降低。当网格大小为 25m 时，相关性最强。这说明，网格尺寸越大，所得到的 FAI 值偏差就会越大。

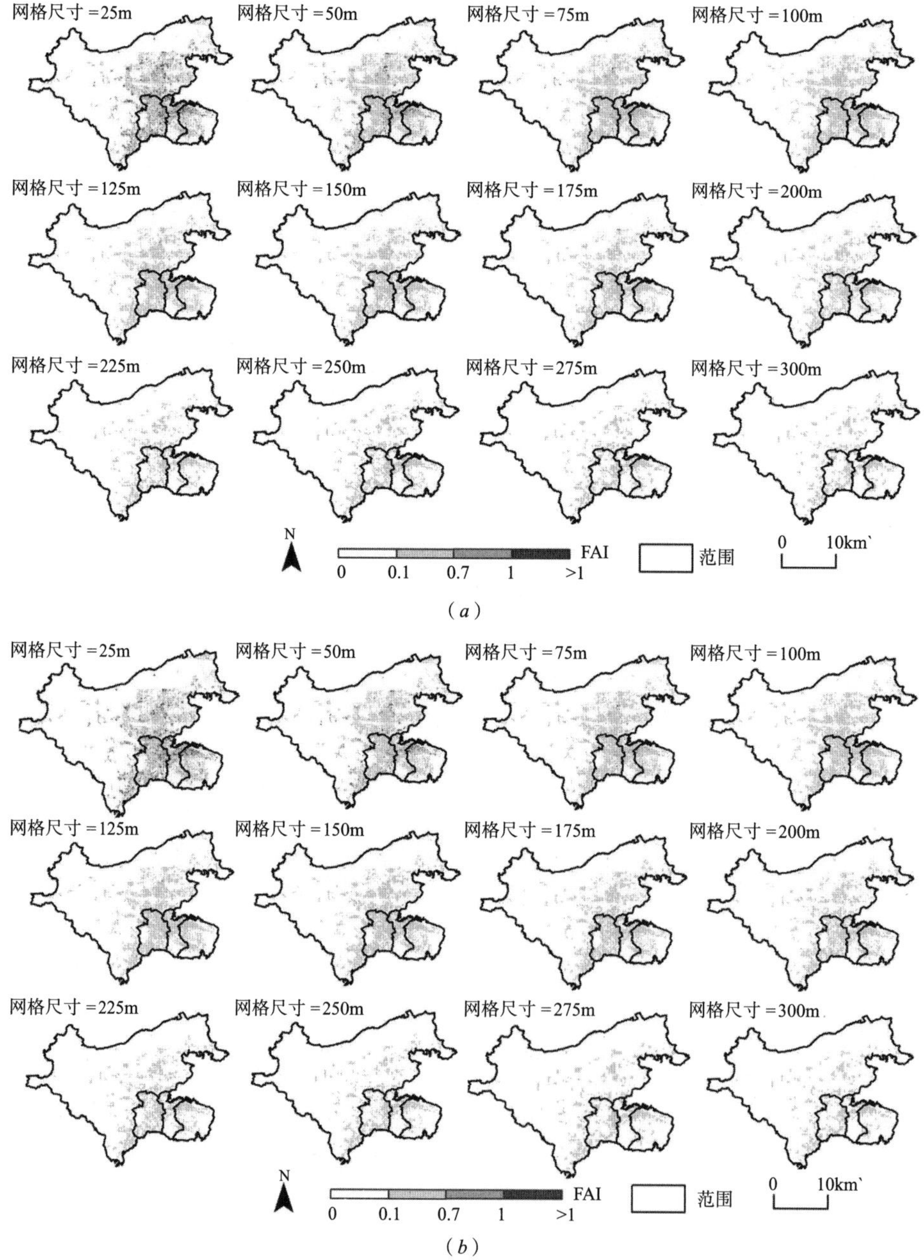

图 3-20　不同网格大小下大连市区 FAI 的变化

（图片来源：Yang J《Spatial differentiation of urban wind and thermal environment in different grid sizes》）

（*a*）七月；（*b*）九月

虽然网格尺寸越大，得到的 FAI 值偏差会越大，但这并不代表网格尺寸越小的 FAI 值就越精确。过小的网格容易将建筑切分，从而不能准确地体现建筑 FAI 大小。通过前人在 FAI 计算的相关研究中采用的网格大小（表 3-5），可以看出网格尺寸 10 ~ 250m 均有采用。Betterna 在 1998 年第一次计算城市粗糙度长度时，采用了 150m × 150m 网格，其研究范围为 2.7km × 2.2km。Wong 和 Nichol 对我国香港气候空间变化的研究，其发现 200m 网格足以满足城市气候研究的需要，100m 网格则可以更精细地指导规划设计，因此在两次对九龙半岛的城市风道和热岛研究中均采用了 100m × 100m 网格。陈士凌在计算贵州仁怀地区 FAI 值时同样采用了 100m × 100m 网格 。Peng 和 Xu 则提出了一种基于卫星的新方法来提取三维城市形态信息，计算并验证了一些应用最广泛的城市形态参数，实验表明与百米空间分辨率下的实际数据相比，10m × 10m 精度反演的所有参数有较高的预测精度，其中 SVF、FAI 的预测精度为 80% ~ 90%。但这种方法还是存在一些误差，适用于大范围的城市形态参数获取和计算。总的来说，100m 分辨率网格对城市气候研究中相关的动态变量更加兼容，因此本书结合实际情况，选择 100m × 100m 网格进行计算。

相关 FAI 研究的网格大小 **表 3-5**

年份（年）	学者	研究地区	网格大小
1998	Bottema	法国斯特拉斯堡	150m × 150m
2010	M.S.Wong	中国香港九龙半岛	100m × 100m
2011	Edward Ng	中国香港九龙半岛	200m × 200m
2013	M.S.Wong	中国香港九龙半岛	100m × 100m
2013	J.Y.Liu	中国广东广州，越秀区	250m × 250m
2016	S.L.Chen	中国贵州遵义，仁怀	100m × 100m
2016	F.Peng	中国香港九龙半岛	30m × 30m
2017	F.Peng	中国香港九龙半岛	10m × 10m
2017	Y.Xu	中国香港九龙半岛	10m × 10m
2017	Y.C.Chen	中国台湾台南	50m × 50m

在确定计算网格大小后，还应根据分析对象和环境确定网格形状，网格形状也是计算结果准确性的决定要素。在过往城市风环境的相关研究中，应用的网格形状包括规则和不规则两种（图 3-21），一般来说规则网格更适合通风廊道的相关研究。

不规则网格的应用如 Gál 和 Unger（2009）在对匈牙利城市塞格德的研究，采用不规则网格可避免将大型建筑切割成碎块。他们首先将数据库中的建筑物聚合为块，产生了 11000 个街区，通过使用 GIS 空间分析模块的分配临近功能分割所有街道以保持建筑的完整性。

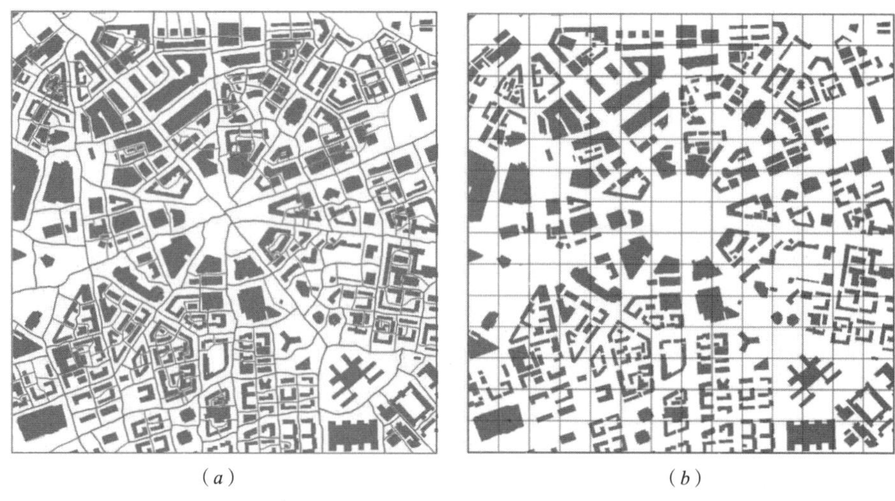

（*a*）　　（*b*）

图 3-21　计算网格设置

（图片来源：作者自绘）

（*a*）不规则网格；（*b*）规则网格

规则网格的应用如 Ng Edward（2011）等人在对我国香港高密度城市渗透性评估时，利用风洞试验数据测试计算网格的准确性，结果表明 200m × 200m 是迎风密度地图较理想的分辨率大小。而谢俊民（2013）也指出，规则的网格对开敞空间的识别能力更好，而开敞空间对通风廊道和城市热岛缓解则至关重要。

本书的研究尺度主要为街区尺度，因此本书选取 100m × 100m 的规则网格作为研究的基础。由于规则网格不可避免地将一些大型建筑物切分为几个部分，此时在下风向的建筑迎风面可能会被低估。对此，Ng Edward 和 Yuan Chao 提出了一种新的 FAI 计算方法，将截面面积补充增加到被那些较小的网格所切割的大型建筑物的 FAI 计算中，本书的计算过程也采用了这种方法。

3.3.2　LCP 计算

在确定了计算网格大小和形状后，需建立测算最优路径的起点和终点。本研究在运用 LCP 方法计算 FAI 地图中最小成本路径前，建立了共计 110 个主导风（南风和北风）的起点和终点，分别在研究区域南侧和北侧设置 50 和 60 个点，南侧点沿海岸线布置，北侧点沿研究区域边界布置（图 3-22）。对于山风下的 LCP 计算，北侧点是根据自然山体和地形的边界来设置。

在确定 LCP 计算的起点和终点后，需要根据前文得出的大连年均风频结果，确定需要绘制 FAI 地图的风向。根据第 3.1.2 节中大连年均风频结果：夏季主导风向为南，冬季主导风向为北；山风采用 NNW—SSE 方向和 NW—SE 方向。针对海风的自南向北和由北向南的通风廊道，以及山风的 NNW—SSE 方向和 NW—SE 方向的风道，将根据空气流动遵循最小成本路径的原则，分别采用 LCP 分析方法对 FAI 地图上潜在的通风廊道进行计算。

（*a*）

（*b*）

图 3-22　LCP 起点和终点

（图片来源：作者自绘）

（*a*）主导风；（*b*）山风

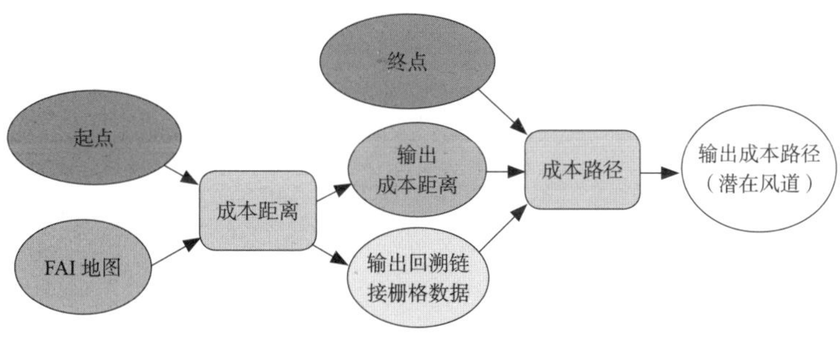

图 3-23　LCP 计算流程

（图片来源：作者自绘）

在得到相应风向的 FAI 地图后，应用 ArcGIS 中的 LCP 模块进行计算，具体的计算流程如图 3-23。在确定起点和 FAI 地图后，可以计算每个初始像元（起点栅格）从成本面（FAI 栅格地图）或到成本面上最小成本源的最小累积成本距离，如图 3-24（*a*）。可以这样理解：即使区域 A 和 B 在欧氏距离中非常接近，由于两个区域之间存在山脉，他们在成本距离中却非常远，如图 3-24（*b*）所示。

接下来输出成本回溯链接栅格，如图 3-24（*c*），回溯链接栅格包含 0 ~ 8 的值，这些值用于定义方向或从某像元开始沿最小累积成本路径标识下一个邻近像元，以达到最小成本源。如图 3-24（*d*）所示，如果该路径穿过右侧的相邻像元，则为像元分配值 1、2 来与右下角像元相对应，并按顺时针方向依次类推，值 0 保留，供源像元使用。最后结合终点、成本距离和回溯链接栅格即可算出最小成本路径，回溯链接栅格可用于在成本距离表面上从目标（终点）沿最小成本路径回溯到源点（起点）。

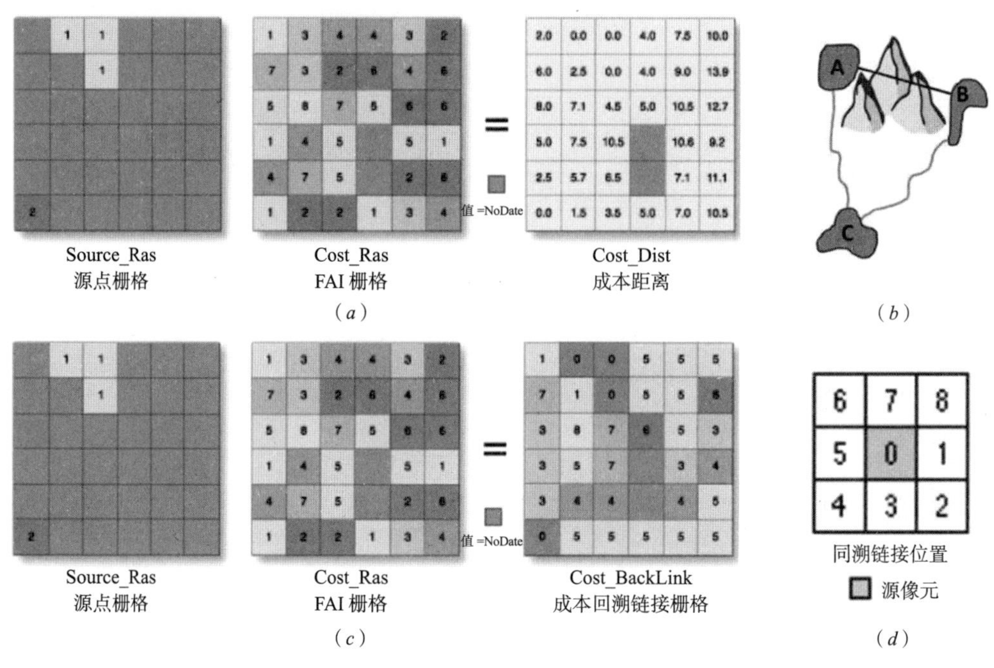

图 3-24 成本距离和成本回溯链接

（图片来源：ArcGIS 10.5）

（*a*）成本距离原理;（*b*）成本距离示意图;（*c*）成本回溯链接原理;（*d*）同溯链接位置示意图

由于 GIS 自带的 LCP 模块只能在多个源点和某个目标点间生成 LCP，所以在本研究这样较大的研究区域中，起点和终点分别多达 50 和 60 个，一个风向下的 FAI 地图产生的 LCP 路径可能多达 3000 条。LCP 路径的信息统计成为一个相当繁重的计算任务，如图 3-25 所示，某一起点到终点的路径差别巨大，且计算复杂。

为了解决 LCP 的统计问题，陈士凌开发了一个基于 Dijkstra 算法的 C 语言脚本，来计算 LCPs。Wong 和 Nichol 使用了一个 ArcGIS 系统中改进 LCP 模块来计算所有可能的通风廊道。本书运用了第二种算法，即计算出所有的起点和终点之间的 LCP 数量，然后统计他们在每个计算格点上出现的频率。计算结果可统计成一个新的栅格文件，用于风道的分析和评估。

所有的 LCP 路径都是由 Python 脚本自动计算并叠加的。然后根据穿过路径的数量，统计计算出每一个网格上最小成本路径的出现频率。相比于出现频率较低的网格，具有较高的频率的网格就有更高的通风潜力，被视为潜在通风廊道。

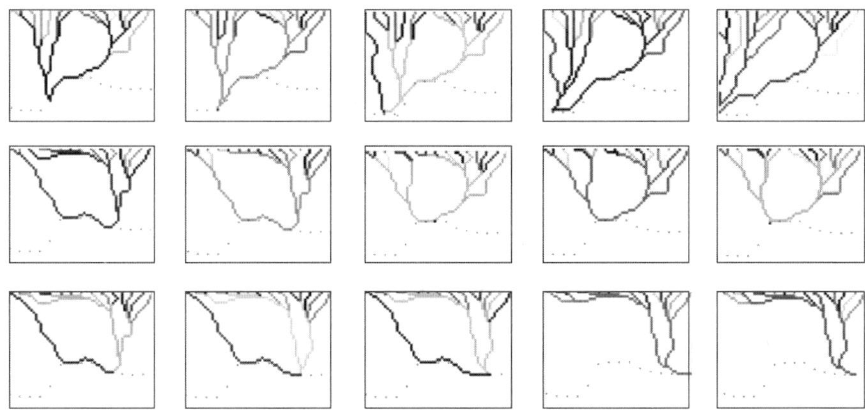

图 3-25　LCP 路径生成示意图

（图片来源：作者自绘）

3.4　星海湾地区风廊发掘

3.4.1　主导风风廊发掘

根据最小成本路径（LCP）的工作原理，利用自行开发的 Python 工具，在 FAI 地图上计算了南风通道和北风通道（图 3-26）。结果显示，南向和北向的 FAI 地图上都出现了最高 3000 条路径。

（1）南风通道

在南风的 FAI 地图中，如图 3-26（*a*）所示，出现了 4 个主要的通风廊道和 2 个较弱的通风道（由于强度太小忽略不计）。

1）路径 A：这条通道为西北向，起点为大连海洋大学的校园，沿数码路向北前行。这条路径在北部大顶山地区与路径 B1 汇合成一条路径（B3）。路径 A 的频率 5%。这条路径上的平均 FAI 值是 0.40。

2）路径 B：这条路径从星海公园开始，有两个分支（B1 和 B2），然后在西安路合并成一条路径。它在孙家沟地区分成了 5 条路：其中 4 条（B3、B4、B5 和 B6）通过住宅区之间的开放空间向西北方向延伸，最后到达大顶山的山谷；B7 继续沿着西安路前进。路径 B 连接了密集居住区——孙家沟区域和南部海岸，可为城市中心区提供大量新鲜空气。路径 B1 ~ B7 的网格频率分别是 24%、31%、8% ~ 11%、18% ~ 47%、3% ~ 12%、5% 和 5%。路径 B 的平均 FAI 值是 0.51。

3）路径 C：这条路径从星海广场开始，有两个分支（C1，C2），随后合并成一条主要沿富国街向北的路径。这条路线可以从南边的星海湾和星海广场引入大量新鲜空气，一直延伸到研究区域北侧的大型高密度住宅区。沿着路径 C1 的网格的频率是 38%，路径 C2 是 23%，而路径 C 是 61%。路径 C、C1 和 C2 的平均 FAI 值是 0.18。

4）路径 D：这条路主要沿着马栏河，从太原街和高尔基路延伸至东北方。这条路径在所有四条路径中具有最佳的空气传输能力和热岛效应缓解潜力，因为沿河流传播的优良特性是，可以使风湿润和冷却。沿着路径 D 的网格频率是 67%，而 D1、D2 和 D3 分别为 5% ~ 7%、18% 和 5%。路径 D 的平均 FAI 值是 0.24。

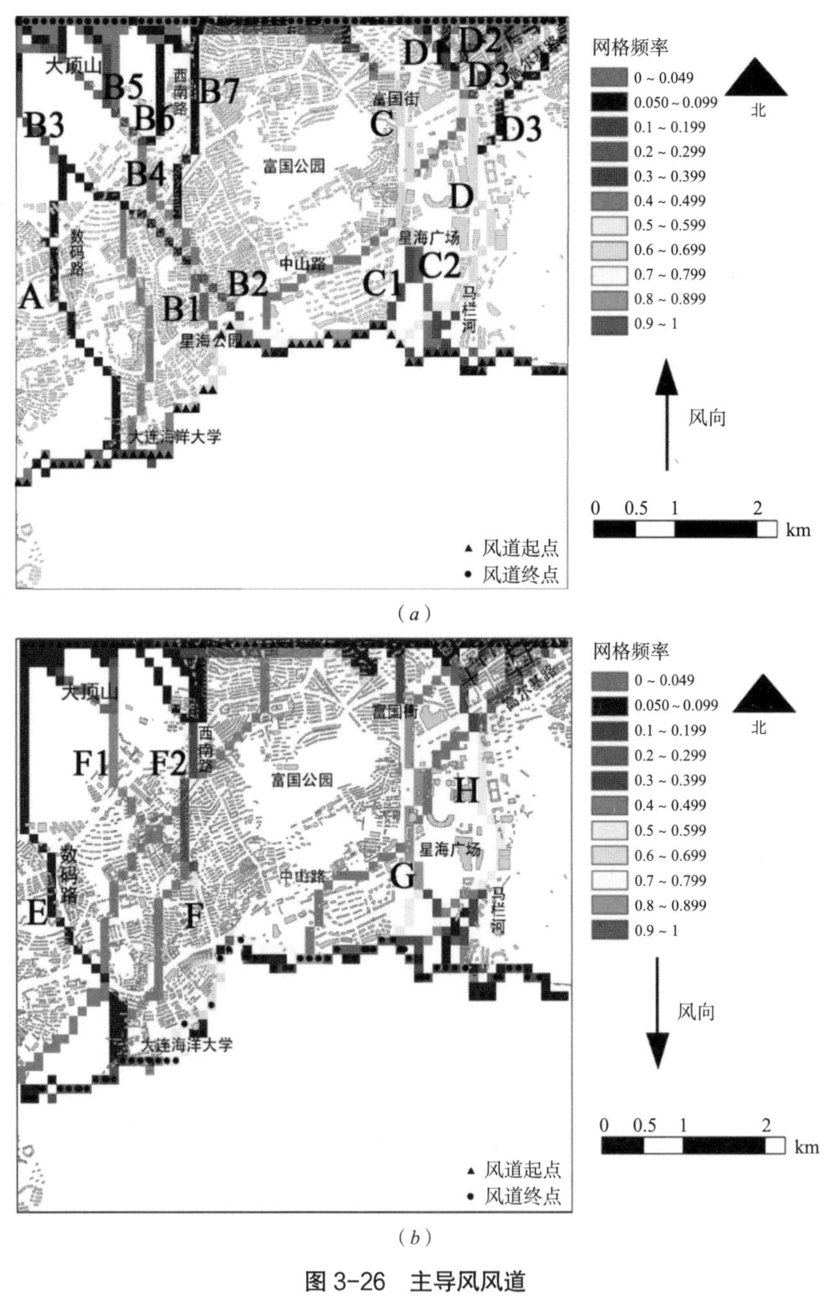

图 3-26 主导风风道

（图片来源：作者自绘）

（a）南风；（b）北风

（2）北风通道

北向 FAI 地图，如图 3-26（*b*）上的 LCPs 的出现频率表明，北风有四条主要的通风路径（其他四条较弱或短路径被忽略），类似于南风道，如下所示：

1）路径 E：这条路径与路径 A 相似，而沿着路径 E 的网格频率是总数的 7%。这条路径的平均 FAI 值是 0.47。

2）路径 F：这条路径与路径 B 相似，但是沿着路径 F1 的网格频率是 43%，路径 F2 是 14%，路径 F 是 57%。平均值 FAI 值是 0.62。

3）路径 G：这条路径与路径 C 相似，但在星海广场的北部没有分开。沿着路径 G 的网格频率是 90%。路径 G 的平均 FAI 值是 0.22。

4）路径 H：这条路径与路径 D 相似，但是路径 H 的网格频率是 58%。平均 FAI 值是 0.32。

3.4.2　山体影响下的风廊发掘

本书研究区域内的山体高度多为 200m 左右，山谷和山峰之间的温差可能超过 2℃，此时可能会产生山谷风环流。如夏秋夜间晴朗无风的夜晚背景平均风速小于 3m/s。此时山上的冷空气会向下流动，然后再进入周边城市高温区域，因此本书也计算了山谷风通风廊道。

基于研究区域风频风速的分析，本书采用 NNW-SSE 方向和 NW-SE 方向来分别计算山风路径，如图 3-27（*a*）、（*b*）所示。两种路径代表着从山体吹向城市和海洋的山风，叠加得到了山风的通风廊道（离岸风道），如图 3-27（*c*）所示。

接着本书采用 SSE-NNW 方向和 SE-NW 方向来分别计算海风（谷风、向岸风道）路径，如图 3-27（*d*）、（*e*）所示。两种路径代表着吹向城市内陆的谷风以及垂直于岸线并辐合谷风的海风，叠加得到最终海风通风道结果，如图 3-27（*f*）所示。

从结果中可以发现：在山区，冷空气流入城市的主要通道是山谷；在城市区域，主要通风道是道路和开放空间，包括数码路、西南路、星海广场至富国街，以及马栏河。这些结果与主导风通风廊道是类似的。此外还有几条重要的东西向路径，不同于南北向海风路径，如图 3-27（*c*）所示，如下所列：

1）路径 J：此路径主要通过西南路，类似路径 B 和路径 F。与之不同的是路径 J 在军休小区、玉门小区和顶山街分成了三个西北 - 东南向的岔路。路径频率从 17% 到 98%，最高频率位于西南路。

2）路径 K：这条路径从富国公园向东南方向延伸，有三条分支（K1、K2、K3）分别在颐和星海住宅区、星海小学和会展路。这些岔路引导冷空气吹向东南方向。路径发生率为 6% ~ 10%，最高频率在会展路。

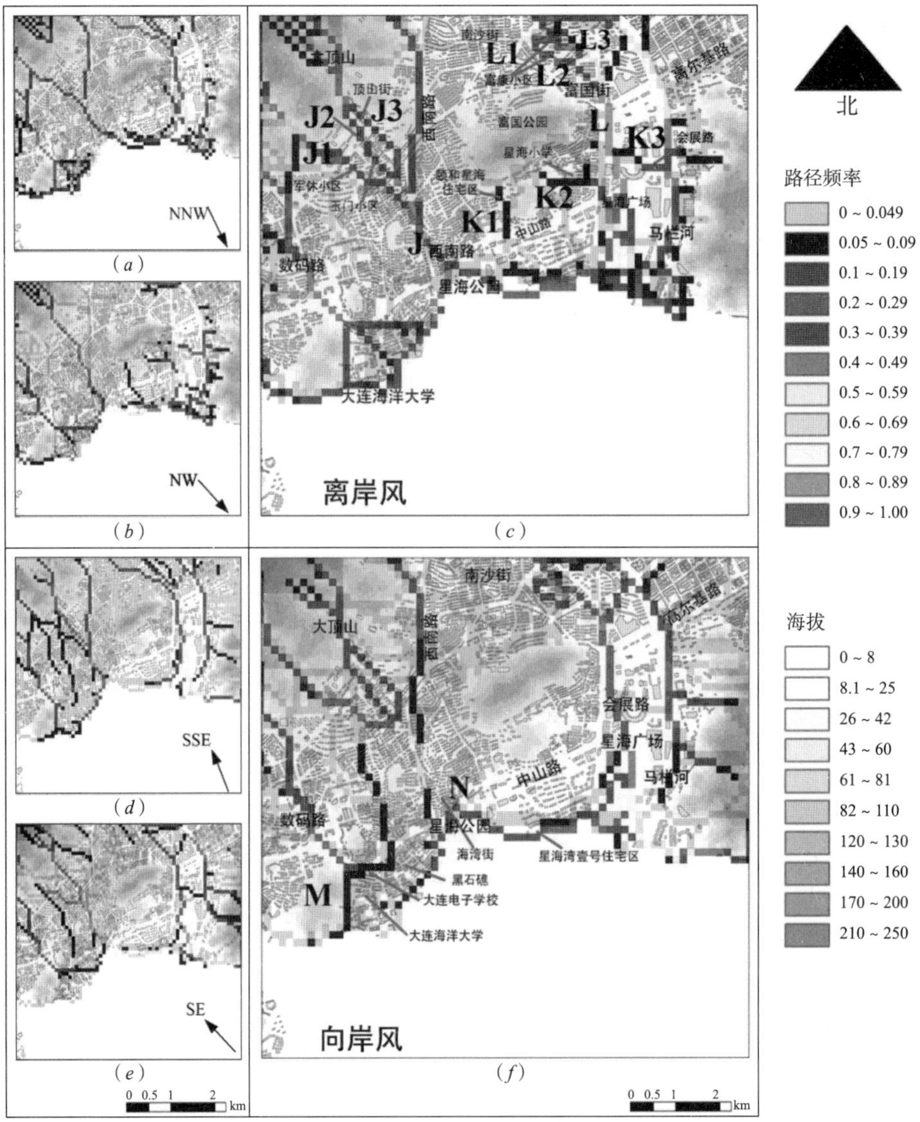

图 3-27 山谷风路径图

（图片来源：作者自绘）

（*a*）NNW 路径；（*b*）NW 路径；（*c*）（*a*）与（*b*）合并路径；（*d*）SSE 路径；（*e*）SE 路径；（*f*）（*d*）与（*e*）合并路径

3）路径 L：这条路径主要通过富国街。此路径最初有三条分支（L1、L2 和 L3），继而在富国路汇聚成一条路径。L1 在南沙街，L2 和 L3 位于富康小区的开放区域。这与位于富国街的路径 C 十分相似，但是在富康小区处转向西北。路径频率为 25% ~ 84%，最高频在富国街。

4）路径 M：这条路径主要通过数码路。不同于路径 A 和路径 E，它始于研究区域南岸的几条微弱通道，主要位于大连海洋大学、大连电力学校和黑石礁地区。路径频率为 1% ~ 27%，最高频位于数码路。

5）路径 N：N 与路径 B、F、J 相似，主要通过星海公园、西南路和西北处的大顶山。因为它的方向，这条路的着陆点位于星海公园东侧的星海湾壹号住宅区。此路径频率为 3% ~ 63%，最高频率出现在西南路。

3.5　小结

本章对大连风环境与地理特征、星海湾地区的用地分类和地形进行了详细的描述。随后通过迎风面积指数（FAI）和最小成本路径法（LCP）发掘了星海湾地区的海风风道和山风风道。

城市通风廊道是一个跨学科、综合性的研究，气象数据和地形数据的前期研究至关重要，极大影响着后期的 GIS 空间分析、CFD 边界模拟设置及结果耦合的准确性。首先本章利用大连市气象站过去 67 年的观测数据（1951 ~ 2017 年）进行统计和回归分析，风向频率表明，全年主导风向为北，南向次之。春夏季主导风向为南，秋冬季主导风向为北；风速有明显的昼夜循环，全年白天的平均风速比夜间都要强；夏秋时节夜晚的风较弱（<3.3m/s），此时可能形成山谷风。另外，分析了大连的地理地形特征：大连是一个典型的半岛城市，中心城区位于辽东半岛的最南端，因此城市风环境主要受黄海和渤海的海风影响。城市山地丘陵多，平原低地少，整个地形为北高南低、北宽南窄，主城区西部高、南部次之，其高度为 100 ~ 300m 之间，这表明大部分时间，山谷风的强度不足以增强或阻碍海风，山体对风的机械阻挡效应成为主导因素。研究区域的地形较复杂，主要由三个丘陵组成，西北的大顶山最高海拔是 250m，中心的独立山体——富国公园高度为 180m，东面的山体海拔 190m。

在明确了大连及研究区域风环境与地理特征后，本章提出了一种沿海山地城市迎风面积指数计算的新模型，将地形、山体、建筑一起纳入 FAI 计算，扩大了 FAI 的适用范围，对地形复杂的城市研究提供了一种参考。把整个研究区域作为一个对海风的集合障碍物，包含了所有建筑物和海平面以上的地形（斜坡和独立的山体）。通过这种 FAI 新模型的提出，FAI 的计算将可以更好地适应像大连这样复杂的地形，也将较高斜坡上建筑对风环境的影响进行更准确的评估。

考虑到山体和建筑物的形状差异，进行了比较试验，提出了一种考虑山体体形特点的迎风面积指数折减系数（φ），能更准确计算山体对风的 FAI 值。首先对研究区域的山体坡度进行统计，选取代表性的坡度，建立山体模型及其对应的建筑模型。接着通过 CFD 对各组对照模型进行模拟，通过模型背风区风速计算，确定了研究区域的山体 FAI 折减系数 φ 是 0.77。以此将建筑 FAI 地图和山体 FAI 地图叠加，得到研究区域盛行风向下的 FAI 地图。

本章还利用最小成本路径法（LCP）发现了 FAI 地图中南向和北向各四条通风廊道。

在地理信息系统（GIS）中建立了星海湾地区的建筑矢量三维数据、DEM 数字高程模型等信息，统一了其坐标系和符号系统。在 100m × 100m 网格中，通过 Python 脚本计算南风、北风 FAI 密度地图。建立了 110 个南风和北风的起点和终点（分别在研究区域南侧和北侧设置 50 和 60 个点），利用 LCP 法计算了南风和北风的通风廊道，主要有四条南向通风道、四条北向通风道。进一步分析了山谷风和海风等热力环流的风向，并计算了其通风廊道分布。

第 4 章

基于 CFD 模拟和实测的通风廊道验证

为了验证通风廊道发掘结果的准确性，本书采用两种方式对其加以验证：CFD 模拟和现场实测。在得到潜在通风廊道后，本书通过 CFD（PHOENICS 2017）对研究区域风速场进行稳态模拟，利用模拟结果来验证主导风通风廊道。实测主要通过流动观测进行，共进行了两天的观测研究，对风道和非风道的风速进行了测试。

4.1 CFD 湍流模型验证

在模拟计算中，如何从实际物理过程中抽象出合适的数学模型是十分关键的。由于建筑室外风环境非常复杂，将实际物理边界条件抽象成合适的数学边界条件显得非常困难，因此有很多学者在这方面进行了研究，其中最具有代表性的是日本的建筑学会（Architectural Institute of Japan，AIJ）和欧洲的 COST 组织（European Cooperation in the Field of Scientific and Technical Research）。这两个学术组织分别就室外风环境模拟中可能遇到的边界条件设置与模拟设置问题进行了大量的实验与模拟研究，并分别提出了适用于室外风环境模拟的边界条件设置导则和模拟设置导则。本书主要参考两者的推荐设置进行研究区域的 CFD 模拟。

4.1.1 湍流模型

室外风环境总是伴随着强烈的湍流，室外风通常被认为是不可压缩的低速湍流形态，选择合适的模型重现湍流的影响是决定风环境模拟工作准确性的关键环节，同时湍流模型对模拟精度至关重要，其是消耗计算机资源和降低模拟效率的主要因素。

湍流可以看作是由小到大各种尺度的涡构成，虽然直接模拟方法（DNS，Direct Numerical Simulation）可以直接重现湍流流动过程，但其网格必须非常精细，尤其在高雷诺数的情况下，最小涡尺度非常小，从而造成巨大的计算量。

为了规避现阶段无法接受的计算量，过去几十年学者们通过对流体流动控制方程

Navier-Stokes 方程（NS 方程）的转化与变形，提出了很多湍流模型，这些湍流模型和直接模拟不同，只对一定尺度以上的涡进行模拟，而对该尺度之下的涡进行模型化。

完全描述流体流动特性的方程组是由连续性方程 [式（4-1）] 和描述动量传递的 NS 方程组 [式（4-2）] 构成的，直接对 NS 方程进行数值求解的方法即 DNS 模拟，需要非常精细的网格和巨大计算量，可以描述湍流中各种尺度的动态特性。

$$\frac{\partial u_i}{\partial x_i}=0 \tag{4-1}$$

式中 u_i——速度在 i 方向上的分量；

x_i——i 轴上的坐标。

$$\frac{\mathrm{d}u_i}{\mathrm{d}t}=\frac{\partial u_i}{\partial t}+u_j\frac{\partial u_i}{\partial x_j}=-\frac{1}{\rho}\frac{\partial p}{\partial x_i}+\frac{\partial}{\partial x_j}\left(v\frac{\partial u_i}{\partial x_j}\right) \tag{4-2}$$

式中 t——时间变量；

ρ——流体密度；

p——压力；

v——动力黏性系数。

实际工程中，一般不需要对小尺度的湍流特性进行过多的捕捉，而只关心较大尺度的涡，因此，现阶段大多数湍流模型均对小尺度的湍流脉动进行时间上或者空间上的平均化处理。采用时均化处理的模型被称为雷诺平均模型，即 RANS（Reynolds-averaged Navier-Stokes equations）模型，采用空间平均化处理的模型被称为大涡模型，即 LES（Large Eddy Simulation）模型。

若将上述方程组中的速度变量考虑成时均化的平均速度与脉动速度之和，则可以将基础方程进行时均化处理，得到关于时均化变量的控制方程，式（4-3）、式（4-4）。

$$\frac{\partial\langle u_i\rangle}{\partial x_i}=0 \tag{4-3}$$

$$\frac{\mathrm{d}\langle u_i\rangle}{\mathrm{d}t}=\frac{\partial\langle u_i\rangle}{\partial t}+\langle u_j\rangle\frac{\partial\langle u_i\rangle}{\partial x_j}=-\frac{1}{\rho}\frac{\partial\langle p\rangle}{\partial x_i}+\frac{\partial}{\partial x_j}\left(v\frac{\partial\langle u_i\rangle}{\partial x_j}-\langle u_i{}'u_j{}'\rangle\right) \tag{4-4}$$

通过与原方程的对比可以发现，时均化之后的 NS 方程右侧多出一项由脉动速度之积组成的项，称为雷诺应力项。为了求解雷诺应力项，主要通过使用涡黏系数 v_t 来模型化求解，此方法称为涡黏性模型。涡黏性模型分为 0 方程模型，1 方程模型和 2 方程模型。其中基于湍流动能和湍流耗散率 ε 的 2 方程模型是目前应用最广泛的湍流模型。

（1）标准 $k\varepsilon$ 模型

尽管 RANS 模型在描述建筑物尾流区附近的流动模式方面存在固有缺陷，但它能很好地描述城市区域的一般流动模式，即使在一定程度上影响了模拟精度和计算成本，它仍是实际应用中运用最广泛的模型。

标准 $k\varepsilon$ 模型是目前发展最为成熟的 2 方程模型，在实际工程中运用广泛，但由于在对湍流黏性系数的模型化过程中引入了很多模型假设，标准 $k\varepsilon$ 模型在某些时候会出现模拟精度不足的缺陷，最为典型的是 $k\varepsilon$ 系列模型在预测建筑尾流区长度时会较实验结果偏长，在建筑前方会高估湍流动能的分布，从而导致建筑前方的湍流黏性系数被高估。

为了改善尾流区性能，弥补标准 $k\varepsilon$ 模型的缺陷，相继有学者提出了基于标准 $k\varepsilon$ 模型的改进的 2 方程模型。Launder 和 Kato 最先提出了一套改进的 $k\varepsilon$ 模型，称为 LK 模型。Murakami 等人为了进一步改进 LK 模型，提出了 MMK 模型。同一时期，Durbin 通过调整湍流的特征时间尺度提出了另一种改进的 $k\varepsilon$ 模型，根据 Mochida 等人研究结果，Durbin 模型是目前最准确的 2 方程模型之一。

根据李晓峰（2003）的研究，对于建筑物背风向尾流区内的流速分布，标准 $k\varepsilon$ 模型的模拟结果与实测最接近。各种改进 $k\varepsilon$ 模型能再现建筑物上部空气的绕流再附着，在不改变计算量的情况下改善结果。但是改进 $k\varepsilon$ 模型对贴地附着距离计算都不够准确，预测回流区范围过大。在室外微气候研究中，人员活动区域是主要受关注的地方，建筑物背风向尾流区的流速分布很重要。

（2）新 0 方程模型

本书的研究区域远大于单个城市街区，建筑物众多，而且包含复杂地形，在相关研究中，利用 $k\varepsilon$ 模型对如此大规模的城市区域进行 CFD 的模拟十分少见。因此采用了新 0 方程湍流模型（new zero-equation turbulence model）来提高计算的效率，避免计算的发散。研究表明，与标准湍流模型（standard $k\varepsilon$ model）相比，新 0 方程模型可以通过减少带求解的微分方程来有效地降低模拟负荷（无需计算湍流动能和湍流耗散率 ε，如图 4-1），且对粗糙网格有更好的适应性，能够获取相近的风场结果。

Variable	Max	% Error	Change
P1	1.00E+02	4.03E-04	6.28E-05
U1	1.58E+01	6.01E-04	1.19E-05
V1	1.00E+01	1.32E-04	7.06E-06
W1	1.00E+02	8.74E-05	4.53E-06
KE	7.94E+01	4.95E-03	-3.20E-05
EP	2.00E+02	5.59E-04	2.80E-06

（*a*）

Variable	Max	% Error	Change
P1	1.00E+02	4.36E-04	-1.67E-04
U1	1.58E+01	2.85E-03	-2.06E-05
V1	1.00E+01	4.86E-03	-8.23E-05
W1	1.00E+02	3.92E-04	-6.81E-06

（*b*）

图 4-1　CFD 计算中的变量

（图片来源：Pheonics 模拟结果数据）

（*a*）标准 $k\varepsilon$ 模型；（*b*）新 0 方程模型

相比 2 方程模型，0 方程模型更为简单快速，计算成本低。Chen Q 团队于 1998 年专为室内气流模拟设计了 0 方程模型，后续验证也表明，0 方程湍流模型给出的模拟结果与实验数据相当吻合。由于 0 方程湍流模型在精度和效率上的优势，它在室内气流模拟中得到了广泛的应用。

随着气候模拟的物理范围不断扩大以及计算机负荷不断增加，迫切需要一种高效的室外环境耦合模拟湍流模型。清华大学苏雅璇（2010）从工程应用角度，利用文献调研和标准 $k\varepsilon$ 模型模拟建筑物周围的空气流动，研究来流风和建筑物之间的相互影响。通过对大气边界层建筑绕流中的标准 $k\varepsilon$ 模型计算结果中湍流黏性系数的分布和建筑存在对流畅混合长度产生影响的定性分析，提出了两种新的两层 0 方程模型，其中内层为混合长度模型形式，外层为 MIT0 方程模型形式。这种新的 0 方程模型可用于城市气流模拟，能够大幅提高计算效率，以合理的精度降低计算负荷。随后，Li C 和 Li X F（2012）提出一种新的双层 0 方程湍流模型用于微气候模拟。该模型假设湍流黏度是内层的速度变形率、长度尺度和外层的局部平均速度和长度尺度的函数。通过风洞试验数据验证，该 0 方程模型在小尺度气候模拟中能合理且可接受的结果，且它比 $k\varepsilon$ 模型花费更少的 CPU 和计算时间。

总而言之，0 方程模型的本质是利用特定的假设和经验常数来表示特定流型的湍流特性。因此，针对建筑物周边流场提出的新 0 方程模型是未来微气候模拟应用的理想选择。本研究即参照 Li C 的研究，采用新 0 方程模型作为 CFD 模拟的湍流模型，并对其科学性及准确性进行验证。由于研究区域尺度较大，建筑模型和山地地形为简化模型，建筑细部可忽略不计。

4.1.2 新 0 方程模型验证

为了验证新 0 方程的科学性及准确性，首先通过 CFD 模拟比较标准 $k\varepsilon$ 模型和新 0 方程模型对模型背风区湍流表现情况，判断新 0 方程模型是否能够清晰表现建筑后方的回流。再者，为了对模拟结果的准确性加以验证，利用日本建筑协会（AIJ）提供的标准风洞试验数据（实验目标为一单栋建筑，矩形体块的长宽高之比为 1∶1∶2，建筑宽度实际尺寸为 0.08m）对模型进行验证（图 4-2），观察风洞试验、$k\varepsilon$ 模型和新 0 方程模型的测点分布情况，比较其吻合程度。

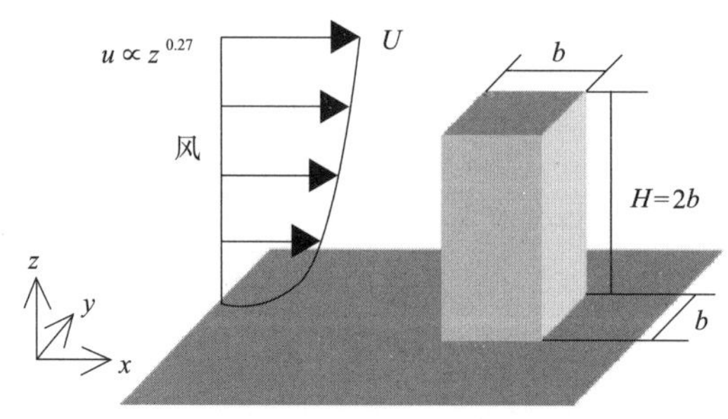

图 4-2　风洞内模型示意图

（图片来源：日本建筑学会提供）

（1）模拟设置

风洞试验中，基于建筑高度与入流风速的雷诺数是 2.4×10^4。风洞内的垂直与水平测点分布如图 4-3 所示。

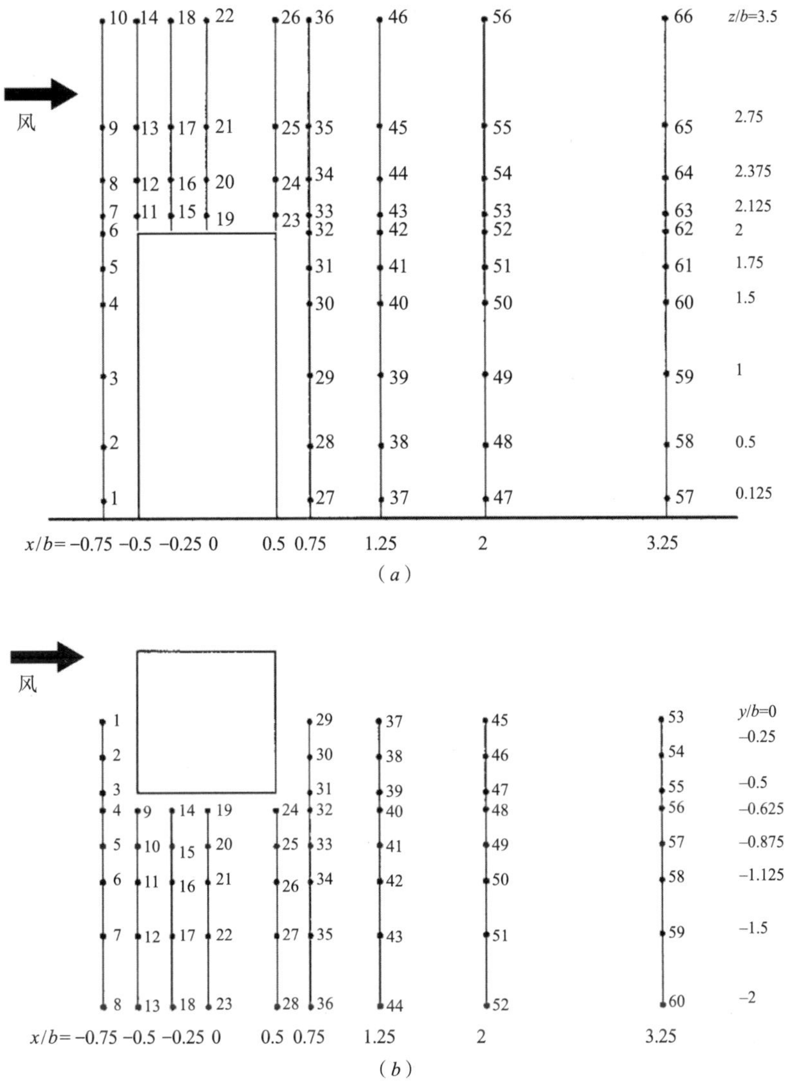

（a）

（b）

图 4-3　风洞内测点分布情况

（图片来源：日本建筑学会提供）

（a）垂直；（b）水平

CFD 模拟中，标准 $k\varepsilon$ 模型和新 0 方程模型的边界条件设置如表 4-1 所示，其中计算域大小根据风洞试验数据等比例设置，网格数量为 73（x）$\times$ 52（y）$\times$ 59（z），网格设置保持一致，最小网格宽度均为 $0.125b$（图 4-4）。标准 $k\varepsilon$ 模型中来流风速、湍流动能 k 及耗散率 ε 根据风洞实验结果差值得到。其他的边界条件设置相同。

标准 $k\varepsilon$ 模型和新 0 方程模型的边界条件设置 **表 4-1**

内容	标准$k\varepsilon$模型设置	新0方程模型设置
计算域	相当于风洞的大小 21.5b（x）×13.75b（y）×11.25b（z）	
网格划分	网格数量 73×52×59，最小网格宽度为 0.125b	
流入边界	平均速度的垂直分布近似服从幂律，指数参数为 0.27。标准 $k\varepsilon$ 模型中 ε 的值基于给定关系 $Pk=\varepsilon$	
计算域的侧面和上表面	光滑壁面，基于对数法则的壁面函数	
流出边界	使用零梯度条件	
地形表面边界	风洞实测数据确定了模拟风速和 k 值	
建筑表面边界	光滑壁面，基于对数法则的壁面函数	
对流项方案	QUICK 方案应用于所有对流项	
其他条件	其他条件：默认设置	
湍流模型	标准$k\varepsilon$模型	新0方程模型
计算方法和时间积分方案	SIMPLEST，稳态解	

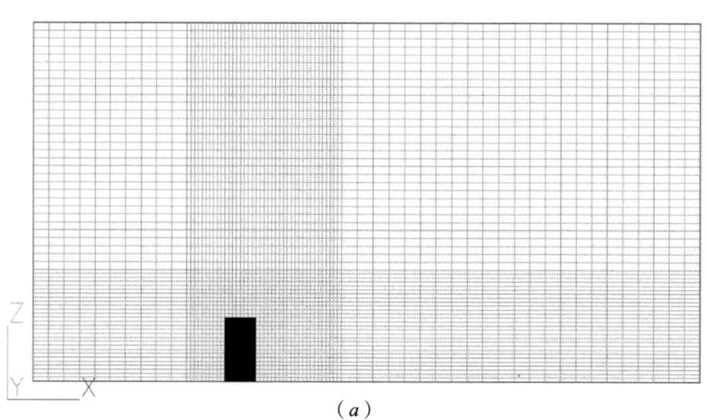

（a）

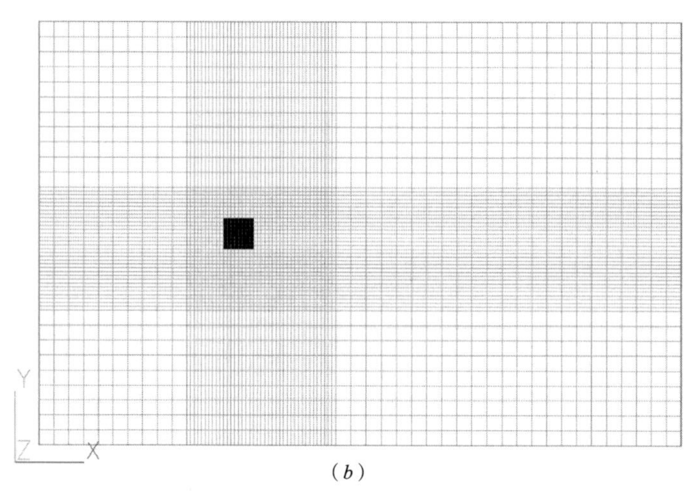

（b）

图 4-4　CFD 模拟网格设置

（图片来源：作者自绘）

（a）垂直；（b）水平

（2）建筑流场模拟结果

CFD 的模拟结果如图 4-5 所示，标准 $k\varepsilon$ 模型和新 0 方程模型均可很好地模拟出建筑后方的回流现象，整体的风速矢量分布相似，且新 0 方程模型在建筑物表面附近的湍流表现得更加明显。在图 4-5（*a*）和（*b*）的比较中能看出，在新 0 方程模型中建筑物底部背风区的湍流更加明显，说明新 0 方程模型在表现建筑或街区内的湍流情况时更加明显，更符合实际情况。

标准 $k\varepsilon$ 模型回流区的范围要略大于新 0 方程模型，这种情况在建筑物的两侧也有所表现。在图 4-5（*c*）和（*d*）的比较中能看出，标准 $k\varepsilon$ 模型中建筑背风侧的回流更长，这也证实了李晓峰对 $k\varepsilon$ 模型的判断，其预测回流区范围过大。

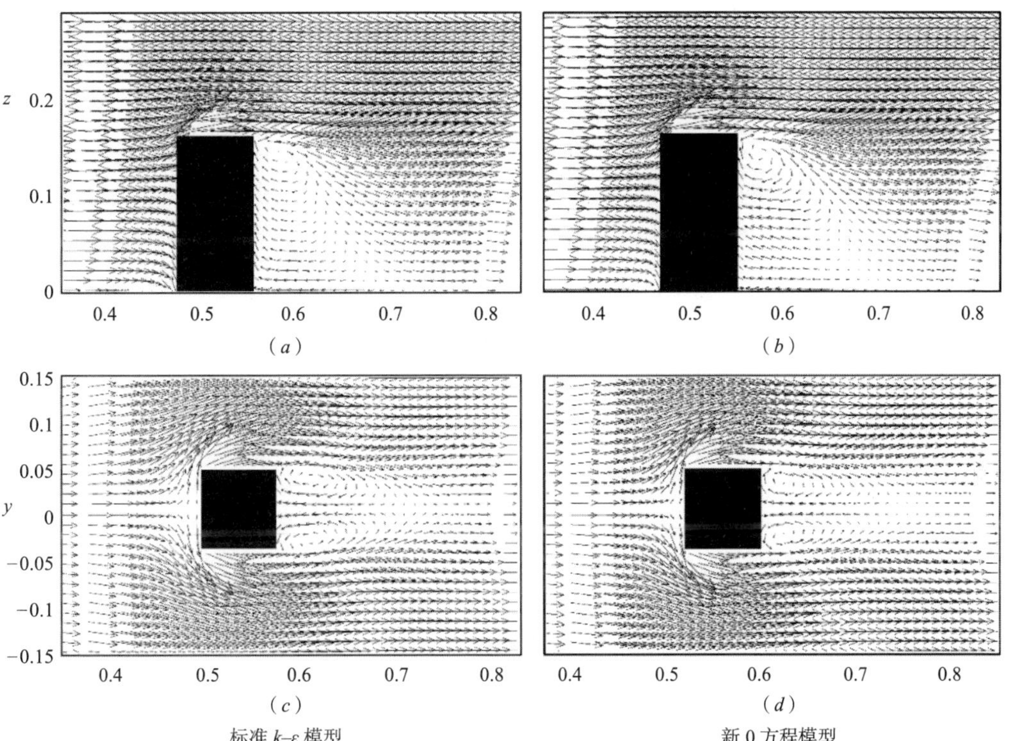

图 4-5　标准 $k\varepsilon$ 模型和新 0 方程模型建筑流场模拟结果对比图（z=1.5m）

（图片来源：作者自绘）

（3）模拟风速与风洞试验风速结果比较

研究分别选取了垂直向与水平向两组测点数据进行对比，垂直向选取图 4-3（*a*）中建筑下风向编号 47 ~ 56（x/b=2，y=0）共 10 个测点进行对比，水平向选取图 4-3（*b*）中编号 14 ~ 18（x/b=−0.25，z/b=0.125）共 5 个测点进行对比。对比结果（图 4-6）表明标准 $k\varepsilon$ 湍流模型和新 0 方程模型的模拟结果与风洞实验结果吻合性较好。

在垂直测点中，标准 $k\varepsilon$ 湍流模型和新 0 方程模型的模拟结果几乎一致，但两种模拟结果对贴地附着距离计算都不够准确，且离地面越近，结果与风洞实验的结果差距越大。当 z/b 的值大于 2 时，模拟结果与风洞实验结果完全吻合。这说明两种 CFD 模型对近地层或行人层的模拟会有较大偏差。

在水平测点中，标准 $k\varepsilon$ 湍流模型和新 0 方程模型的模拟结果也比较吻合，当 $y/b=-0.875$ 时，有所偏差，其他测点均表现出一致性。但对于建筑表面附近风速，两种模拟结果均与风洞实验结果表现出较大差异，且离建筑表面越近，结果与风洞实验的结果差距越大。这种情况与垂直测点的表现结果类似，说明两种湍流模型对建筑或地形表面的模拟效果并不理想，但对于大尺度的空间有着较好的模拟表现。

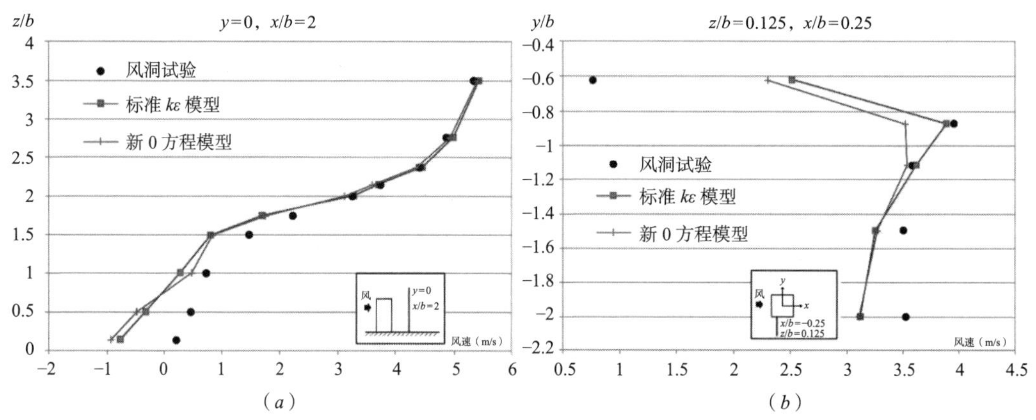

图 4-6　模拟与实测结果对比

（图片来源：作者自绘）

（a）建筑物背风面垂直测试点；（b）水平测试点

（z 为测试点高度；b 为建筑宽度；网格原点（x=0，y=0）为建筑中心点）

（4）网格验证

在 CFD 模拟中，网格的设置对结果有很大影响，一般较粗糙的网格对建筑或地形的细节表现不好，而过于密集的网格不仅计算量巨大，且容易在局部产生较大误差。因此在 CFD 模拟中网格需根据实际情况选定。

图 4-7 显示了两种模型对不同网格大小的模拟结果的比较，可以看出三种不同数量的网格对两个模型的模拟结果均比较吻合，说明两种湍流模型对不同网格大小均有较好的适应性。

标准 $k\varepsilon$ 模型在 $z/b<1$ 时，不同网格大小的结果表现出一定的差异性，说明标准 $k\varepsilon$ 模型对靠近地面区域的模拟不太稳定；但当 $z/b>1.5$ 时，三种网格下的模拟结果十分吻合，说明标准 $k\varepsilon$ 模型对地形上方较高的区域有更好的表现。

新 0 方程模型的模拟结果更好，当 $z/b<0.5$，即十分靠近地面时，三种网格的模拟结果有所不同，但依然呈现出规律性；当 $z/b>0.5$ 时，不同网格下的模拟结果近乎完全一致，说明新 0 方程模型受网格大小的影响非常小，其稳定性的表现也要优于标准 $k\varepsilon$ 模型。

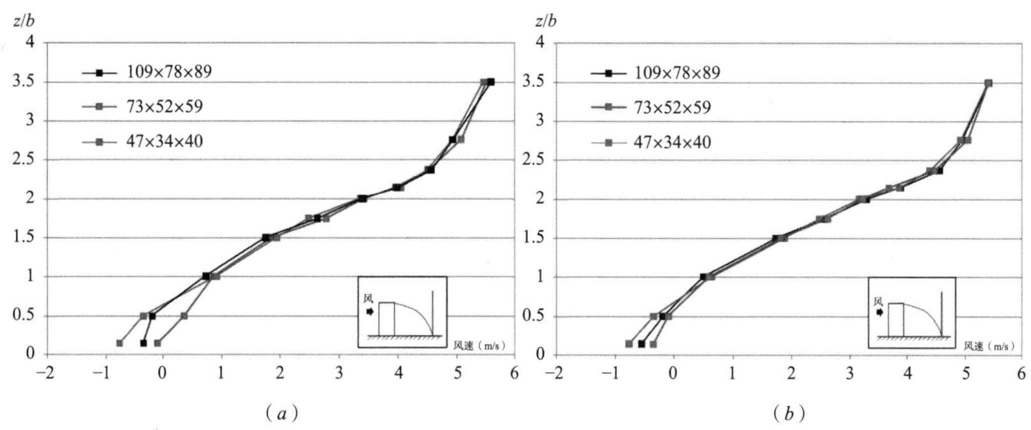

图 4-7　建筑背风向涡流区末端风廓线比较

（图片来源：作者自绘）

（a）标准 $k\varepsilon$ 模型；（b）新 0 方程模型

两组对比实验表明，新 0 方程模型可以获得与标准 $k\varepsilon$ 模型相近的流场，对建筑顶面及背风面的涡流模拟较好。监测点的风速结果比较显示，新 0 方程模型与标准 $k\varepsilon$ 模型基本吻合。此外，网格独立测试表明，粗糙网格基本不影响新 0 方程模拟结果的准确性，且不同网格大小下的模拟结果更加吻合。

（5）建筑群模拟应用

在验证了新 0 方程模型对建筑单体的风场模拟后，需要比较标准 $k\varepsilon$ 模型与新 0 方程模型在建筑群组条件下的模拟性能。实验目标为 9 个相同体量的建筑物，尺寸为 8m（x）×8m（y）×16m（z），建筑物在 x 轴的间距为 12m，y 轴间距为 8m（图 4-8）。计算域大小为 176m（x）×128m（y）×80m（z）。

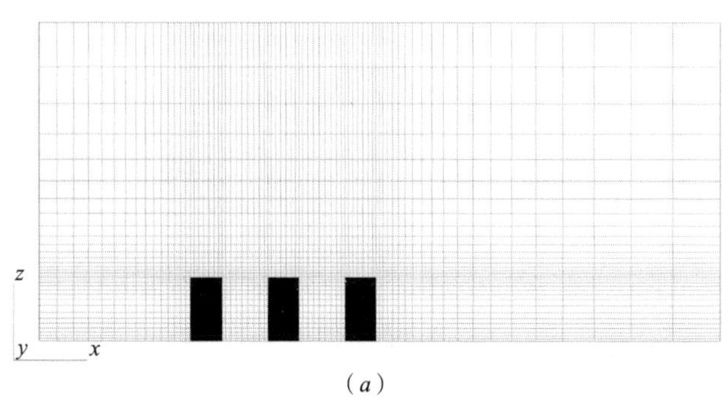

图 4-8　多建筑模拟网格设置（一）

（图片来源：作者自绘）

（a）垂直

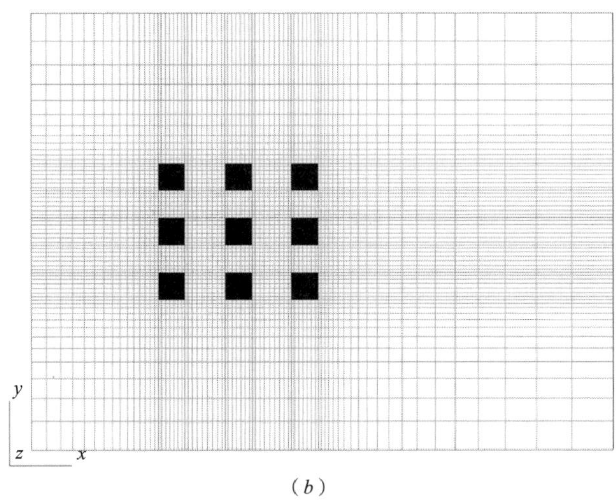

（b）

图 4-8　多建筑模拟网格设置（二）

（图片来源：作者自绘）

（b）水平

模拟边界条件（表 4-1）和数值设置与单个建筑情况相同。比较表明，新 0 方程湍流模型可以得到与标准 $k\varepsilon$ 模型近乎一致的模拟结果（图 4-9）。从流场分布能看出，两种湍流模型的三排建筑物背风侧回流是相似的，建筑背风侧和两侧的湍流能很好地表现出来。这说明新 0 方程模型对多建筑室外流场模拟能力是与标准 $k\varepsilon$ 模型相同的。

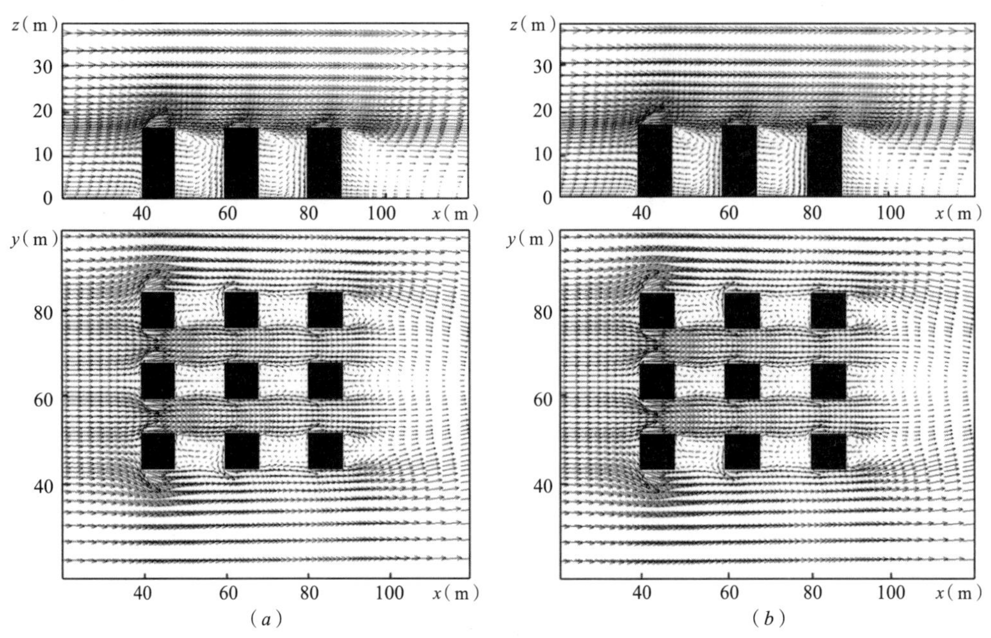

图 4-9　多建筑流场模拟结果对比图（z=1.5m）

（图片来源：作者自绘）

（a）标准 $k\varepsilon$ 模型；（b）新 0 方程模型

如图 4-10，选取了行人层 z=1.5m 高度、四组不同 y 值的测点，进行两组湍流模型来流风向速度的比较。可以看出，新 0 方程模型与标准 $k\varepsilon$ 模型吻合度较好，当建筑物前后的速度相对较低时，会有一定的偏差，但不影响整体风速的模拟结果。

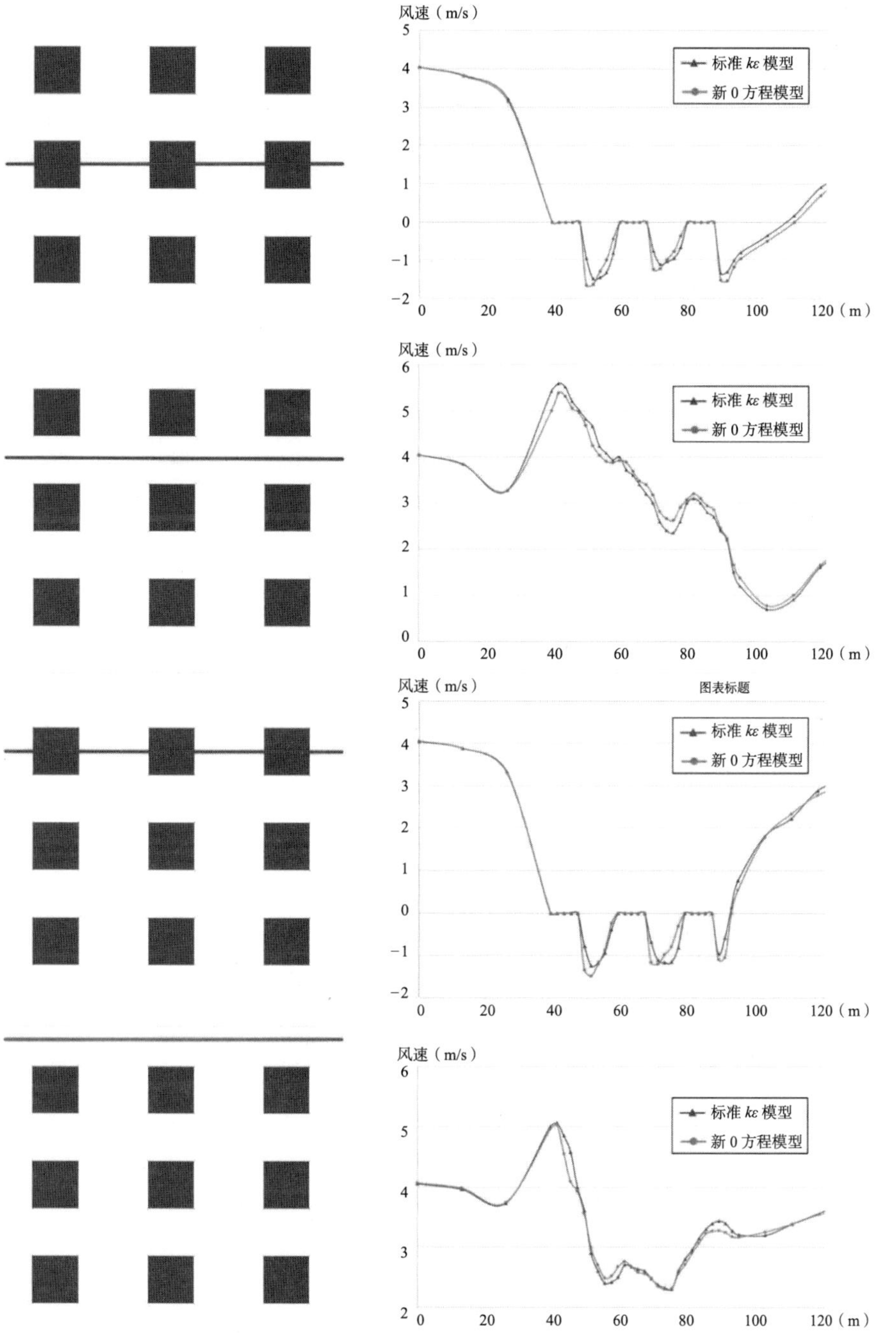

图 4-10　测试点风速（z=1.5m）

（图片来源：作者自绘）

4.2 CFD 数值模拟验证

4.2.1 CFD 前处理设置

本研究通过计算流体力学（CFD）软件 Phoenics 2017 对研究区域风速场进行稳态模拟。Phoenics 的主要计算流程为前处理（物理模型及基本参数设置）、运算（迭代计算）、后处理（结果查看），其中前处理设置直接影响计算结果准确性，需要对其进行描述。

（1）模型建立

CFD 模拟需要建立可识别的三维模型，本书的建筑及地形信息源自数字高程模型（DEM），将 DEM 数据转化为准确的仿真模型至关重要。一般在 CFD 中建立模型可以选用软件自带的模型，稍复杂的模型可从 Sketchup 或 CAD 等软件建模，再导入 CFD。由于本研究的研究区域面积大、地形十分复杂，在前期的模拟实验中发现 Sketchup 或 CAD 模型的准确度不足，其以拉伸为主的操作使模型精度有限，且模型中的垂直面相比于山地形态（自然曲面）将对模拟产生很大误差，因此选用 Rhino 和 Grasshopper 来建立平滑曲面。

建立地形模型的操作过程如图 4-11。首先通过 Rhino 建立平滑完整的 Nurbs 曲面，利用 Grasshopper 将其转化为由三角面组成的 Mesh 曲面（相比 Nurbs 曲面粗糙但可控），继而将 Mesh 曲面炸开得到可以控制的点，通过调整点的位置和数量完善 Mesh 曲面的形态，最终处理为封闭的实体模型。

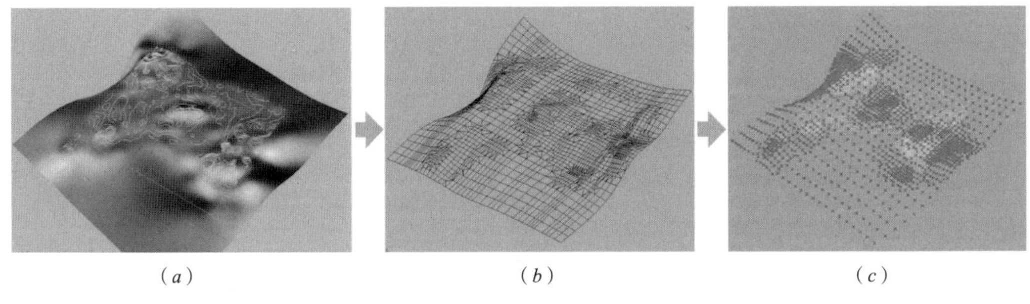

（*a*）　　（*b*）　　（*c*）

图 4-11　地形建模流程

（图片来源：作者自绘）

（*a*）Nurbs 曲面；（*b*）Mesh 曲面；（*c*）调整控制点

建筑三维模型的建立在 3.1.1 节中已进行描述，如何将建筑模型合理落在自然地形上成为重点问题，共有三种情况（图 4-12）。若建筑完全置于地形中，则建筑高度有所损失；若保证准确高度，则建筑模型势必与地形产生缝隙，这将对 CFD 模拟造成极大影响。

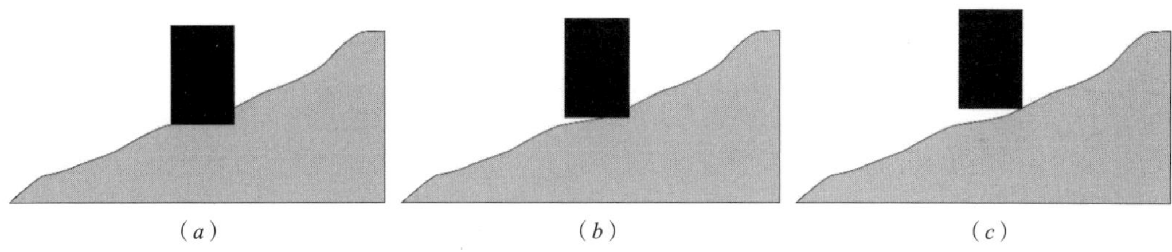

图 4-12 建筑与自然地形的衔接方式

（图片来源：作者自绘）

（a）完全置于地形；（b）部分置于地形；（c）与地形相切

针对以上情况，本研究采用 Grasshopper 对模型进行处理（图 4-13）。首先将建筑层数相同、地理位置相近的建筑进行划分，设置层高参数（公共建筑、商业建筑 3.9m、住宅建筑 3.0m），用 slider 电池调节层数。然后将建筑在地形上进行投影，取投影轮廓线在 z 轴的最高值，将建筑移到投影线最高值处，这样保证了建筑高度的真实性。最后将建筑向下拉伸，数值为建筑高度与投影线高差之和，从而保证了建筑与自然地形融合。

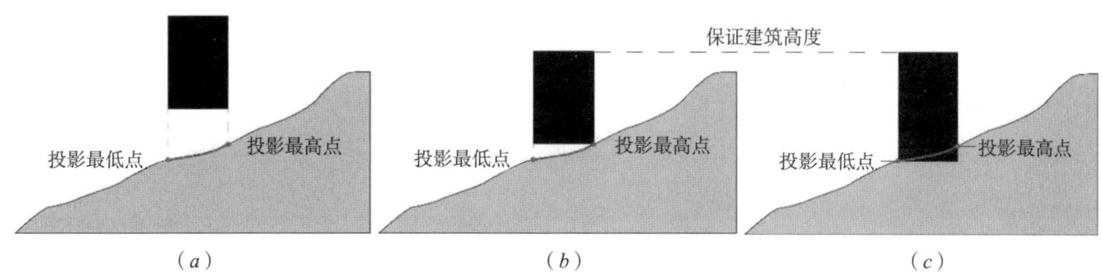

图 4-13 建筑落于地形模型

（图片来源：作者自绘）

（a）建筑在地形投影；（b）建筑落于最高点；（c）拉伸建筑，闭合模型

（2）模拟设置

CFD 模拟的控制方程是椭圆方程，采用交错网格法进行控制方程的离散化。在对流扩散问题的数值解中，采用混合差分格式。在本模拟中没有考虑浮力。具体的模拟设置如表 4-2 所示。

CFD 边界条件设置 **表 4-2**

内容	设置
计算域和网格	计算域覆盖面积 9600m × 9600m 使用 3 层嵌套的六面体网格：内层网格尺寸 10m × 10m × 3m，网格数量为 700 × 700 × 50；第二层网格尺寸 20m × 20m × 5.8m，网格数量 20 × 20 × 17；第三层网格尺寸 39m × 39m × 12m，网格数量 23 × 23 × 25

续表

内容	设置
流入边界	在南风模拟（案例 1）和北风模拟（案例 2）中，平均速度的垂直剖面服从幂指数律，在南风模拟中指数为 0.12
计算域的侧面和上表面	光滑壁面，基于对数法则的壁面函数
流出边界	使用零梯度条件
建筑和地形表面边界	光滑壁面，基于对数法则的壁面函数
对流项方案	HYBRID 方案应用于所有对流项
其他条件	其他条件：默认设置
湍流模型	使用新 0 方程模型
计算方法和时间积分方案	SIMPLEST，稳态解

模拟案例分为以下两种情况：

案例 1：入流风为海上吹来的南风，在高于海平面 10m 位置，具有 4m/s 的初始速度，代表春天和夏天的盛行风；

案例 2：入流风为城市到海洋的北风，在高于陆地 10m 位置，具有 5.9m/s 的初始速度，代表秋季和冬季的盛行风。

当考虑到陆地上的障碍物引起的摩擦时，进入的风速轮廓线被认为是符合幂定律的。在海洋上方的轮廓 p 指数为 0.12，而在城市地区则为 0.30，如式（4-5）：U_z 是高度 h_z 的风速（m/s），U_0 是参考标高 h_0（在本研究中高于海平面 10m）的风速（m/s），p 是与表面粗糙度和垂直温度梯度相关的指数。

$$\frac{U_z}{U_0}=\left(\frac{h_z}{h_0}\right)^p \tag{4-5}$$

本次模拟的计算域的总大小为 9600m × 9600m × 550m（图 4-14）。计算域和模型要略大于研究区域（7000m × 7000m），从而保证模拟有一定的缓冲区域。研究区域的网格大小在 x 和 y 轴平面上被设置为 10m。因为研究区域内建筑物的高度不超过 230m，大部分建筑高度地域 100m，综合考虑地形高度，在 0 ~ 150m 这个范围内的 z 轴网格大小设为 3m，超出这个范围的网格大小逐渐增加。

本次模拟坐标采用笛卡尔坐标系，即结构化规则网格。网格数为 786（x）× 786（y）× 92（z）（个）（图 4-15），总计 5683 万个，共设置 3 层嵌套。由于网格设置过多或过少都影响运算结果，因此计算中主要在建筑核心区域设置精密网格，以保证在节约运算成本的基础上准确呈现建筑屋顶和墙面湍流特征。

此外，模拟的收敛条件被设置为 10^{-4}，此时残差不再下降即认为模拟计算正常。这是根据 Tominaga、Mochida 和 Franke 等人制定的标准，当监测点的残差不再变化并与初始数值相比至少下降 4 个数量级时，即可认为计算已经收敛。

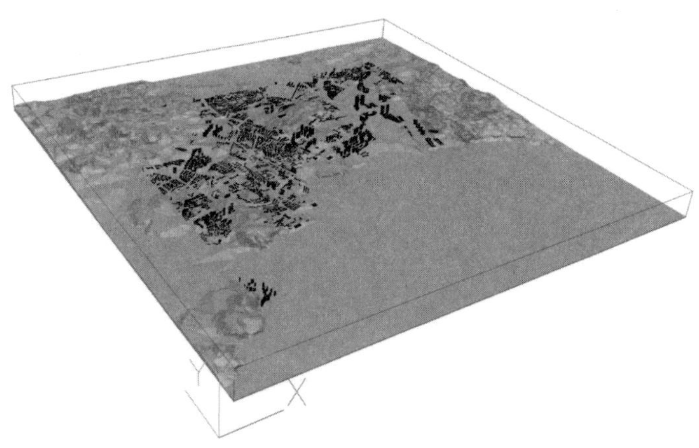

图 4-14　计算域 3D 模型

（图片来源：作者自绘）

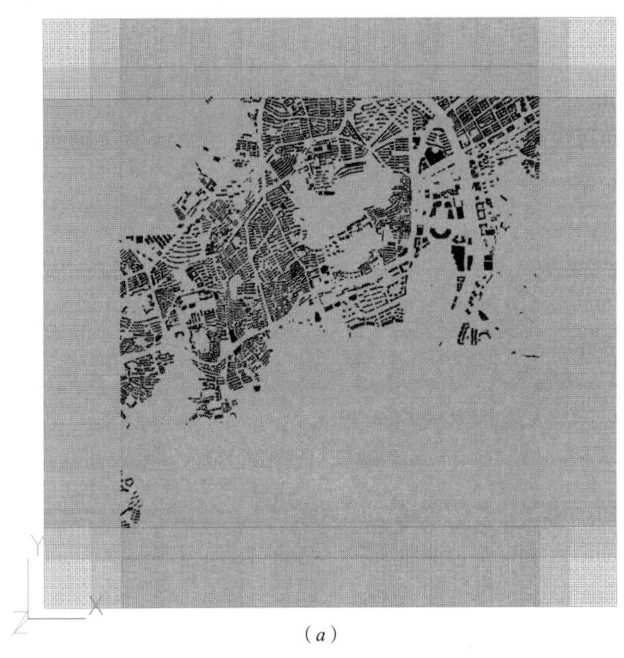

（*a*）

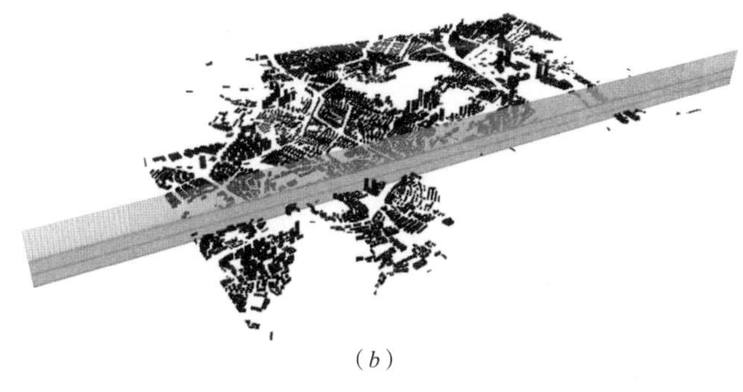

（*b*）

图 4-15　CFD 网格设置

（图片来源：作者自绘）

（*a*）*X–Y* 轴；（*b*）*X–Z* 轴

4.2.2 CFD 模拟结果

通过 CFD 模拟生成了位于在海拔 10m 处（平行于海平面和地面）研究区域的风场分布图。由于整个研究区域的地势高差接近 200m，如果按照普通方法，只从一个水平基准面进行剖切，会缺失大部分建筑信息，且切到的建筑高度不同，所看到的云图不仅不能体现地表以上相同距离的风速情况，更不能准确反映建筑和地形对风的影响，如图 4-16（*a*）。因此本书设定了一个平行于地形的“壳”，壳的通透度为 100%，因此不会对来风产生影响，将壳设定成地面 10m 高处，导出壳表面风场云图即可得到研究所需的模拟结果，如图 4-16（*b*）。由于大连夏季主导风为南风，冬季为北风，模拟分为南风和北风两种情景（图 4-17），依据统计的大连平均风速结果将南风初始速度设为 4m/s，北风初始速度设为 5.9m/s。

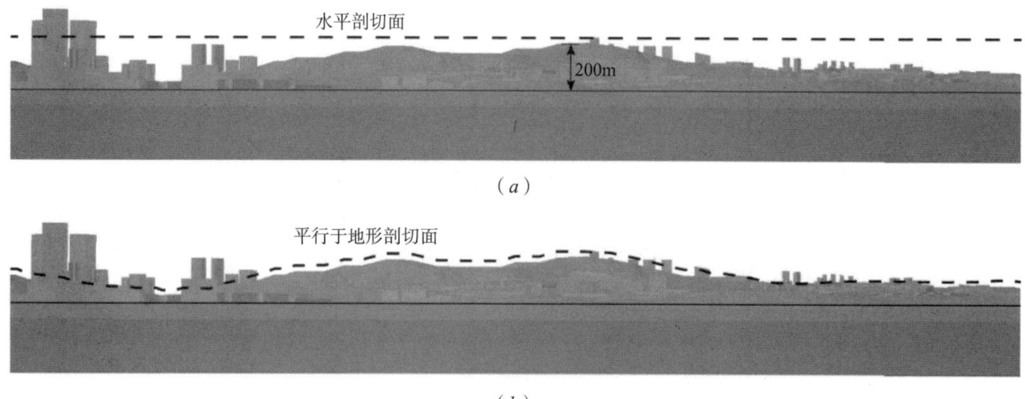

（*a*）

（*b*）

图 4-16　CFD 剖切风场云图示意

（图片来源：作者自绘）

（*a*）水平剖切；（*b*）平行于地形剖切

南风与北风的模拟结果表现出了一致性：一是研究区域内的非建筑区域均表现出了较高的风速，海面、星海广场、自然山体等开放空间的速度均高于城市建设区；二是研究区域内建筑密度高的地方都表现出较强的阻挡作用，尤其表现在排列成行的建筑物，这种情况多发生在住宅区，如壹品星海住宅区、孙家沟及西南路沿线住宅、幸福家居地区、和平广场地区、数码广场地区，这些区域的风屏障作用比那些建筑物分布不规律的区域要更强；三是单体高层建筑对风的拖曳作用比单体多层建筑要更强，如星海广场北侧的期货交易所。

南风与北风在局部区域也表现出了一定的差异性：一是星海广场周边，如会展中心及马栏河沿岸建筑在南风模拟中表现出较强的拖曳作用，但在初速风速更高的北风模拟中，星海广场周边建筑对风的拖曳作用并不明显，这种情况也发生在了和平广场

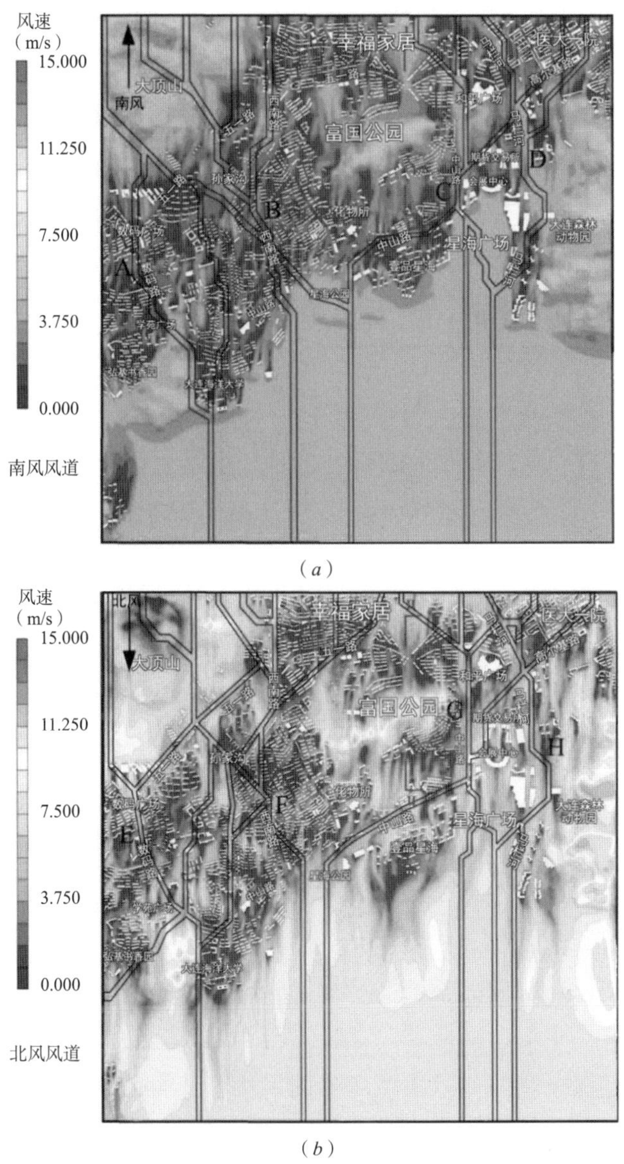

图 4-17　与 LCP 结果叠加的 CFD 模拟结果

（图片来源：作者自绘）

（*a*）南风；（*b*）北风

等区域，这说明在夏季城市局部高密度区对海风的阻挡作用更强，更容易形成热岛效应，造成局部高温；二是自然山体的地形地貌对风的影响有不同效果，图 4-17（*a*）显示大顶山、富国公园、大连森林动物园、海洋大学东侧西尖山四处自然山体的风速比海面风速（初始风速）还要高，说明山风与南向吹来的海风具有辐合作用，图 4-17（*b*）显示富国公园、大连森林动物园、西尖山 3 处自然山体的风速非常高，局部达到了 12m/s，但大顶山区域出现了大面积的低速风影区，说明大顶山会对北风产生一定程度的阻挡作用。总体来说，北风由于初始风速大于南风，因此建筑对风的拖曳作用更加明显，风影区面积更大，建筑对风的减速效果更加明显。

通过将 LCP 发掘的潜在风道与 CFD 模拟结果叠加，发掘的主要通道主要覆盖于城市建设区，在风速表现较高的自然山体处却没有风道，这是因为自然山体的平均高度要远大于建筑区域，在计算迎风面积时自然山体的 FAI 值很大，因此并无潜在风道通过。这种情况也符合本书的研究目的，即促进建筑作用区的自然通风和补偿区对作用区的冷空气输送，而不是对补偿区的深入研究。

由于南风北风的初始速度不同，不能单纯地比较南北风模拟结果的风速，而应分析各自风向风速下，建筑和地形对风的影响。为了全面分析建筑布局、公共空间、街道走向、山体地形对模拟风速风向的影响，研究选取了四处重要节点作为研究对象，分别为星海广场作用区、壹品星海作用区、孙家沟作用区、幸福家居作用区。

（1）星海广场作用区

星海广场位于研究区域沿海偏东处，东临大连森林动物园，区域内主要以展览建筑、商业金融中心和公寓为主，博览建筑及马栏河沿岸饭店为多层建筑，金融商务区和公寓住宅区以高层和超高层建筑为主。建筑布局片区划分明确，建筑密度高，整体的迎风面积很大，为整个研究区域建筑 FAI 最高的区域。由于有占地面积巨大的星海广场，这个区域是典型的高密度、高绿地率区域。地块内主要道路有中山路、会展路、星海环岛和马栏河沿岸道路，从风场云图看，道路所在区域风速明显高于建筑区域，说明道路的通风作用很强。

南风 CFD 模拟结果显示，如图 4-18（*a*），区域内平均风速约为 3.42m/s，为来流风速的 85.5%，这主要是因为包含了星海广场等风速高的开阔空间。会展中心一期的风影区明显，且呈 V 字形向外扩散，背风区域平均风速仅为 1.92m/s。星海广场西侧的高层住宅和马栏河东侧的住宅建筑产生的风影区十分明显，背风区域平均风速为 1.66m/s，这说明星海广场周边的建筑对海风流动的影响非常大。

北风 CFD 模拟结果显示，如图 4-18（*b*），区域内平均风速约为 5.67m/s，为来流风速的 96.1%，整体通风较好。产生明显风影区的区域为会展中心北侧的建筑、中山路西侧的建筑、地块东部建筑，与南风结果对比明显的是，会展中心一期和马栏河沿岸住宅产生的风影区并不大，且拖曳长度较短。

从建筑造型来看，会展中心为“凹”字形，常理会认为其对北风的阻挡作用更强。由于南侧的曲线造型应对南风的屏障作用减弱，结果正好相反。这有可能是由于此地块在整个研究区域内位于较低的地势导致的，北部海拔较高，会展中心对北风的风廓线影响减弱，这也说明了地形地貌和自然山体对通风的影响不可忽略。

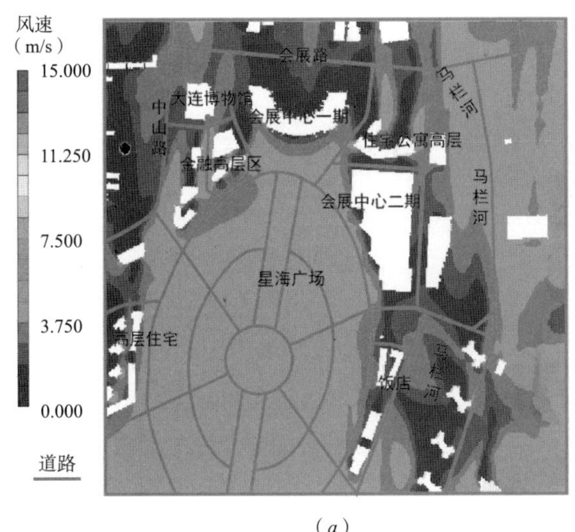

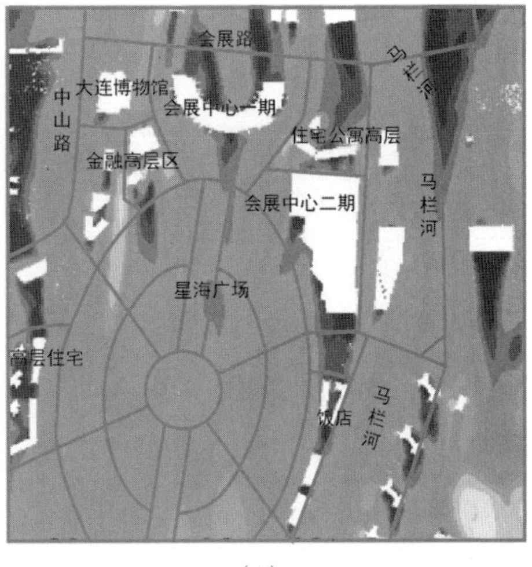

（*a*）　　（*b*）

图 4-18　星海广场 CFD 模拟结果

（图片来源：作者自绘）

（*a*）南风；（*b*）北风

（2）壹品星海作用区

壹品星海作用区位于富国公园西侧，区域内主要建筑类型为高层住宅，其中壹品星海以板式高层建筑为主，大连明珠、星海阳光、一方公馆等小区以点式高层建筑为主。在星海湾内湾还分布有圣亚海洋世界展馆和星海假日酒店。建筑布局片区划分明确，小区多为高档住宅，主要依靠街区道路划分界限，建筑密度高，且整体建筑朝向垂直于海岸，整体的迎风面积较高，此区域也是较为典型的高密度滨海区域。地块内最主要道路为东西向的中山路、星雨街和游艇路。从风场云图看，道路所在区域风速并未表现出与建筑区域的差异，这是由于主要道路与风向垂直。

南风 CFD 模拟结果显示，如图 4-19（*a*），地块内陆地区域的平均风速约为 3.25m/s，为来流风速的 81.2%，由于地块紧邻海岸，说明在经过此区域时建筑使风速下降近 20%，阻挡作用强。壹品星海产生的风影区最为明显，其拖曳距离甚至远到中山路北侧，平均风速仅为 1.76m/s。大连明珠和假日酒店等高层建筑也产生了较长的风影区，但点式建筑之间明显存在风速回升的现象，这是狭管效应导致的局部风压增大，风速加强。整体来看板式建筑对海风的阻挡作用非常强。

北风 CFD 模拟结果显示，如图 4-19（*b*），地块内陆地区域的平均风速约为 4.13m/s，为来流风速的 70%，中山区与星雨街之间有大片空地，且建筑较少，多为多层建筑，因此，风速明显增强，整体通风较好。与南风结果相类似的是，壹品星海小区在北风环境下依然产生了全区域面积最大的风影区，且拖曳长度远到海上，风影区呈现从北向南逐渐变窄的趋势，这主要是由于壹品星海小区的住宅朝向并非正南，略向东南，因此对北侧来风有向西南方向的引导作用，这说明板式住宅对风的屏障作用很强，但合理布局也能有效引导通风。

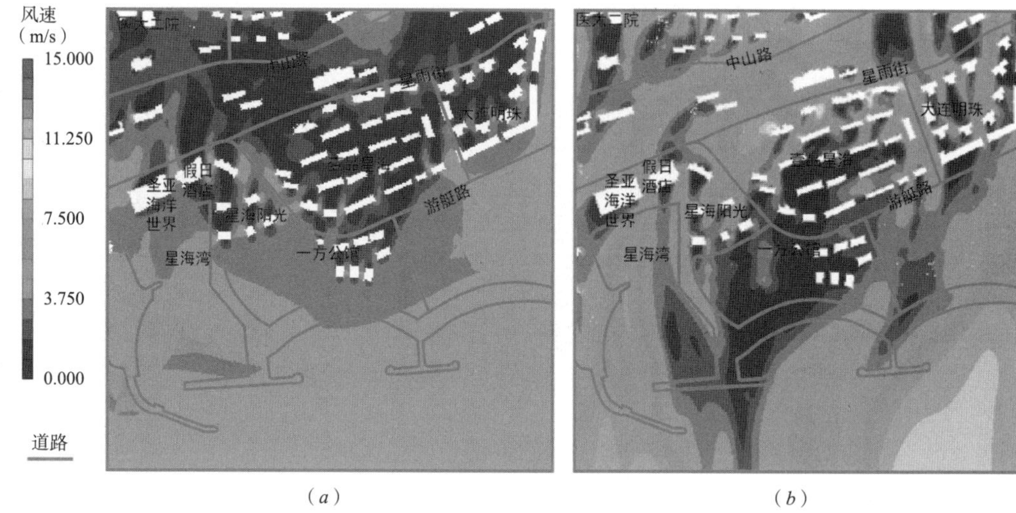

（a）　　　　（b）

图 4-19　壹品星海 CFD 模拟结果

（图片来源：作者自绘）

（a）南风；（b）北风

（3）孙家沟作用区

孙家沟位于研究区域中心，由于此地块发展较早，区域内主要建筑类型主要是多层老旧住宅，如军休苑、玉门小区、苏州小区、尖山社区，也有新建的高层住宅，如宏都筑景、星海名庭、通海花园等。区域内还有两所学校，建筑布局片区划分较模糊，许多老旧小区并无明确界限，建筑密度高，但建筑平均高度较低，整体的迎风面积适中，此区域也是较为典型的低矮建筑型风道。地块内最主要道路为南北向的西安路、尖山街，其次苏州北巷、龙江路、连山街等街区道路均与南北向呈一定夹角。

南风 CFD 模拟结果显示，如图 4-20（*a*），区域内平均风速约为 2.15m/s，为来流风速的 53.8%，整体通风较差。由于地块建筑密度很高，可以发现在规则排列建筑背风处都产生了面积较大的风影区，但由于高度不高，拖曳长度并不长。尽管建筑布局较为规整，基本都顺应道路排列，但仅在尖山街和西南路局部体现出风速略高的状况。这与 LCP 得出的结果表现相符，此区域由于建筑较低，地形变化多，道路的风道作用表现并不明显。

北风 CFD 模拟结果显示，如图 4-20（*b*），区域内平均风速约为 3.08m/s，为来流风速的 52.2%，整体通风一般。能够发现玉门小区、第四中学、第四幼儿园、星海名庭出现了面积较大风影区，但这些区域建筑并不高，而宏都筑景等南部高层区风速却更高，这可能是北部地形较高导致的，尤其是学校区域有大片空地的情况下，说明地形在建筑密度高、建筑高度低的情况下是通风的主导因素。在北风结果中西南路、尖山街、芙蓉路都表现出了较高的风速，平均风速约为 5.76m/s。

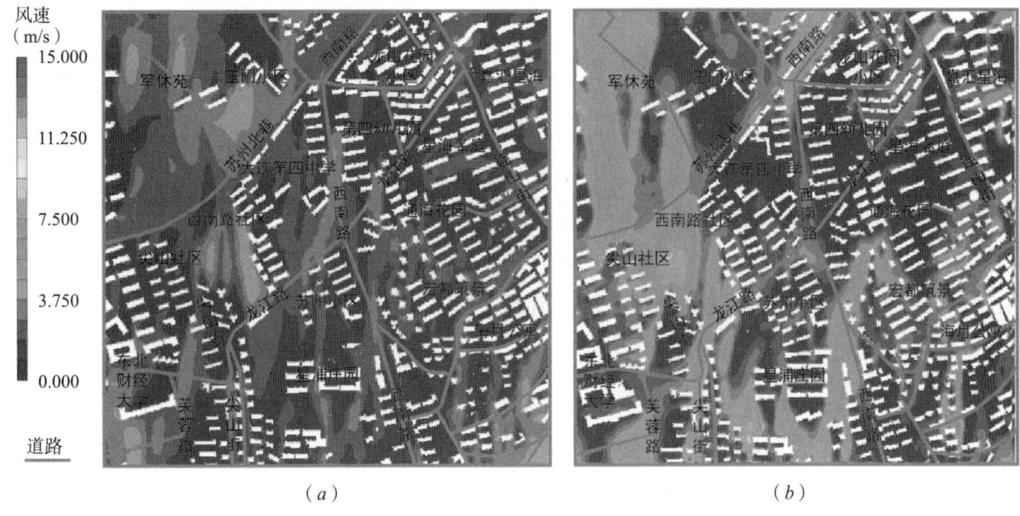

（*a*）　　　　　　　　　　　　（*b*）

图 4-20　孙家沟 CFD 模拟结果

（图片来源：作者自绘）

（*a*）南风；（*b*）北风

（4）幸福家居作用区

幸福家居位于研究区域北部，是连接大连城市中心区（中山区）的重要节点，该区域用地类型丰富，主要建筑类型主要是多层老旧住宅，如桃山小区、后山社区、台山小筑，也有较新的高层住宅，如大华御庭、兰亭山水、星海中龙园等。此外还分布有学校、集市、铁路用地、工业用地，建筑布局片区划主要依据城市道路，建筑密度高，但建筑平均高度较低，整体的迎风面积适中，但由于此区域有工业厂房，且人流高度集中，因此热负荷也非常高。地块内最主要道路为东西向的五一路，其次南沙街、南兴街为次级道路，铁路线路是此区域的特点。整体来看，五一路南北向路段和南兴街皆呈现出相对两侧住区的高风速。

南风 CFD 模拟结果显示，如图 4-21（*a*），区域内平均风速约为 2.32m/s，为来流风速的 58%，整体通风较差。地块内的建筑朝向以南向为主，风影区分布规则，主要集中于与各小区背风侧。储油厂房区由于空地大，建筑少且低矮，平均风速为 3.68m/s，同样表现出高风速的还有东南角的富国公园，平均风速为 4.24m/s。

北风 CFD 模拟结果显示，如图 4-21（*b*），区域内平均风速约为 3.19m/s，为来流风速的 54.1%，整体通风较差。模拟结果与南风结果表现得十分类似，储油厂房区和富国公园均表现出了较高风速，但大华御庭区域的高层建筑产生的风影区较长，影响到了储油区，平均风速为 4.53m/s。

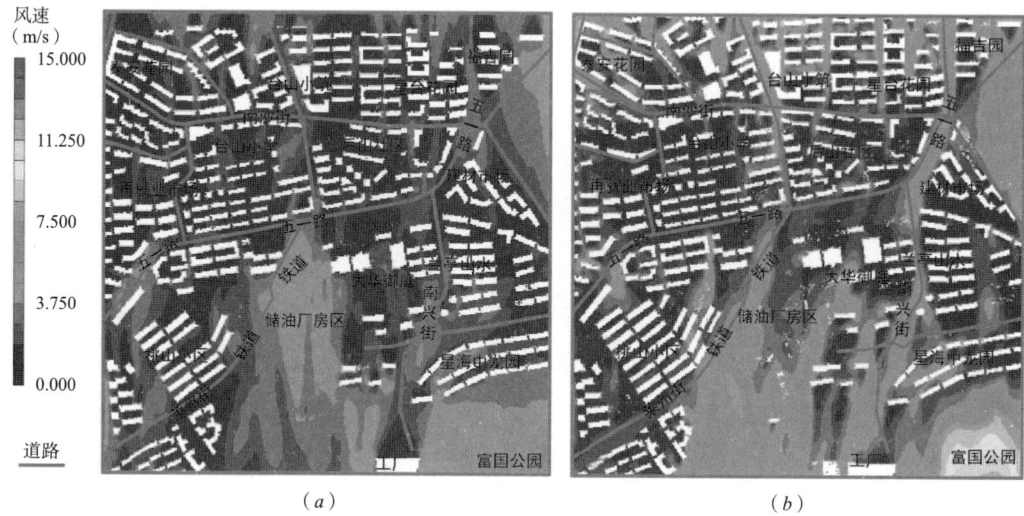

图 4-21 幸福家居 CFD 模拟结果

（图片来源：作者自绘）

（*a*）南风；（*b*）北风

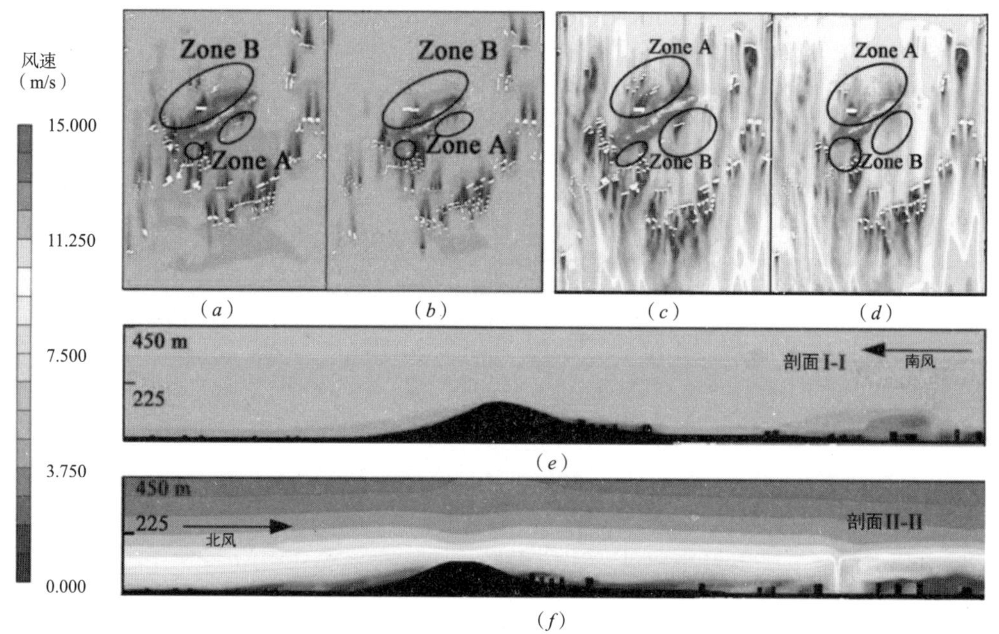

图 4-22 富国公园 CFD 模拟结果

（图片来源：作者自绘）

（*a*）南风（海拔 70m 处）；（*b*）南风（海拔 90m 处）；

（*c*）北风（海拔 70m 处）；（*d*）北风（海拔 90m 处）；（*e*）Ⅰ－Ⅰ剖面；（*f*）Ⅱ－Ⅱ剖面

为了观察山体和山坡上建筑对风的阻挡作用，模拟还针对富国公园区域进行了不同海拔的风速比较，如图 4-22（*a*）、（*b*）、（*c*）和（*d*）。海拔 70m 和 90m 的水平风场显示，背风侧和风影区的风速都低于周围地区（ZoneA 和 ZoneB 的富国公园背风区和建筑风影区）。虽然山体的迎风面积更大，但山的风速比建筑物的要高，这也符合前文对山体 FAI 折减系数的计算。同时也能发现，山周围的建筑物加强了阻风作用，这在风速剖面中表现得更明显。

图 4-22（*e*）剖面Ⅰ－Ⅰ显示，富国公园背风侧的风影长度是其高度的 1.5 ~ 2 倍，由于建筑在山体的迎风侧，建筑的风影区较短，建筑对于风的阻挡作用并不明显；但在剖面Ⅱ－Ⅱ中，富国公园背风侧的风影长度是它的高度的 6 ~ 8 倍，这主要是山坡上的建筑导致的，很显然背风侧建筑的阻风作用要远远高于迎风侧建筑，因此在山坡上的建筑对下行风的阻挡作用更明显。

为了进一步验证风廊发掘的结果，将风速模拟与 GIS 平台发掘出的风廊结果（南风风道 A、B、C、D，北风风道 E、F、G、H）进行了叠加计算，利用 GIS 对模拟结果进行分析，分别计算了风道上的平均风速，并与非风道的平均风速进行对比（图 4-23）。

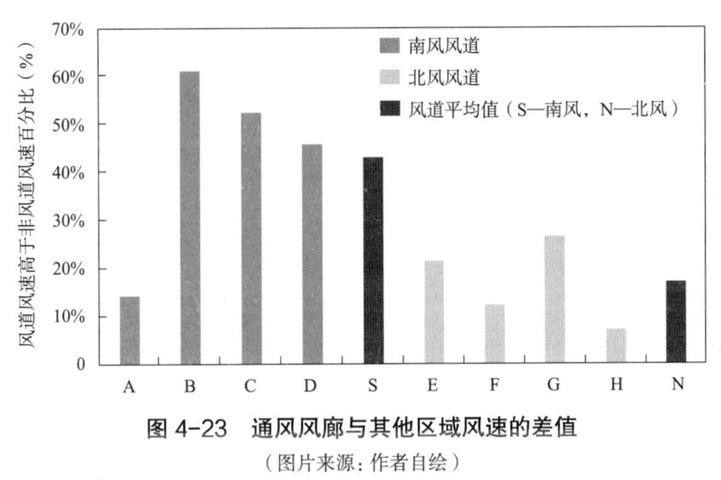

图 4-23　通风风廊与其他区域风速的差值

（图片来源：作者自绘）

南风模拟结果分析表明，风道 A 平均风速为 2.52m/s，风道 B 平均风速为 3.56m/s，风道 C 平均风速为 3.36m/s，风道 D 平均风速为 3.23m/s，研究范围内作用区平均风速为 2.21m/s。4 条通风廊道平均风速相比于作用区平均风速分别高 14%、61%、52% 和 46%，南风通风道总平均风速比作用区平均风速高 43%。其中模拟最高风速为 3.92m/s，出现在风道 C 沿线。

北风模拟结果分析表明，风道 E 平均风速为 4.72m/s，风道 F 平均风速为 4.59m/s，风道 G 平均风速为 6.17m/s，风道 H 平均风速为 5.98m/s，研究范围内作用区平均风速为 4.1m/s。4 条通风廊道平均风速相比于作用区平均风速分别高 15%、12%、26% 和 22%，北风通风道总平均风速比作用区平均风速高 18%。其中模拟最高风速为 5.2m/s，出现在风道 G 沿线。

从与 LCP 结果叠加的 CFD 模拟结果中能看出，南风风道的模拟结果效果要好于北风风道，这与实际情况相符，因为研究区域位于大连市南侧，紧邻黄海，因此南风（海风）的作用更明显，北风风道显示的风速已经经过研究区域北面城市区域的减速，因此风道通风效果没有南风好。

4.3 风速实测验证

4.3.1 测试方法

风速实测基于前文发掘的主导风通风廊道（南风风道 A、B、C、D，北风风道 E、F、G、H），共进行了为期两天的通风廊道风速的现场测量。第一天测量为 2018 年 4 月 13 日（南风日），第二天测量为 2018 年 4 月 14 日（北风日），分别选择南风日和北风日是为了保证实测数据的全面性，以此验证通风廊道和 CFD 模拟结果。

南风实测选择了 A、B 两条路径，共 33 个测量点（图 4-24），南风测试点为红色（A1-A16，B1-B17），北风测试点为绿色（G1-G22，H1-H16）。A 路径 16 个测点，始于大连海洋大学（A1-A4），经过学苑广场，沿数码路至东软信息学院（A5 ~ A15）。B 路径 17 个测点，始于星海公园与西南路的交叉口（B1、B2），一直沿西南路沿线至净水厂（B3 ~ B17）。

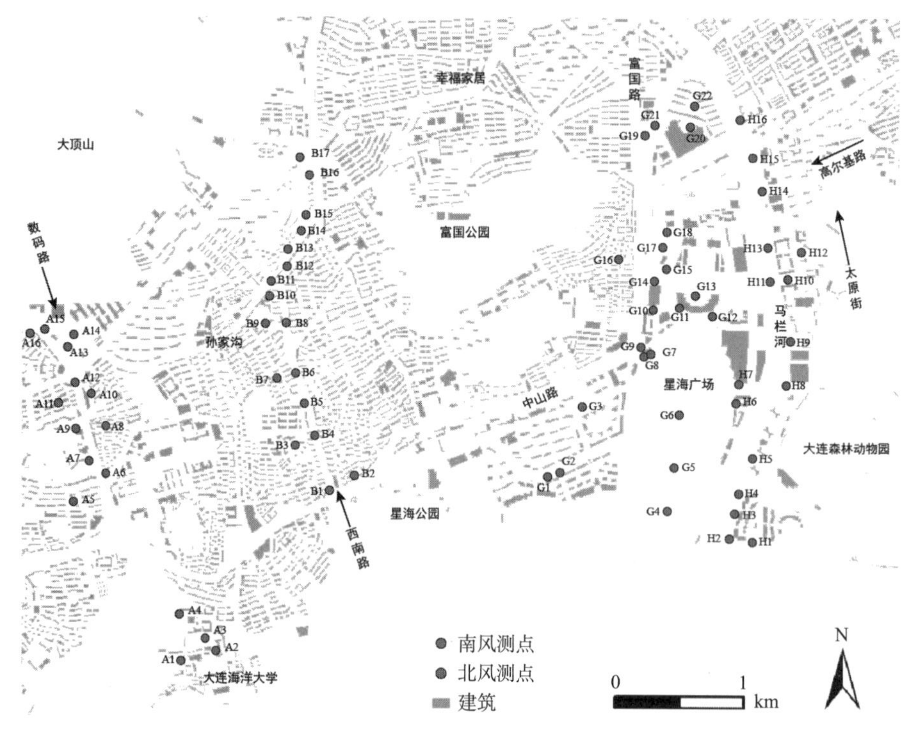

图 4-24 研究区域实地测量点

（图片来源：作者自绘）

北风实测选择了 G、H 两条路径，共 38 个测量点。G 路径 22 个测点，始于星海公园东侧的壹品星海小区（G1-G3），主要经过星海广场（G4-G9）、会展中心（G10-G13）、中山路沿线（G14-G19）、和平广场（G20-G22）。H 路径 16 个测点，主要位于马栏河沿线（H1-H16）。

四条实测路径均为研究区域内的南北向主要风道，3 条道路型风道（数码路、西南路、中山路）和 1 条河流型风道（马栏河），这可以保证在短时间内进行连续地测量，排除了一些可达性较差的区域，从而保证数据的时效性。测量的路线主要沿城市道路顺序前进，即第一天测量路线为 A1-A16-B17-B1，始于大连海洋大学，至数码路沿线，转至净水厂，继续西南路沿线进行测量，止于星海公园与西南路交叉口；第二天测量路线为 G1-G22-H16-H1，始于壹品星海住宅区，至星海广场，途经会展中心，沿中山路行进至和平广场，继而沿马栏河行进至南侧入海口（图 4-25）。测点的间隔约为步行 5min 的距离。测量方法为四个人同时进行测量，两个人在测量点上，另外两个人站在远处非风道的参照点上。每一个测量点都进行两侧数据测量，以确保读数是准确的，并且每一次测量至少持续 1min。在测量了所有的测试点之后，再进行重复测量。测量总共得到 497 个读数，每个测量点和相应的参照点均计算平均值。

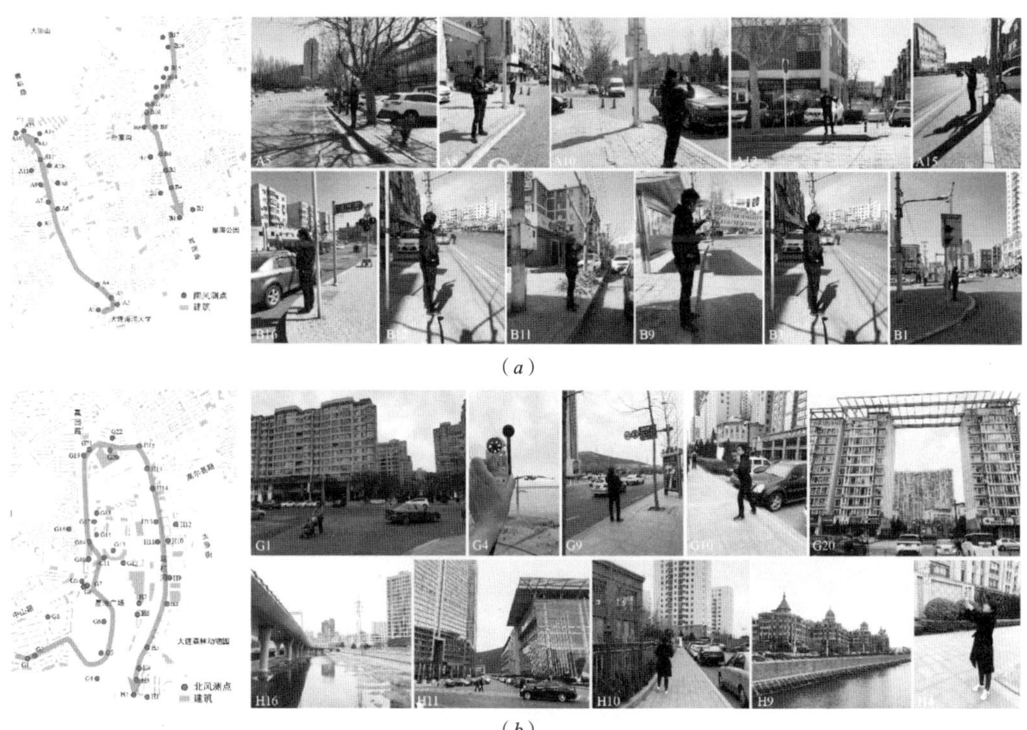

（a）

（b）

图 4-25　研究区域实地测量路线及实景照片

（图片来源：作者自绘自摄）

（a）南风实测路线；（b）北风实测路线

用于风力记录的仪器是便携式气象观测站 Kestrel 4600（表 4-3），其测试范围从 0.6m/s 到 40m/s，精度为 0.1m/s。配有可更换的感应叶轮，偏差为 ±3%，外形小巧方便携带，读数简便，能够满足实测风速的基本要求。

气象观测站 Kestrel 4600 参数 **表 4-3**

Kestrel 4600	指标	风速	温度
	精度	优于读数 ±3%	±0.5℃
	分辨率	0.1m/s	0.1℃
	规格范围	0.6 ~ 40.0m/s	–29.0 ~ +70.0℃
	工作范围	0.6 ~ 60.0m/s	–10.0 ~ +55.0℃

4.3.2 测试结果

表 4-4 的实地测量结果与 LCP 的计算结果（图 4-26）基本吻合。

部分风速实测数据 **表 4-4**

路径	时间	定位点	定位点平均风速（m/s）	定位点最大风速（m/s）	对比点平均风速（m/s）	对比点最大风速（m/s）
路径A	12：50	A1	0.6	0.8	0.1	0.5
	13：05	A3	0.5	0.8	0.2	0.6
	13：20	A5	1.6	2.4	1.0	1.9
	13：36	A7	2.6	3.2	0.7	1.6
	13：43	A9	2.2	3.0	0.7	1.3
	13：55	A10	2.2	3.3	0.6	1.9
	14：10	A12	1.5	2.8	0.4	1.2
路径B	14：01	B17	1.0	2.0	0.8	2.0
	14：19	B15	1.0	2.2	0.8	2.1
	14：34	B13	0.5	2.0	0.6	1.2
	14：44	B12	0.8	1.3	0.5	1.4
	15：11	B10	1.0	1.4	0.5	1.0
	15：30	B8	2.0	3.3	0.3	1.0

续表

路径	时间	定位点	定位点平均风速（m/s）	定位点最大风速（m/s）	对比点平均风速（m/s）	对比点最大风速（m/s）
路径B	15：36	B7	1.4	2.5	0.7	2.4
	16：15	B2	2.1	2.7	0.5	1.2
	16：30	B1	0.9	1.5	0.7	1.4
路径G	10：29	G2	0.7	1.2	0.6	1.3
	10：37	G3	0.7	1.4	0.5	1.3
	10：45	G4	2.8	3.7	1.7	3.0
	11：02	G6	2.1	3.0	1.9	2.7
	11：29	G9	1.9	2.8	0.8	1.3
	12：50	G19	1.0	1.7	0.6	1.7
	12：55	G20	1.4	2.3	0.5	1.1
路径H	14：05	H16	2.2	4.5	1.1	3.0
	14：33	H13	2.7	3.6	2.6	4.1
	14：53	H10	1.5	2.4	1.2	2.0
	15：31	H6	0.8	1.3	0.4	1.0
	16：00	H3	1.8	2.6	0.5	0.8

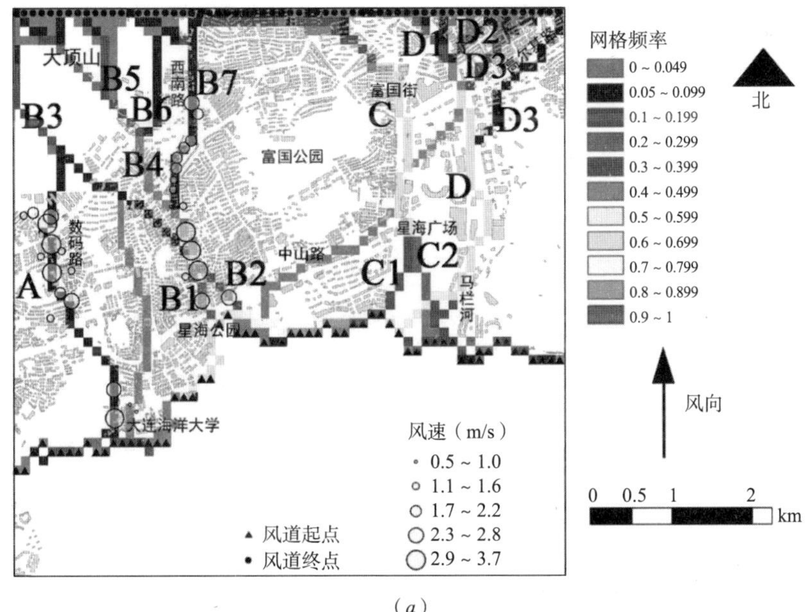

（*a*）

图 4-26　实测风速与 LCP 计算风道叠加（一）

（图片来源：作者自绘）

（*a*）南风路线

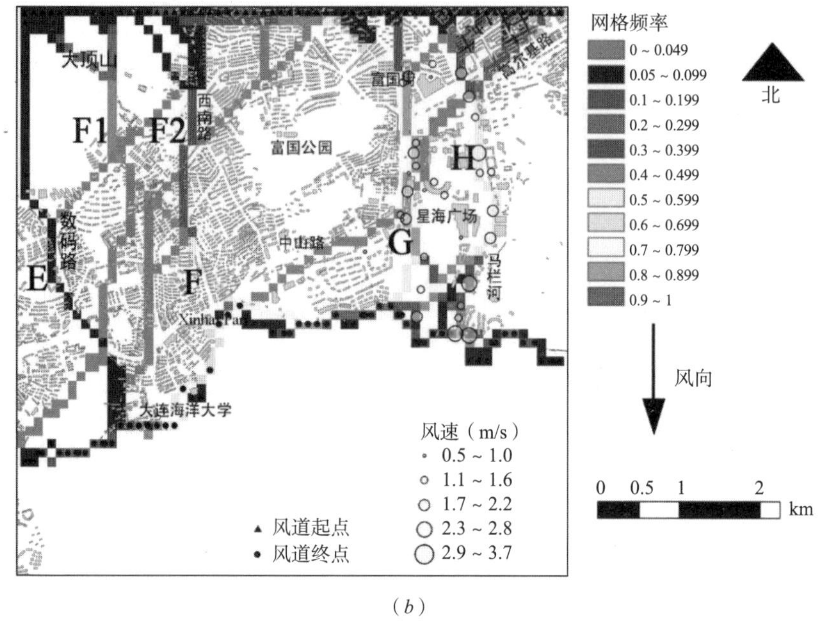

（*b*）

图 4-26　实测风速与 LCP 计算风道叠加（二）

（图片来源：作者自绘）

（*b*）北风路线

路径 A 测量点平均风速为 1.6m/s，参照点平均风速为 0.5m/s。路径 B 测量点平均风速为 1.2m/s，参照点平均风速为 0.6m/s。路径 G 测量点平均风速为 1.5m/s，参照点平均风速为 0.9m/s。路径 H 测量点平均风速为 1.8m/s，参照点平均风速为 1.1m/s。

从测量结果对比可以发现，所有测量路径所在的风道平均风速都明显高于对比点的风速，说明风道的通风效果非常好。且可以发现路径 G、路径 H 的平均风速要明显高于路径 A 和路径 B，虽然南北风测量不在同一天，但测量日天气均为晴朗微风日，从一定程度上证实了开阔平坦的大型空间（路径 G、H）通风效果显著好于狭窄空间的通风效果。

此外，以通道 G 为例，由于星海广场是研究区域内最主要的风口，位于星海广场的测点 G3、G4、G6、G9 的平均风速都显著高于位于北侧建筑高密度区的平均风速，说明建筑对风有明显的减速效果。此外，位于海边的 G4 平均风速明显高于位于广场中心的 G6，说明即便是较为开敞的空间，城市下垫面的粗糙材质依然会减缓风速。

CFD 模拟结果和现场测量结果基本吻合，表明 LCP 分析具有足够的可信度和一致性，从而证明了基于 FAI 和 LCP 的城市通风廊道发掘方法具有科学可行性，这有助于规划师对通风廊道进行评估，从而指导城市设计。

4.4 小结

本章采用计算流体力学模型（CFD）和现场实测两种方法，对第 3 章利用 GIS 计算出的潜在通风廊道进行验证。

首先在 CFD 模拟中采用了一种新的湍流模型——新 0 方程模型。为了验证新 0 方程的科学性及准确性，首先通过 CFD 模拟比较标准 $k\varepsilon$ 模型和新 0 方程模型对模型背风区湍流表现情况，判断新 0 方程模型是否能够清晰表现建筑后方的回流。再者，为了对模拟结果的准确性加以验证，利用日本建筑协会（AIJ）提供的标准风洞试验数据对模型进行验证，观察风洞试验、标准 $k\varepsilon$ 模型和新 0 方程模型的测点分布情况，比较其吻合程度，证实了新 0 方程模型的可靠性。此外在验证了新 0 方程模型对建筑单体的风场模拟后，比较了标准 $k\varepsilon$ 模型与新 0 方程模型在建筑群组条件下的模拟性能，然后介绍了 CFD 模拟的前处理设置，包括物理模型建立和基本参数设置。对研究区域进行了南风和北风下的情况模拟，模拟后利用平行地面剖切法对风场云图进行分析。CFD 模拟结果表明，风道比非风道的平均风速高 43%（南）和 18%（北），说明利用 FAI 发掘的通风廊道较为准确。

最后于南风和北风天气进行了现场测试，进一步验证了通风廊道的风速效果。现场实测结果表明，风道比非风道的平均风速高 100%（南）和 112%（北）。CFD 模拟结果和现场测量结果基本吻合，表明 LCP 分析具有足够的可信度和一致性，从而证明了基于 FAI 和 LCP 的城市通风廊道发掘方法具有科学可行性，这有助于规划师对通风廊道进行评估并指导城市设计。

第5章

星海湾通风廊道设计策略

5.1 通风廊道特征及设置原则

5.1.1 基本特征

（1）整体性。通风廊道是一种空间结构，主要依托于建筑、地形结构形成的开敞空间。其主要载体是城市道路、河流、带状绿地、自然廊道等，在规划风廊时应有意识地连接各种载体，保持其完整性。

（2）带状性。受到城市街道布局、地形的制约，通风廊道的长度、宽幅不一，随自然条件和人工构筑物的不同而变化。但总体上看，每条通风廊道应为带状，且应连接城市建成区和自然空间。

（3）开放性。通风廊道与传统的生态廊道相比，开放性更加明显。例如传统的公园绿地四周一般被围墙、栏杆篱笆等构筑物阻隔。通风廊道不会有隔断，主体与周边屏障的穿透感更强烈，与其周围的大自然或人工建筑交错。

（4）可达性。通风廊道作为风流通的空间，不仅要便于风的流经，同样也应利于人为活动、动物迁徙、植物生长、水体流通，充分保证风廊的可达性。

（5）生态多样性。风廊功能因地形、城市街道、建筑布局、季节、气候等诸多因素的不同而变化，风道更像是一种弹性空间，应该是城市活动、生态修复、防灾减灾的综合载体，且对通道自身和周边的生态环境起着良好的保护作用，生物多样性鲜明。

5.1.2 设置原则

（1）环境优先

通风廊道规划中首要考虑的就是保护和改进生态环境，这是基本原则也是其整体性的内在要求。通风廊道应充分利用城市中的道路、河流、绿地、山体、林地等开敞空间作为通道，并保护和建设通道及周边的绿地，特别是在通风口区域，要保护盛行风方向上的“氧源地”，限制或减小开发，避免破坏生态环境，确保入风质量。

（2）便于流通

通风廊道必须要便于空气的流通和置换，避免城市建筑群布局和地形条件以及人工工程导致城市内部空气流通受阻。因此，在设计时，进气风道应该尽可能与主导风向平行或保持小于 45° 的小角度，以利于顺利进风并向两侧分流。

（3）网络连通

城市通风廊道可以说是城市的“呼吸管道”，它应该贯通于城市的各个区域，风通过这个“呼吸管道”，将氧源地的新鲜空气吹送到城市“躯体”的各个部位，并排出城市的浊气。因此，这些管道应该是联通的，形成流通的网络。在通风廊道之间的转折或交界处可设置公园或广场等开阔空间，确保空气在通风道网络顺畅流动和交换。

（4）统筹规划

城市通风廊道的特性说明城市通风廊道建设是一项复杂的系统工程，需要综合考虑城市地形条件、气候特征、自然环境以及社会经济因素等各方面的情况进行统筹规划。在城市总体规划中应该重视城市通风问题，规划好城市通风道的数量、规模和位置，不能因为建筑规模等因素而随意改变。

（5）局部防风

多数城市受季风的影响很大，因此在风廊建设中不仅要注意整体通风，还要注重局部防风。如大连的大风主要是冬季北风，在滨海地区的建筑之间，尤其是高层下容易因狭管效应产生局部过大风速，因此在建筑周边、小区内部居民活动比较多的地方，要在行人层做适当防风处理。海陆风和山谷风的风向和地形有关，与冬季北风不同，两者之间并不矛盾。

5.1.3　风廊分级

从城市规划应用的角度考虑，城市通风廊道的作用在于利用新鲜空气改善内陆地区空气污染和缓解城市热岛效应，因此很多专家建议应考虑不同类型风环流系统的发生时间、范围和特性，来规划空气流通的路径。

日本早稻田大学尾岛俊雄教授曾于 2010 年基于东京城市环境气候图，提出五级风道分级的试作版（图 1-9）。其中一至三级风道主要促进海陆风的流动和渗入而设定。随后在 2013 年由日本国土交通省国土技术政策综合研究所研究员键屋浩司、足永靖信主编的《城市发展导则——利用“通风廊道”缓和城市热岛效应》中提出新的东京风道试作版，以及包含三级风道和五类子风道的新的分级系统。两种风道分级方法相比，总原则上讲两者都遵循了东京不同的风环流系统及原理，但后者将海陆风更细化为海风与陆风。同时后者还给出了不同的建议形式供规划人员和政府行政人员参考。

本研究参考国内外多个城市通风廊道分级的经验，本书根据星海湾地区的特点，其依据不同的空间尺度及特性，主要将风道分为三级：区域 - 城市级，街区级，建筑级（表 5-1）。能确保不同空间尺度的规划之间的衔接以及不同层级通风廊道的通达性，并以此为依据提出相应的街区规划策略。

结合风循环系统的城市风道分级 **表 5-1**

分级	空间尺度	盛行风向	海陆风	山谷风	河川风	绿地风
一级	区域 - 城市	结合地形地貌标示出主要盛行风向	顺应盛行海风或湖陆风方向的大型河道	划出生态红线保护山谷风的输送及产生源头	顺应盛行风向的大型河道	区域层面标示大型氧源绿地位置，如森林、林地等，加以保护
二级	街区	城市与街区内部顺应盛行风向的主要街道（污染与非污染）	顺应盛行海风或湖陆风的街道、铁路等路网；加强海风或湖陆风与绿地、开敞空间、街道路网之间的通达性	与山坡林地的山谷口衔接的开敞空地或街道；不可在山谷谷地建设大型建筑开发项目	顺应盛行风向的中型及小型河道；在河道旁的街道走向应与河川风的盛行风向夹角小于 30°，便于导入河川风	加强城市内部的大型绿地、生态斑块与周边路网及开敞空间的衔接
三级	建筑	街区内部顺应盛行风向的开敞空间、低矮的建筑群及小区内部道路	在海旁或湖旁用地的小区与大型建筑项目应考虑引入海风，避免一字排开造成遮挡；适当留出开口引入海风或湖风	毗邻山坡林地的小区需要考虑开放空间与建筑物布局利于下行山风通过	在河旁用地的小区与大型建筑项目应考虑引入河川风，避免一字排开造成遮挡；适当留出开口引入河川风	连接行道树、裙房顶层绿地、开敞空间等形成行人层通风网格

5.2 通风廊道布局及设计策略

5.2.1 补偿空间与作用空间布局

确定通风廊道管控范围前需要明确城市区域的补偿空间及作用空间分布，遵循通风廊道尽量串联作用空间与补偿空间的基本原则设置通风廊道。前文已表明，作用空间一般位于城市中心区、高密度老城区，补偿空间是指临近作用空间，能够产生新鲜冷湿空气或局部风系统的来源地区。因此，本书结合城市用地类型及风环境特征，划分了星海湾地块 6 个补偿区和 8 个作用区（图 5-1）。

（1）补偿空间布局

1）星海广场补偿区

星海广场补偿区，主要是星海广场大面积绿地。星海广场是亚洲最大的城市广场，

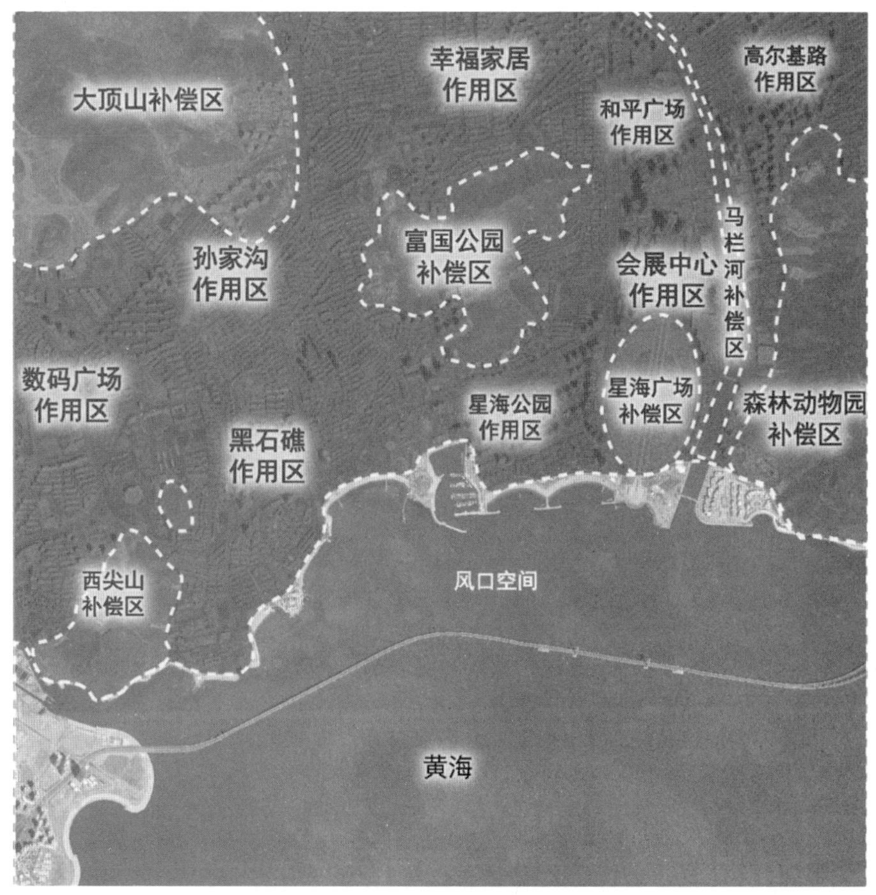

图 5-1 补偿空间与作用空间分布

（图片来源：作者自绘）

也是大连的城市标志之一，总占地面积 1.76km^2，贯穿广场南北的中央长廊建有喷泉水景，整个广场覆盖天然草皮，不仅利于海风通过，在夏季还能起到局部降温的作用。

2）马栏河补偿区

马栏河属黄海流域，是大连的母亲河，也是流经大连市内最大的河流，全长 19.3km，流域面积达 71.5km^2。星海广场和马栏河入河口处地势较东西两侧低且平整，是大连星海湾地区乃至整个城市区域最主要的河流型风道。

3）森林动物园补偿区

森林动物园补偿区的最东侧的山体是森林动物园的一部分，隶属于大连白云山风景区。白云山景区的自然山体面积较大，且地势起伏剧烈，可能产生局部环流。在白天与海风幅合会起到增强海风的作用，配合旁边的马栏河对内陆的通风有促进作用。

4）富国公园补偿区

富国公园位于大连市沙河口区，东起沙河口区富国街，西至连山街，山林面积 58hm^2。园中从东至西有山峰三座，站在山顶可鸟瞰星海湾、星海公园、黑石礁海滨。

但由于富国公园没有与其他山体形成大面积的粘连，产生山谷风的影响力较小。

5）大顶山补偿区

大顶山是研究区域内最大的自然山体，也是连接内陆城市建筑用地的主要绿源。经星海公园和西尖山处吹来的海风主要吹向大顶山方向，是整个城市重要的补偿空间，同样作为研究区域的回归空间可对流经作用区的空气进行自然过滤。

6）西尖山补偿区

西尖山位于研究区域西南处临海处。由于西尖山相比于东侧海岸较高，可能对海风吹向数码广场作用区起到阻碍作用，但其可串流中山路及星海公园沿线区域，成为东西向风流通的重要补偿空间。

（2）作用空间布局

1）会展中心作用区

会展中心作用区包括星海广场北侧会展中心和金融中心。会展中心是大体量建筑，占地面积达 86000m^2；会展中心二期位于星海广场东北角，占地面积 53000m^2，周边还配有办公设施和高层公寓；此外，星海广场西北角的国际金融中心由两栋高层和三层商业裙楼组成，其与会展中心建筑群构成了对星海广场的环抱状，成为海风吹向内陆的主要阻塞点。

2）和平广场作用区

和平广场是目前大连最大的广域型美式购物中心，占地 50000m^2，总建筑面积 180000m^2，共 5 个楼层，因其位于两条城市主干道（中山路、高尔基路）的交叉口，且是经由星海广场的海风吹向幸福家居地区的节点，成为研究区域内重要的风道阻塞点。

3）星海公园作用区

星海公园作用区主要包括其周边的高密度住宅区。星海公园东侧为星海阳光、壹品星海、星海湾壹号等高档高层住宅区，是星海广场沿海处主要阻风地区；星海公园北侧主要是西南路沿线的高密度老旧小区,由于这一片区建筑密度较大,人口流动较多,是夏季易产生局部高温的地区。

4）黑石礁作用区

黑石礁地区是大连曾经的繁华商业区，用地类型丰富，包括众多老旧住宅、商业广场、交通车站和学校用地。由于黑石礁中山路两侧建筑较高，对海风有阻碍作用，老旧小区的排布较为散落，但东北财经大学及辽宁师范大学附属中学的开敞空间对此处的风流通有一定促进作用。

5）孙家沟作用区

孙家沟地区是研究区域中建筑密度最大的地区，是多条城市干道的交汇点，以老旧多层小区为主，如玉门小区、和顺园小区、星浦庄园等；也有如亿达国际新城、东方圣荷西之类的高层居住区；还包含着少量学校等公共设施和农贸市场等商业用地。总体来说孙家沟地区建筑密度大，且建筑平均高度不高，可多利用公共空间节点连接城市道路及低矮建筑促进通风。

6）数码广场作用区

数码广场地区是近些年新兴的商务区，区域内高层建筑逐渐增多，且未来有继续高强度开发的趋势。数码广场交汇于五一路和数码路之间，广场周边环绕以多层的银行和写字楼，向四周辐射的区域则多是居住区，数码广场向大顶山方向多为高层建筑，向学苑广场方向以多层建筑为主。数码广场南侧的学苑广场位于三条城市干道(中山路、黄浦路、数码路）的交叉口，是数码广场作用区通风的重要枢纽。

7）幸福家居作用区

幸福家居地区的用地类型较为复杂，有居住小区（世嘉星海、幸福e家、华业玫瑰东方等）、学校（大连交通大学、中心小学等）、商业（麦凯乐、锦辉商场等）、自然水体（马栏河）。此外，由于此地区是大连有名的建材和装修市场，人员流动非常大，城市主干道五一路经过此处并连接北侧西安路商业核心区部分，还有输油铁路线经过此地，因此幸福家居作用区高温对居民影响较大。地块内还有性质较特殊的储油用地，虽然空间开敞，但对周边住宅区域有很大安全隐患。

8）高尔基路作用区

高尔基路沿线用地极其复杂，设有学校（大连第三十一中学、信息高级中学）、行政办公（税务局、检察院、规划局、民政局等）、高层住宅（星海莲花湾、中航国际）、医疗（医大一院）、商业建筑（恒隆广场、百盛购物广场）等用地。其中恒隆广场建筑体量巨大，建筑面积达到了222000m^2，是此区域最主要的热源。

5.2.2　风廊总体布局与分级设置

根据本书3.4节的研究结果，大连星海湾地区的主要（海风）通风道和山谷风通风道各有四条。将四条通风道与地图底图叠加能够清晰地看出通风道的整体分布情况，如图5-2（*a*）。

从风道分布图中能直观看到研究区域内，风速大、通风强、风道较为密集的区域集中于：星海广场马栏河地区、幸福家居地区、海洋大学地区以及孙家沟地区；南部临海的星海湾区域是风汇聚的主要风口。这些风道集中区域多处于公园、河流、宽街道和低矮建筑群区域。且从图中能够发现，在研究区域中心的自然山体——富国公园并没有明显的风道通过，这说明富国公园的高度较高，且与其山坡上的建筑叠加对风产生了明显的阻碍作用。根据3.1.3节中对大连半岛地形与海陆风相互作用的研究表明，星海湾地区的山谷风的强度不足以增强或阻碍海风，山体对风的机械阻挡效应为主导

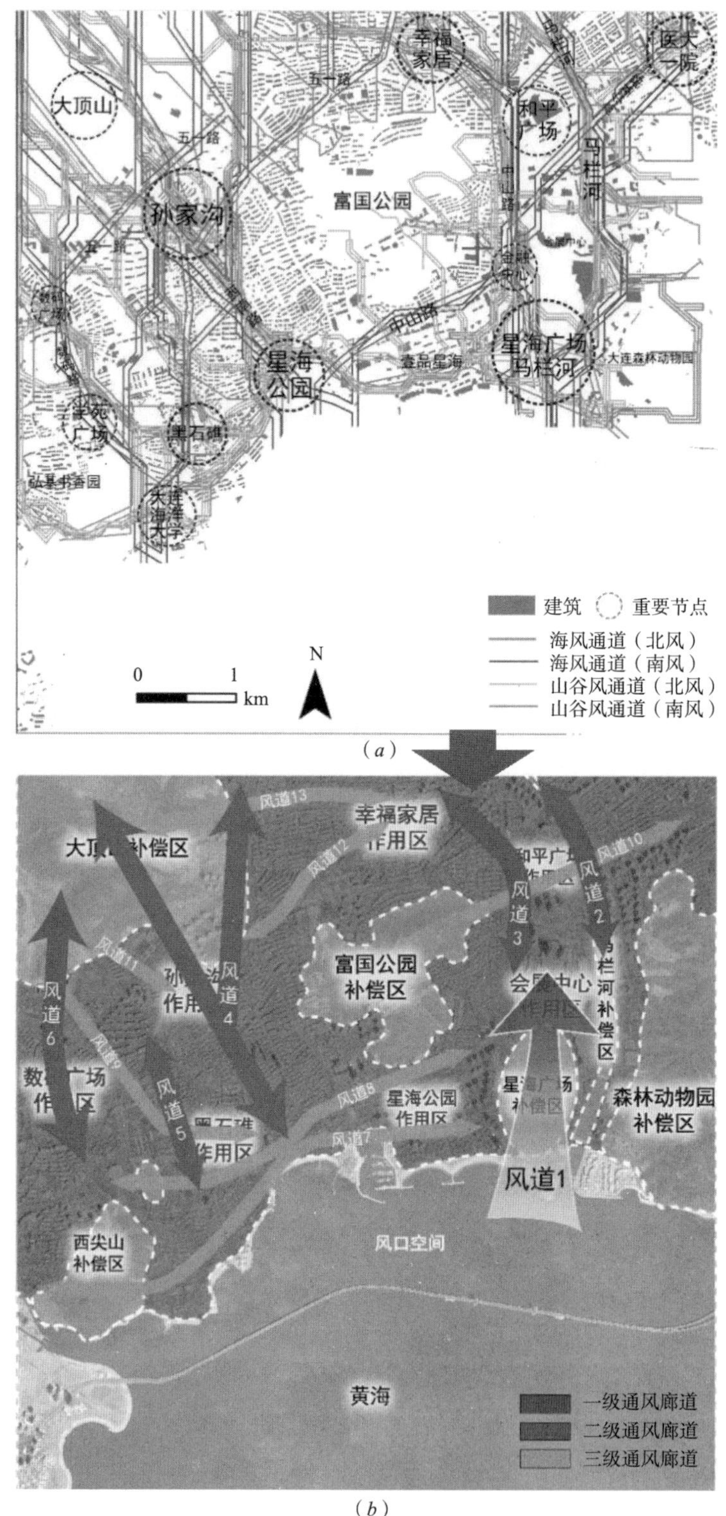

(*a*)

(*b*)

图 5-2 风廊总体布局

（图片来源：作者自绘）

（*a*）海风、山风风廊叠加；（*b*）风廊分级设置

因素。因此在规划通风廊道时富国公园不能提供直接的帮助，但其作为面积较大的自然山体，对周边地区的高温缓解和污染空气过滤依然至关重要。

尽管海风通风道和山谷风通风道重合率较高，但依然存在很多局部弱风道和无回路风道。因此结合研究区域的实际情况，将风道重合率高地区确定为主要的风道节点，即星海广场及马栏河入海口、金融中心及会展中心区域、和平广场、幸福家居地区、星海公园周边、黑石礁地区、大连海洋大学、学苑广场、数码广场、孙家沟地区和大顶山，通风廊道的设置应连通这些节点。

通过通风廊道连接作用区与补偿区的基本原则，结合补偿空间与作用空间分布图（图 5-1）与城市上位规划，确定了三级风道体系。将通风潜力最优、地形开阔的风道作为城市一级通风廊道；将通风潜力较好、与盛行风向夹角较小、辐射面积较大的区域作为二级通风廊道；将分布较为散乱，与盛行风向夹角较大、风速较低的风道作为城市三级通风廊道进行布置，如图 5-2（*b*）。所有的通风廊道相连，形成通风网络，二级与三级通风廊道均作为一级通风廊道的支路，最大限度促进风对作用空间的深入。

（1）一级通风廊道规划

一级城市风廊的通风效果最佳，由于一级风廊尺度较大，对其规划管控应目的明确。对于发展快速的大型城市，受到城市建成区高密度的影响，一级风廊多位于城市边缘地带，依附于郊区未开发地区、大型的林地、山谷、海洋河流等。因此，应避免一级风廊内部及周边的大型建设项目，尤其是垂直于盛行风向的建筑物。

本书将星海广场及马栏河入河口地区列为研究区域内唯一的一级通风廊道（图 5-3）。星海广场是大连的地标广场，绿化面积大，地形平坦开阔，且是大连城市区域的主要风口。仅椭圆形广场区域（东西向 0.6km，南北向 1km），就达到了一级通风廊道的标准。

马栏河是大连中心城区最主要的城市内河，大致的流向由南至西北，与大连全年主导风向相近，是最有利的天然通风道，且入海口的宽度达到了 100m，星海地区内的河流跨度也有将近 50m。

整个星海广场区域，纵向由南部临海区域到会展中心，全长达 1.5km；横向由马栏河到中山路，长度约 900m，是优良的通风道位置。此处的控制治理重点有 3 处：

1）对马栏河进行治理，对两岸绿化进行连续性的规划。马栏河是大连十分重要的水源地，是将海风引入内陆城市的重要河流型风道。由于城市建设导致的污染，河底被改造成水泥硬底，成为一条排洪沟。尽管市政府先后 7 次对马栏河实施污水截流、清淤、沟渠改造、两岸绿化、铺设步道等治理措施，但也仅维持了马栏河的河流表面，并未恢复其生态功能。建议：①对马栏河底进行全面改造，使其恢复自然河流河底，恢复其生态功能，另设排污管线。②对上游的两座水库进行定期排水，使马栏河有自

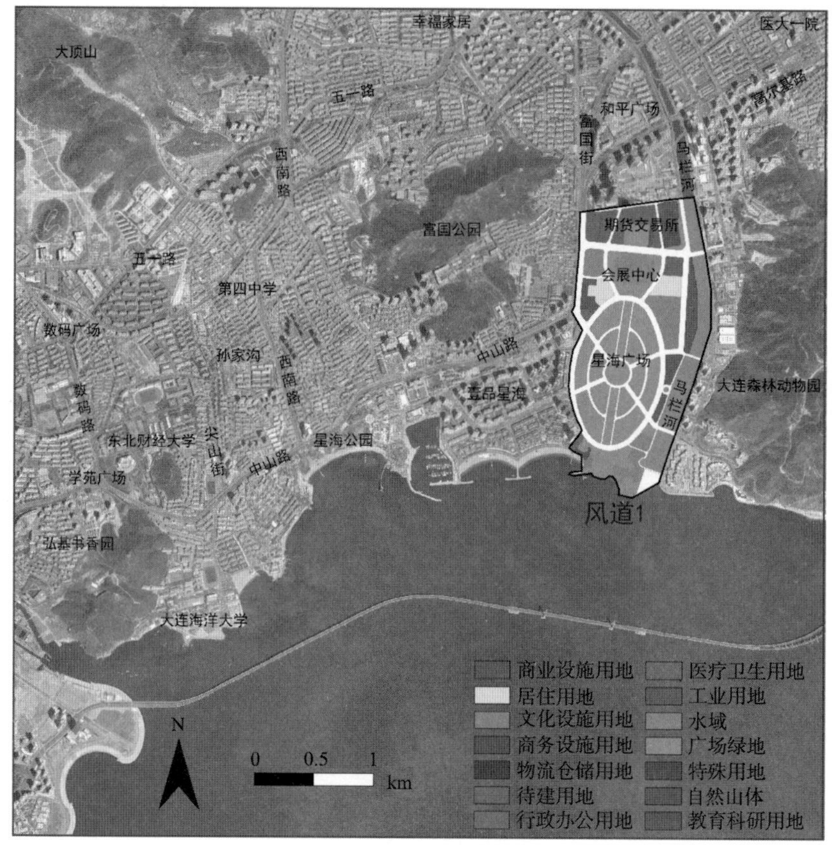

图 5-3 一级通风廊道规划范围

（图片来源：作者自绘）

然径流，而非人工蓄水。③对马栏河沿岸进行亲水改造，使其成为供市民活动的滨河绿地或公园。

2）对星海广场北侧的大体量建筑改造，促进海风吹向城市内地。星海金融中心与会展中心建筑群构成了对星海广场的环抱状，形成了屏风楼的整体布局，是海风吹向内陆的主要阻塞点，应对其进行绿化措施。建议：①会展中心一期、二期建筑由于占地面积大，建筑高度较低，可以采取大面积的屋顶绿化，促进海风通过。②对金融中心及会展公寓等高层建筑，可以采用近地区域的立体绿化来降低热负荷，也可避免通过高层后的海风升温。③对高层建筑间的硬质铺装尽量采用透水地面；环绕广场的车行道两侧的停车位可将沥青改为植草砖。

3）对中山路沿线进行治理。中山路是大连市内最主要的主干道之一，而中山路星海广场路段是车流量大的道路型风道，应对道路及轻轨线路两侧增加绿植，丰富植被层次，不仅有利于通风，也利于城市市容提升。

（2）二级通风廊道规划

二级城市风道主要依附于与盛行风向相近的城市主干道。由于主要位于城市建成

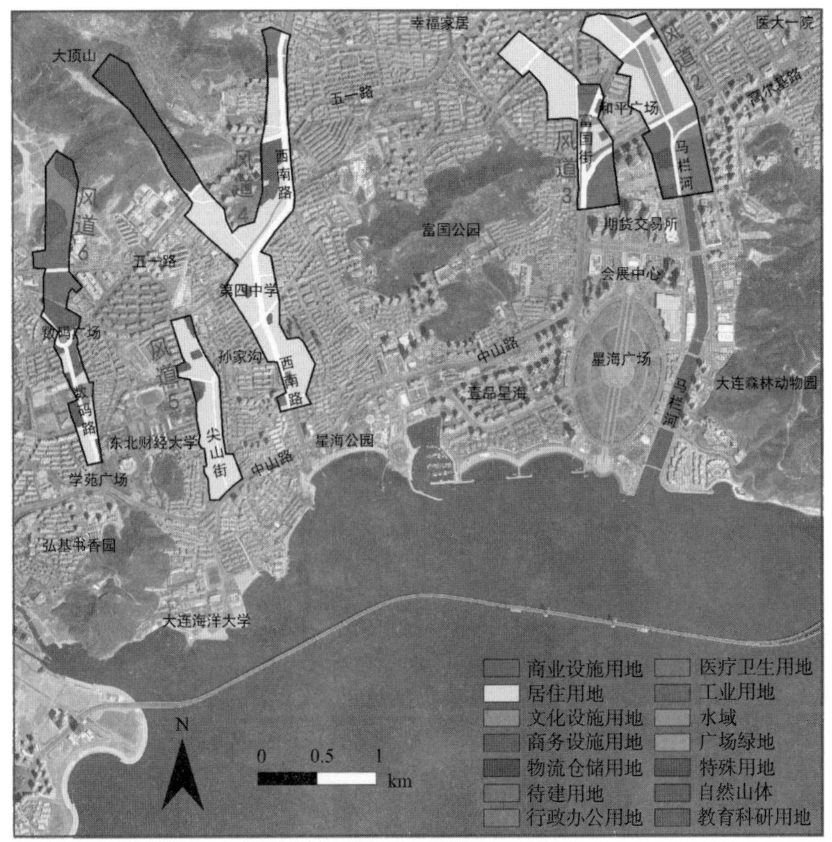

图 5-4　二级通风廊道规划范围

（图片来源：作者自绘）

区，二级风道的长度、宽度、下垫面类型和绿地形式都会受到更多的限制，因此，应尽可能连接城市的公共空间，形成附属于一级风廊的通风支路。

研究区域内的二级通风廊道共有 5 条（图 5-4）。分别是：

1）流经和平广场区域的风道 2。

风道 2 位于马栏河，相比于星海广场入河口河道宽度较小，仅有 10 ~ 20m。由于此处建有高架桥，且位于重要交通路口，应采用透水性地面并提高绿地率，充分利用沿河两侧车道及步行空间。

2）中山路经由和平广场流向幸福家居地区的风道 3。

风道 3 从星海广场方向吹来的风沿着中山路流经和平广场区域，受到建筑布局和道路的影响，沿着星辰街、富静街，由东南至西北吹向幸福家居区域，而幸福家居地区是城市内地主要的风道交汇点。由于风道 3 流经多处居住区，因此，建议在幸福家居周边小区提高绿化，可开发口袋公园，拓宽星辰街及富静街，强化道路绿化并对小高层住宅提倡垂直绿化，对多层住宅实行屋顶绿化。

3）起于星海公园向北沿西安路方向并于孙家沟地区分流向大顶山方向的风道 4。

风道4主要位于西南路沿线，在孙家沟地区由于大顶山对空气的补偿作用，产生了流向大顶山方向的风道。西南路是城市主干道，宽度达25m，结合车道两侧步行及公共区域宽度可达50m。因此，建议对西南路进行重点绿化，将西南路建造成大连特色的道路景观带。孙家沟地区是风口汇集区，此地区以老旧小区居多，并设有一些学校，建议住区及学校操场地面采用透水材料，注重小区绿化，多层住宅应进行屋顶绿化。

4）黑石礁尖山街方向的风道5。

风道5位于黑石礁地区，从黑石礁车站，顺着尖山街沿线流向北方。尖山街西侧是学校区域，有东北师范大学、辽师附中、群英小学，因此如球场、休憩区等开放空间较多，这部分区域的地面材料可多采用透水性地面。尖山街东部及沿街两侧多为住宅区，这部分住宅区分布无序，因此可多采用垂直绿化，促进住区间的风流通。

5）从学苑广场沿数码路方向向北流去的风道6。

风道6位于数码路沿线，从学苑广场处向北流向大顶山区域。数码路是城市次干道，因此道路宽度有限，但道路两侧多是老旧小区、商场及办公楼，建筑高度有限，且连接中山路、五一路两条城市主干道。因此建议适当拓宽道路，注重道路绿化，沿街建筑立面建议采用垂直绿化可促进道路通风。

（3）三级通风廊道规划

三级城市风道大都位于城市东西向的主要道路和低矮建筑区。虽然风速改善和生态功能都会弱化，但也具有不可忽略的作用。三级风道如同毛细血管、肺部的支气管，将风输送到各类城市功能区和空间的尽端。缺少三级风道，就会产生很多风吹不到的死角，城市空间品质就难以真正全面提升。

城市风道景观设计亦同理，在城市中心的高大建筑群中，人们渴望有一些可供休憩的景观。由于三级风廊无论是面积还是空间都会受到最多的限制，所以应最大化地利用各类“立体”“口袋”“街角”和“破碎”空间，完善绿化完善景观的同时，使其拥有最大限度的通风效益。

研究区域内的三级通风廊道共有7条（图5-5）。这7条三级通风廊道主体偏东西向，与大连主导季风存在较大夹角，主要起到串联一级和二级通风廊道的作用。分别是：

1）靠近海边，经过海洋大学、星海公园、星海住宅区的风道7。

风道7与海岸线相邻，因此主要作用是保证吹向内陆的海风能够顺利通过。大连海洋大学依山势而建，星海公园绿化充沛，两者对海风并无阻挡作用。主要的阻塞点位于壹品星海居住区周边，此区域位于星海广场西侧，以板式高层住宅为主，对海风的阻挡作用明显。因此建议：①壹品星海小区南面街道是通风良好的风道，要提高道路两侧绿地率，提高遮阴效果可以起到缓解热负荷促进通风的作用，还可以方便市民夏季遮阳；②在壹品星海周边住宅区内，增加小型绿地，注重与楼间空地的结合、连接，使风在住区内部形成网络，充分降低局部区域的热负荷；③对高层住宅建筑（尤其是

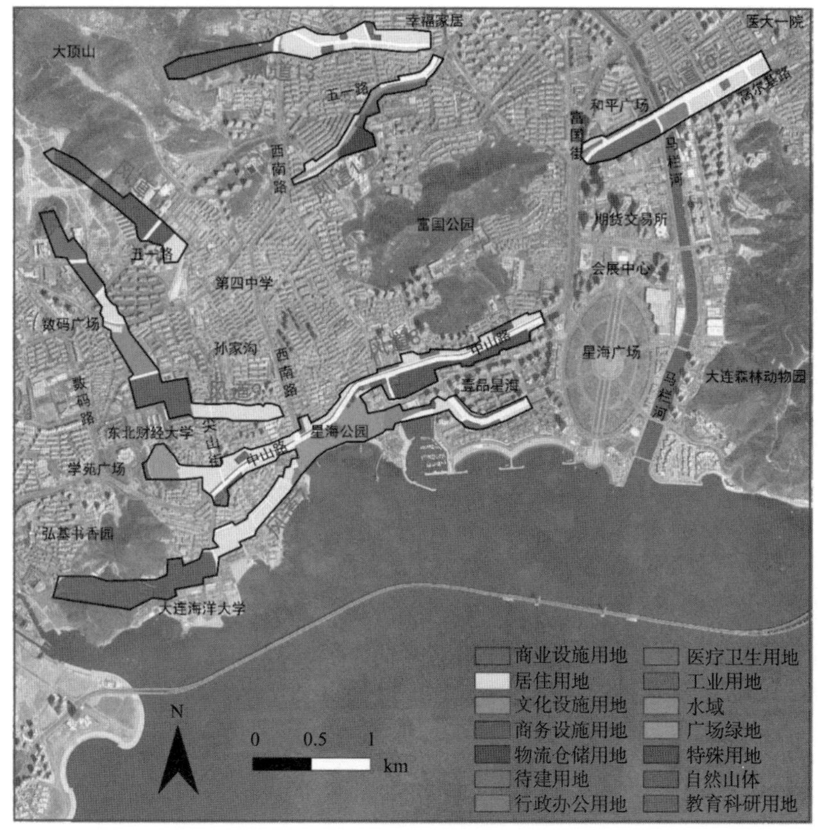

图 5-5　三级通风廊道规划范围

（图片来源：作者自绘）

壹品星海和大连明珠小区）进行立体绿化来降低热负荷。

2）沿中山路起于学苑广场至星海广场区域的风道 8。

风道 8 主要位于中山路（黑石礁 - 星海广场路段），中山路起到连接东西向风廊的作用，是重要的道路型风道。风道 8 通风作用较好，建议以保护完善为主：①黑石礁区域学校的开敞空间通风作用明显，建议操场选用透水材质；②增设中山路两侧绿化带，提高绿地率，利于通风且提高市容市貌。

3）起始于星海公园穿过东北财经大学，流向大顶山方向的风道 9。

风道 9 属于低矮建筑型风道，主要受到北部大顶山的影响。由于路径经过用地类型复杂，建议保持现状即可。

4）和平广场沿高尔基路流向医大一院的风道 10。

风道 10 主要位于高尔基路是中山路向城市中心区方向的主要道路，两侧以商业建筑和高层建筑为主，且横穿马栏河。建议：①道路两侧以提高绿地率为主，硬质铺装采用透水材料；②沿街建筑（商场和住宅裙房）建议局部采用立体绿化，利于通风。

5）孙家沟地区流向大顶山方向的风道 11。

风道 11 主要经过军休苑和有邻苑两个老小区，受到大顶山绿源引导。小区建筑排布间距较大，建筑高度较低，因此建议小区内部增加节点绿化即可。

6）东方圣荷西沿铁路流向幸福家居地区的风道 12。

风道 12 较为特殊，是城市内部仅剩的一条铁路线路，以输送工业材料为主，虽然利用率不高，但并未废弃，因此不应做特殊处理。若以后铁路功能丧失，可以改造为带状绿地，成为城市公共用地。

7）大顶山向东流向幸福家居地区的风道 13。

风道 13 主要经过部分老旧小区，没有十分明显的趋势，因此，也建议对小区内部增设绿化节点即可。

由于三级风道流经的城市区域类型较多，情况复杂，因此，应采取局部改善的措施。针对城市道路进行绿化建设；居住小区进行屋顶绿化与公共空间景观建设；交通枢纽或人为活动集中区域采用低导热低蓄热的路面材料；保护现有水体及绿地。

5.3 街区控制及建筑设计策略

5.3.1 街区控制指引

为实现空气在风道内流动的畅通，提高城市通风整体效率，参考国内外对风道的管控研究及武汉、长沙、深圳、广州等城市风道的控制指标要求，并结合由中国气象局在 2018 年发布的《气候可行性论证规范 城市通风廊道》QX/T437-2018，本书根据大连实际情况，对研究区域通风廊道内及其两侧的建设用地参数提出控制指标要求（表 5-2）。

由于各个城市、地区的气候环境和地理环境有所不同，因此各城市通风廊道控规指标也略有差异：主通风廊道都要求与城市主导风向近似一致，夹角不大于 30°，宽度设置在 100 ~ 1000m；次级风廊道也要求与城市主导风向不要有过大偏差，夹角不大于 45°，宽度设置在 50 ~ 300m。

本书研究通风廊道的尺度为街区尺度，研究区域是城市核心区，因此，需根据实际情况进行合理指标控制。对于研究区域乃至整个大连市区长远规划提出可行的建议：一级风道宽度要达到 300m 以上，起到城市建成区最重要的通风功能，二级风道和三级风道主要的存在形式是道路型风道，结合城市主干道的道路参数以及红线退后距离，一般达到 50m 左右即可。风道覆盖区域内的建筑都要进行长期控制，在结束全生命周期后需要尽可能按照控制指标进行建设。

星海湾通风廊道控制指标 **表 5-2**

控制因素	一级风道	二级风道	三级风道
宽度	≥ 300m	≥ 100m	≥ 50m
走向	根据风源、风向确定，与主导风的夹角不宜大于 30°		
建筑密度	≤ 25%	≤ 30%	≤ 35%
建筑迎风面积指数（FAI）	≤ 0.6	≤ 0.7	≤ 0.8
高宽比	≤ 0.5	≤ 1.0	≤ 1.2
开放度	≥ 40%	≥ 30%	≥ 20%

此外，为了对星海湾地区通风廊道规划的近期实践进行指导，根据已经明确控制范围的 13 条风道，划分了各控制路段（图 5-6），明确控制宽度和控制策略。星海湾地区的风廊设定主要以城市主干道为载体，因此控制宽度主要依据现有道路宽度和未来可能退后的红线距离进行设置，在某些道路较窄的路段将道路两侧的低矮建筑也纳入控制范围（表 5-3）。

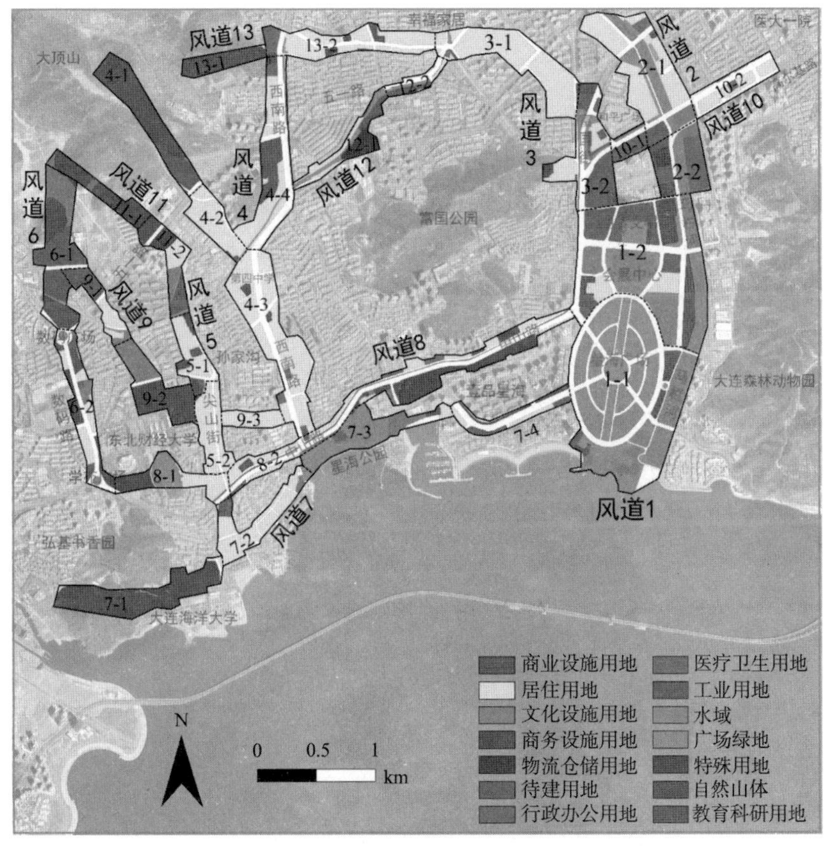

图 5-6　通风廊道控制范围及路段定位

（图片来源：作者自绘）

星海湾风廊控制区段及说明　　表 5-3

风道	编号	路段定位	控制宽度	控制说明
风道 1	1-1	星海广场及马栏河入海口	800m	此处为星海湾地区风口，也是大连主城区的风口，保持现状即可
	1-2	会展中心及期货交易所区段	800m	会展中心对海风吹向和平广场、幸福家居地区的海风有明显的阻碍作用，应对其进行改建促进风流通
风道 2	2-1	沿河南街与太原街之间区段	100m	对马栏河及两侧进行治理，拓宽河道或河道两侧应各退让 50m
	2-2	胜利路、星河街之间胜星桥区段	120m	马栏河在此处变窄，可在两侧栽植高大密叶乔木，促进风聚集，两侧应各退让 50m
风道 3	3-1	幸福 e 家五期与世嘉星海一期	50 ~ 100m	两个住宅区均为小高层和高层结合，公共空间较大，应提高小区内绿地率
	3-2	富国街、和平现代城、德源住宅区段	150m	降低富国街道路中岛建筑密度，拓宽道路宽度，控制两侧低层公建，退让 20m
风道 4	4-1	幽谷山体公园	300m	目前在此处有住宅项目进行建设，应控制此处建筑布局并保证自然山体不被破坏
	4-2	新格致中学、玉门小区区段	150m	此处以多层建筑为主，由于学校建筑与老旧住宅较矮，可进行屋顶绿化促进通风
	4-3	第四中学至星海大厦西南路路段	200m	此处为星海公园风口吹向孙家沟地区的重要路段，现有道路约 30m，两侧应各退后 20m，并结合两侧低层公建形成道路型风道 + 低矮建筑型风道
	4-4	第四中学至沙河口区龙居园西南路路段	75m	连接第四中学、中心小学的公共空间，由于北侧地势较高，学校建筑不会对北风有明显阻碍
风道 5	5-1	尖山社区至龙江路与尖山街交叉口路段	50m	尖山街道路较窄，但两侧老旧小区高度较低，充分进行墙面绿化，促进小风道形成
	5-2	龙江路与尖山街交叉口路段至中山路	50m	此处建筑布局较规整，主要以墙面绿化为主
风道 6	6-1	大顶山 - 东软信息学院 - 数码广场路段	70m	道路现有宽度为 20m，结合东软信息学院校内空地和东侧待建区域，风道宽度可达 70m
	6-2	数码广场至学院广场数码路路段	70m	数码路存在高差，应对两侧人行道路进行统一改造，道路连接应平滑
风道 7	7-1	西尖山公园与大连海洋大学区段	160m	海洋大学依山而建，局部板式建筑应预留通风口，促进海风和山风通过
	7-2	鹏辉广场、鹏莱花园、蓝天星海小区	130m	主要以老旧小区为主，因临海应注意人行层的防风设置
	7-3	星海公园及圣亚海洋世界区段	140m	现有场地开放度较好，可建设滨海步道形成有机整体
	7-4	游艇路及两侧住宅区	70m	此处多为高档小高层和高层住宅，且因临海，应多栽植密叶乔木，在减缓人行层风速同时促进区域冠层风速
风道 8	8-1	东北财经大学绿地至辽师附中操场区段	200m	中山路两侧改造，形成绿色廊道
	8-2	黑石礁至星海广场中山路路段	50m	此处为城市主要干道，交通量巨大，目前道路宽度 25m，两侧应退后 10m

续表

风道	编号	路段定位	控制宽度	控制说明
风道 9	9-1	软景 E 居至杨树东街住宅区区段	140m	主要提升老旧住宅间的绿地率
	9-2	斯坦福院落住宅区至东北财经大学体育场区段		充分利用东北财经大学开敞空间，住宅区应与其有连通
风道 10	10-1	和平广场前高尔基路路段	125m	交通枢纽，目前道路宽 18m，尽可能扩大道路宽度，结合两侧公共区域
	10-2	悦泰湾里公寓楼至大连市税务局前高尔基路段	70m	交通枢纽，两侧用地较为复杂，未来应拓宽道路
风道 11	11-1	大顶山至有邻院小区区段	150m	未来应调整建筑布局，形成小区内部的轴线道路，目前可进行墙面绿化
	11-2	军休苑小区区段	160m	主要提升老旧住宅间的绿地率
风道 12	12-1	桃山小区前铁路路段	90m	拆除区域内老旧厂房，利用铁路线和储油区形成绿色廊道和生态公园
	12-2	五一路与星辰路交叉口至桃山路段	60m	道路走向改变较大，可在道路两侧栽植密叶植被，引导风向
风道 13	13-1	台山陵园区段	150m	保持现状即可
	13-2	大连沙河口公安分局至五一路之间南沙街路段	40m	主要对两侧建筑进行墙面绿化，未来道路两侧退后 10m

5.3.2　建筑设计策略

城市风道街区规划层面要基于宏观整体把控城市风环境及城市级风道规划策略，根据各地区实际情况和控制指标严格把握建筑物体量、建筑高度、建筑密度、街道朝向和宽度，在配合总体规划的同时利用各种方式保持风道的完整度。在街区层面，在保证容积率、建筑密度的同时，利用不同的建筑形态来促进通风，尤其是行人层通风环境的改善。

对于大型建筑单体或建筑地块层面，由于其影响较大，在基于专家学者经验的基础之上，应采用风洞试验、计算机数值模拟等手段，对不同建筑形态的风环境进行科学量化的分析，避免由于局部风环境的问题导致对整个区域的影响。

根据上文得到的星海湾地区通风廊道布局以及规划建议，提出街区和建筑层面的具体规划策略如下：

（1）连接开放空间

城市中心区一般以高层建筑和底部广场组成，应进行底部架空，使大型空旷区域连成通风廊道，贯穿高楼大厦密集城市结构。此外，未规划的大型地块应避免建造密集综合式发展，避免覆盖整个或大部分面积地块的平台式建筑。如星海广场会展中心，作为星海湾风口的主要阻塞点，可架空底部，连接星海广场与会展中心北侧的期货交易所广场，促进海风穿透（图 5-7）。

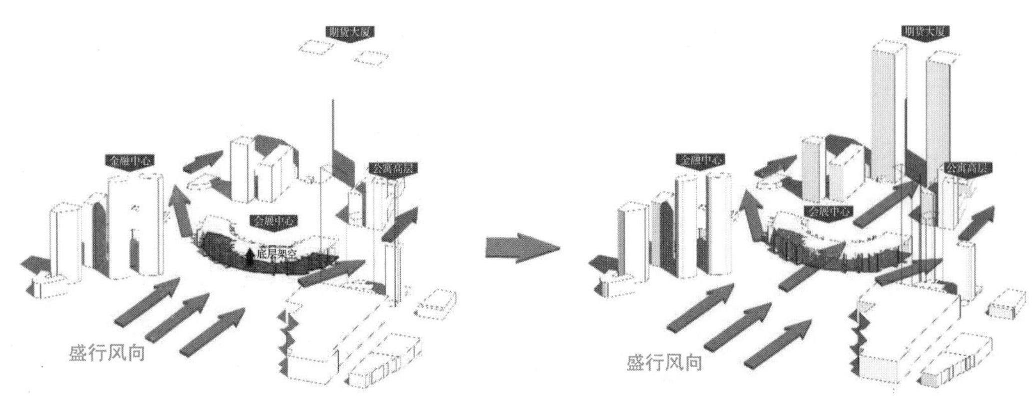

图 5-7　会展中心区域改造策略

（图片来源：作者自绘）

此外，还可以设立建筑红线后移地带及非建筑用地，将绿化、建筑红线后移地带及非建筑用地连接起来构成通风走廊或空气流通通道。利用某些废弃或即将拆迁的区域形成通风廊道。如幸福家居区域为热压高密度区（图 5-8），内部的火车道是此区域的主要通风道。火车道不适于城市中心区使用，且目前火车道主要用于储油运输，对周边的居民造成极大安全隐患。可利用火车道建设绿色廊道，形成具有文化特色的街区巷道，拆除火车道沿线的低矮工厂建筑，风道可由线状公园，人行步道和城市车道三种组合形成。

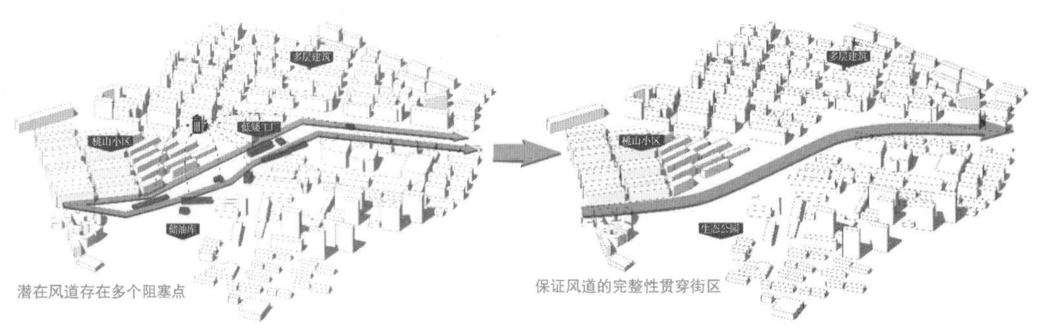

图 5-8　幸福家居区域改造策略

（图片来源：作者自绘）

（2）调整街道布局和朝向

研究显示，沿盛行风向的廊道风速明显偏大，能作为有效的通风廊道。一般与盛行风向夹角较大的带状空间没有明显的风速提高，因此，除了在人为规划时注意街道走向，也应充分利用与盛行风走向近似的自然资源，如河道、滨河绿地、矮房片区等。实际上在城市建设中很难轻易改变河道或水体的位置和走向，更有可能的是对城市主干道非盛行风方向的缩减，或局部绿化引导。

大连的盛行风向主要以南北风为主，因此，内陆地区的南北向主干道是改造的重点，主要大道应与盛行风向平行排列或最多成 30° 夹角。由于海风的风向具有与海岸线垂直的特性，因此海边的道路可尽量与岸边垂直设置。其次应尽可能缩短与盛行风方向呈直角的街段，避免风速在沿街道通过中的减弱。

比如研究区域南北向主要城市干道西南路（图 5-9），是引入星海公园处海风至孙家沟住宅片区的重要风道，但其在东方圣荷西南侧路段出现了明显的东西向转折，这非常不利于空气流通。若能够将转折处的部分建筑打通，顺应住宅区和地形建设绿色廊道，将大大提高西南路的通风作用。

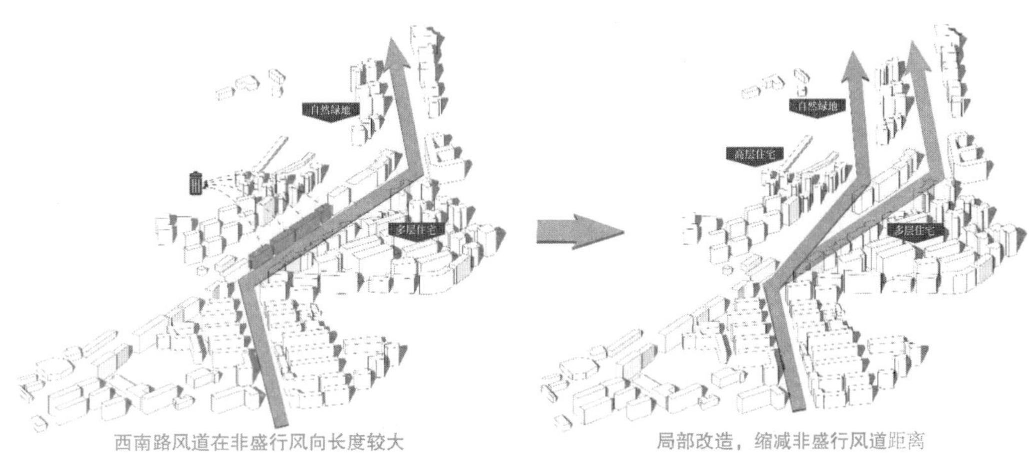

图 5-9　西南路风道改造策略

（图片来源：作者自绘）

（3）利用建筑布局促进通风

在主要通风廊道的基础上，应增设与通风廊道交接的次级风道，促进局部区域的风流通。如孙家沟地区主要以多层建筑为主，是潜在风道交汇的区域，可以利用区域内学校的空旷场地和较为规整的建筑布局，对局部建筑进行整改形成小型通风道（图 5-10）。

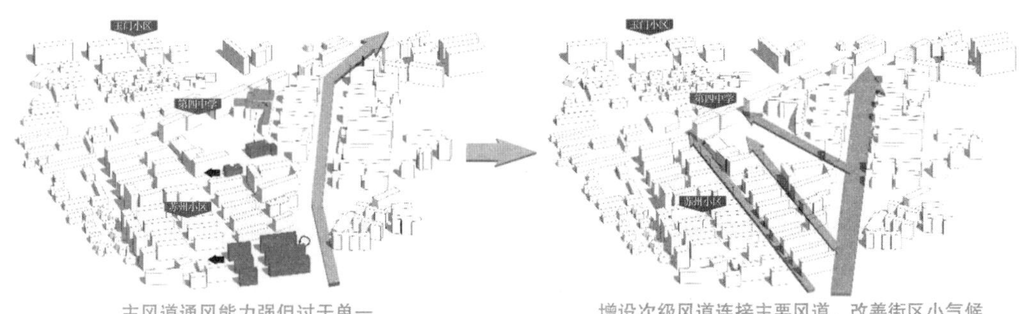

图 5-10　孙家沟区域改造策略

（图片来源：作者自绘）

建筑物应交错排列，利用带来的气压差异引动气流；建筑物之间保持足够距离，促进建筑群内空气流通。如黑石礁尖山街是南向海风吹向孙家沟区域的重要风道，主要以多层老旧住宅为主。但尖山街宽度仅为6～7m，可将周边部分住宅建筑向两侧退让，将建筑排布成具有一定夹角的折线通道，利用增压效应促进风流通（图 5-11）。

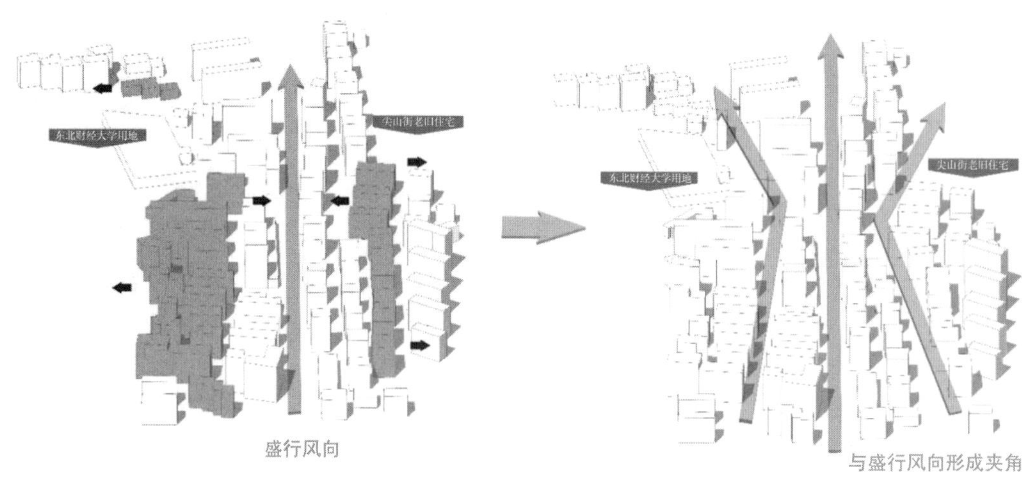

图 5-11　尖山街改造策略

（图片来源：作者自绘）

（4）减小建筑迎风面积

减小垂直迎风面的建筑面积、降低地表粗糙度是最直接有效的通风手段。确保建筑物的迎风面投影上的遮挡在 50% 以内，拓宽沿盛行风方向的街道，及让较长的一面与风向平行，这种方法适用于以东西向为盛行风的城市。但大连属于北方城市，建筑以南北向为主，以利于采光，不可避免地对城市通风产生不利影响。因此应尽量避免过长的板式建筑，如和平广场区域，可将和平广场商场底部架空，将后身的新希望花园小区从局部断开，形成通风廊道（图 5-12）。

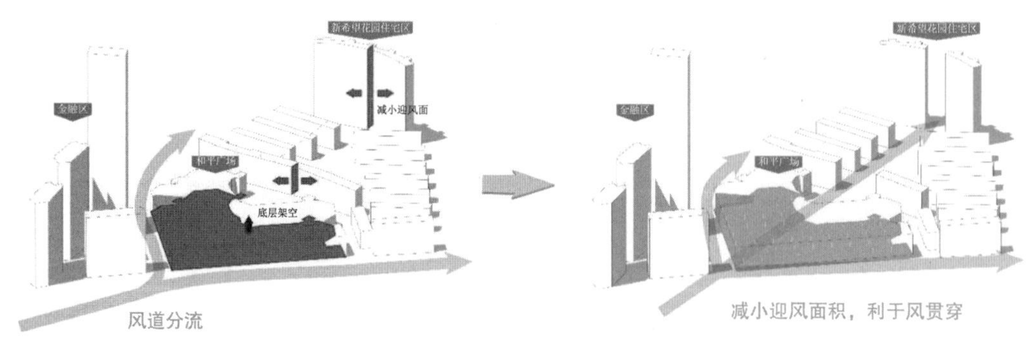

图 5-12　和平广场区域改造策略

（图片来源：作者自绘）

拓宽道路来减小建筑迎风面积也是较为直接的手段，但很多城市建成区的用地十分紧张，单纯地拆除道路两侧建筑的方法很难实行。因此可以采用容积率补偿机制，通过改变建筑物高度与邻近街道宽度的比率提高城市空气流动。如星海公园与西南路的交叉口区域以住宅用地为主，可以将道路两侧建筑降低，将损失的建筑面积转接到两侧的建筑中去，形成低矮建筑型风道，与原有道路风道结合扩大风流量（图 5-13）。这种方法需要政府、社区、居民协同合作来完成。

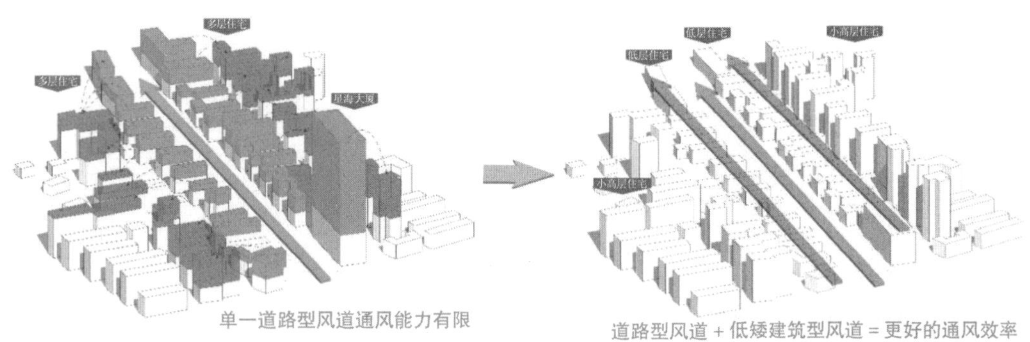

图 5-13 星海公园区域改造策略

（图片来源：作者自绘）

（5）注重补偿空间周边的建筑布局

由于大连市是海滨城市，且研究区域内有海洋、自然山体多处补偿空间，因此海旁建筑物的规模、高度及布局必须适当，以免阻挡上行海风；山坡建筑物的规模、高度及布局必须适当，以免阻挡下行山风。如壹品星海住宅区紧邻星海湾，虽然小区的平均高度并不高，但由于整个小区的建筑布局属于四周高、中间低，不利于海风穿透。可将整体的建筑高度改为阶梯式，这样做不仅利于海风通过，也可最大化住宅的海景视野（图 5-14）。梯级式的平台设计，也可将气流从上空引导至地面的行人路。

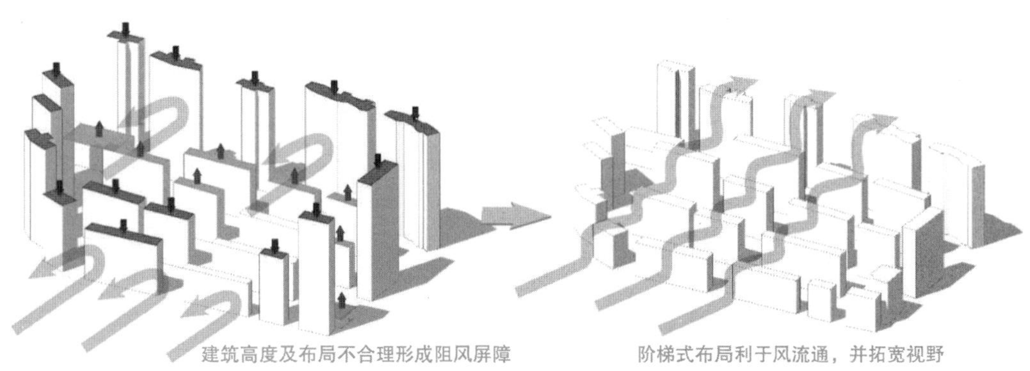

图 5-14 壹品星海住宅区改造策略

（图片来源：作者自绘）

对于大连市这样的丘陵城市，山坡地带的发展对城市气候起到至关重要的作用。因此应尽量避免大规模的开发，尽可能保留大面积没有建筑的区域，如必须在区域内新建建筑物，则须确保建筑之间间隔较远。

避免在山坡上横向布局条状建筑物，以免对下行的山风造成阻碍。通风廊道沿山坡坡向设置，需保证畅通无阻。对于山坡地带的发展应尽量维持低矮或不超过树木高度的建筑，以便确保近地层的空气流通。特别对于平坦的山坡地，零星个别发展项目配以大面积绿化和开敞空间将有助于良好的通风状况和冷空气的生成（图 5-15）。

（*a*）

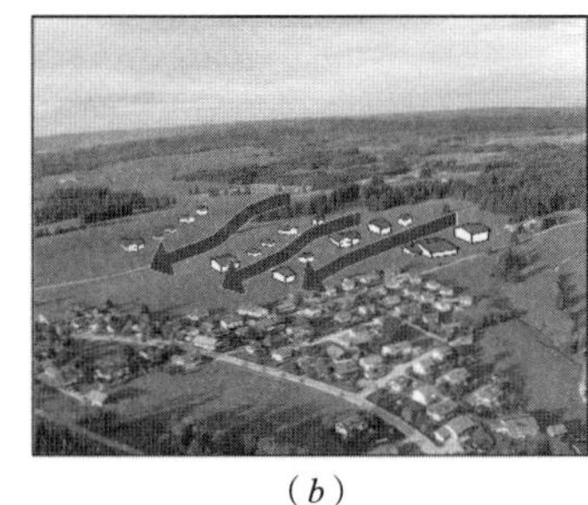
（*b*）

（*c*）

图 5-15　山坡地带发展建议

（图片来源：作者自绘）

（*a*）山坡地带建议房屋高度；（*b*）松散的建筑分布；（*c*）避免条形或板式建筑阻风

城市通风廊道的有效性取决于所处城市冠层下部空气交换与流动的状况，这与周边的地形地貌、面积、长度、朝向、非透水地面比例、植被覆盖类型及是否有高大建筑物的遮挡相关。

5.4　针对热岛的景观设计策略

街区布局、建筑形式是影响城市通风的重要因素，但并不是影响气流的唯一因素。建筑物的表面温度和不同土地覆盖层同样对局部风流通有重要影响。通风廊道可以引入冷空气来改善城市建成区背风区域的热岛效应，但在一些条件下，风不能沿着较高温度的空间通过。且由于一些阻风建筑在全生命周期内很难拆除，国家对建筑改建的要求越来越严格，因此利用景观设计的策略改善热岛效应，保持空气温度不上升是有效促进风流通的手段。

在市区，由于蒸发能力、热容和辐射率的变化，土地利用类型对城市地区的地表温度有很大的影响。热岛效应形成的直接原因是城市建筑用地侵蚀绿地，建筑材料表面较水面和绿化面吸收更多的太阳辐射热量，加之空调、汽车排出的热空气，直接导致局部区域温度升高，并且对降水产生阻碍，进而导致温度进一步升高，形成恶性循

环。通风廊道可以与其他规划缓解策略相结合更好地促进城市热环境的改善，如增加植被面积、绿色屋顶、森林和水体，以及减少人工和不透水的表面，可以改善热岛强度，促进空气流通。

因此，本书提出了用温度场来评价不同城市空间的热效应。如果潜在风道难以通过这些高温区域，应针对城市热环境提出相应的缓解策略。

5.4.1　热岛缓解方法

（1）垂直绿化

通风廊道与垂直绿化相结合，能有效缓解城市热岛效应，改善城市生态环境。垂直绿化主要分为屋顶绿化和墙面绿化，近年来，城市土地资源越来越紧张，导致城市绿化建设用地十分有限。从现实的角度出发，发展屋顶绿化和墙面绿化是城市立体绿化的重要途径和发展趋势，可使城市建筑物的空间潜能与绿色植物的多种效益有效结合，前景广阔。

垂直绿化的作用如图 5-16 所示。其能够缓解城市热岛效应降温增湿，改善城市环境；优化城市雨水管理截留雨水，减少地面径流，净化水质；节约能源调节室内温湿度，减少设备能耗；降温隔热，减少温度波动、酸雨、紫外线等侵害，保护建筑物。此外，垂直绿化有助于发展生物多样性，保护吸引动物，为其提供栖息场所；有助于人们缓解压力，放松心情，调节身心，健康保健；可以种植经济作物，发展城市新兴农业。

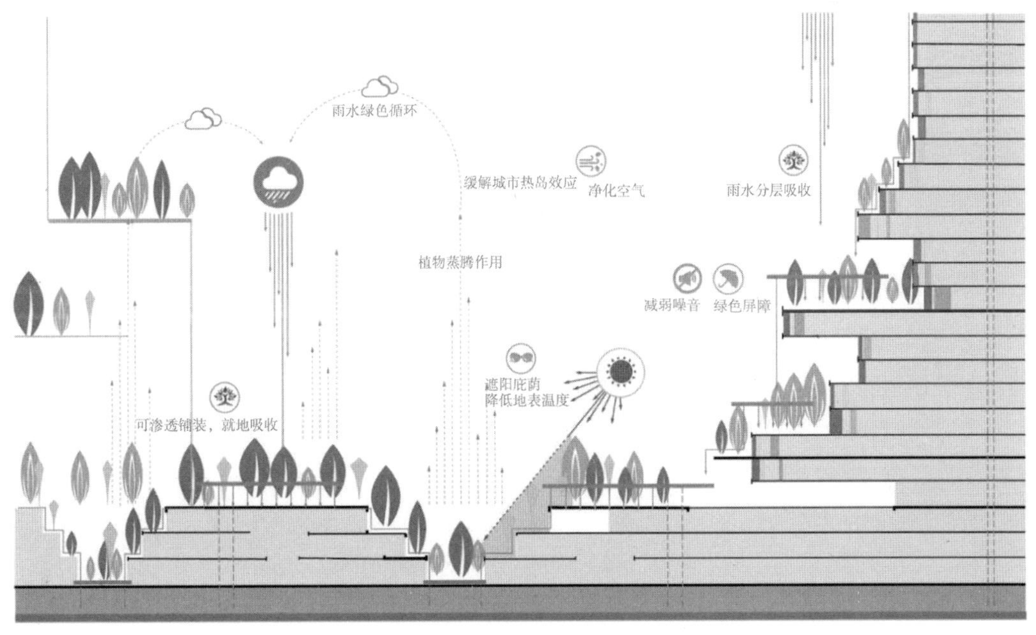

图 5-16　垂直绿化的作用

（图片来源：根据《马来西亚“森林城市”总体规划方案—Sasaki》改绘）

1）墙面绿化

墙面绿化是在立体空间进行绿化的一种方式，利用植物材料沿建筑物或构筑物立面攀附、固定、贴植、垂吊形成垂直面的绿化。包括室外墙面绿化和室内墙面绿化两种方式。室外墙面绿化可以美化景观、吸附空气中的有毒气体和浮尘物、提高城市生物多样性和“海绵性”；室内墙面绿化可以美化室内环境、吸收有害气体，促进人身心健康。主要有传统攀爬类绿化、垂直模块式绿化、组合容器式绿化三种形式，其各有优缺点，但实际应用过程中都具备以下几个关键系统：灌溉系统、结构系统和生长介质系统（图 5-17）。灌溉系统主要有滴灌和喷灌两种形式，简单方便、易于控制，有效降低人工养护费用；结构系统可有效为植物提供生长空间，既可以设置于建筑外墙，也可以脱离于建筑，具备将植物荷载转移到地面的作用，降低对建筑墙体的损害；生长介质主要是为植物提供营养成分并具备固定植物的作用，是植物存活的基础。

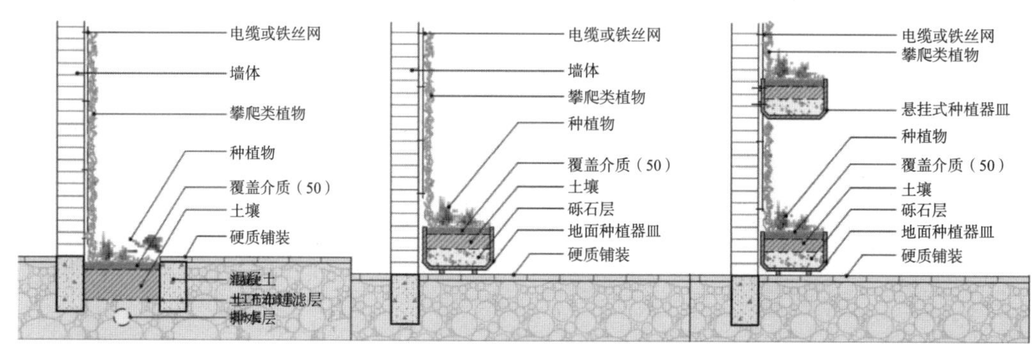

传统攀爬
自由度较高；模块整体耐久性好，安装方便，适用于大面积的墙体改造

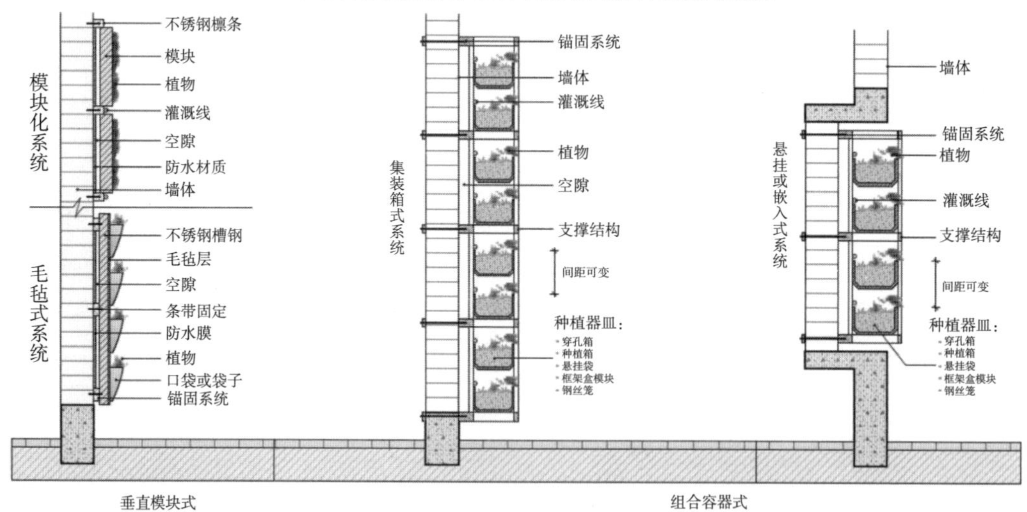

垂直模块式
自由度较高；模块整体耐久性好，安装方便，
适用于大面积的墙体改造

组合容器式
植物种类选择多样。安装拆卸方便

图 5-17 垂直绿化设计示意图

（图片来源：《GUIDE TO COOLING STRATEGIES》图集）

墙面绿化方式应根据自然环境、建筑特点和功能、建筑结构载荷要求、特定热工环境，以及植物所依附的墙面特点等灵活选用。厂房类建筑考虑其结构耐久性和建筑高度，适合布置组合容器式绿化，高效便捷，公共建筑外墙耐久性好，适合布置攀爬类和垂直模块式绿化，增加其立面的多样性，住宅类建筑三种垂直绿化方式均可。

2）屋顶绿化

有关测量数据表明，屋顶绿化可有效降低屋面温度约15℃，夏季达到20℃，室内温度可降低3～5℃。植物可以固化吸收CO_2等其他有害气体，释放O_2，增加空气中的氧浓度。植物呼吸的蒸腾作用还可以产生水分，增加空气湿度。此外，屋顶绿化可吸收15%～20%的降水，具有保水性能，缓解暴雨给城市排水系统造成的压力。覆土越深，效果越好。屋顶绿化的类型、景观特点及适用范围如表5-4所示。

屋顶绿化的类型、景观特点及适用范围　　**表5-4**

类型	景观特点	适用范围
密集型屋顶绿化	又称屋顶花园。设计元素多样化，可提供观景、休闲、运动等功能，可以采用乔、灌、草结合的复层植物配植方式。需要经常维护	适用于建筑静荷载不小于500kg/m^{2}的建筑物，构造层高度15～100cm
半密集型屋顶绿化	介于密集型和拓展型屋顶绿化之间的绿化形式，设计元素包括花草、小型的乔木、灌木、人行路等。需要定期灌溉和维护。屋顶上可供人们行走和停留，与密集型屋顶绿化功能相近	适用于建筑静荷载不小于250kg/m^{2}的建筑物，构造层高度12～25cm
拓展型屋顶绿化	又称简单式屋顶花园。设计元素简单，主要是利用草坪、地被、小型灌木和攀援植物进行屋顶覆盖绿化。易建造、成本低、重量轻，依靠自然降水浇灌，易维护。这种简单屋顶绿化也是保护建筑物和防水层非常有效的方式，一般为非活动场所	适合建筑静荷载比较小的建筑物，重量范围在60～150kg/m^3，根据大连的气候条件，6cm的种植土层即可

屋顶绿化实现方式较为复杂。首先要考虑屋顶的负荷能力，屋顶的承重能力有限，避免选取负载较大的高大乔木，尽量选取草坪等地被植物，在选取植物时也要考虑植物的生长周期、地域性、美观经济等要素。其次要考虑屋顶的防水设计，种植屋顶一般要设两道防水层，屋面板必须采用现浇混凝土板，倒置式屋面不适合做屋顶绿化。屋顶绿化从种植层到结构层的构造层次分别是：种植层、过滤层、蓄排水层、混凝土保护层、隔离层及根系阻挡层、防水层、保温层、找平层、找坡层、屋顶结构层（图5-18）。

（2）透水铺装

城市下垫面材质的改变使自然状态地表面层的物理和生物特性发生改变，从而对城市气候产生影响。主要表现为水泥路面、沥青等不透水人工材料替换自然地表绿化和水面，改变地表热特性。此类材料反照率低、储热能力高，导热率大，在同样的条件下，白天能够吸收更多的热量，在夜晚期间向周围空气释放热量，使城市温度升高。此外，沥青混凝土等人工材质蒸腾和储藏水分的能力大幅减弱，破坏了自然界微气候的自我调节能力。因此，采用透水性材料、加强城市绿化等增强地表的蒸腾能力，改

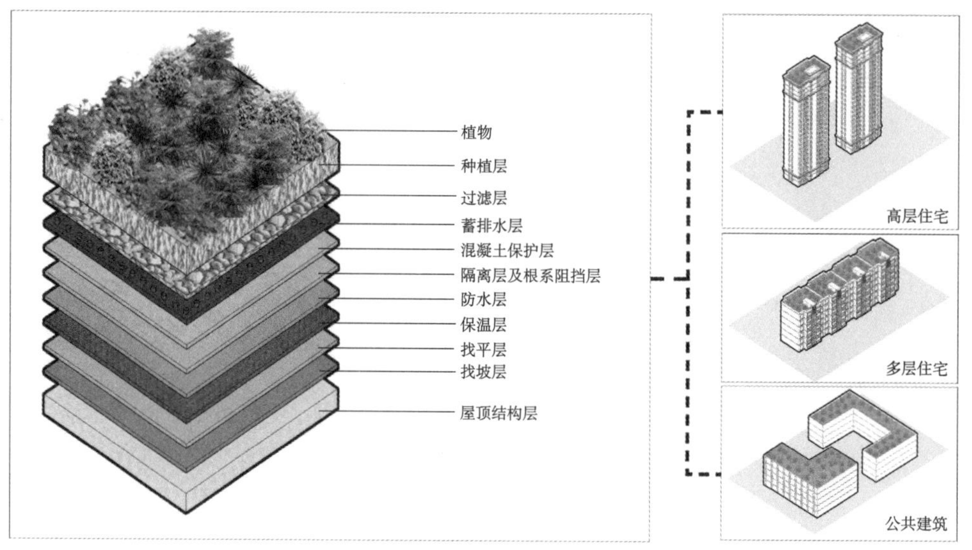

图 5-18　屋顶绿化结构示意图

（图片来源：作者自绘）

变城市下垫面的热特性，是缓解城市热岛效应的关键措施。

透水铺装材料的类型、特性以及适用范围如表 5-5 所示，可以单一铺装，也可也组合铺装。组合式铺装的边界空间的处理方式包括卵石缓冲带边界、透水路缘石边界、渗透雨水沟边界、雨水花池边界等。

透水铺装材料类型、特性以及应用　　　　**表 5-5**

材料	图例	特性
聚氨酯		高透水、高环保、防结冰、保水好、透气好。适合北方冬季极寒天气，在不同温度下物理性能稳定，可有效减缓热岛效应，施工后投入使用快
透水混凝土		透水好、保水好、透气好，能抗洪涝，可吸声降噪，能够缓解热岛效应。但在北方孔隙容易堵 塞，后期需及时清理维护
透水沥青		半透水，有效吸声降噪，摩擦力强，能够改善热岛效应。适用于铺装“排水降噪路面”

续表

材料	图例	特性
透水砖		不积水、排水快、抗压性强，生态环保，能够改善热岛效应。广泛用于人行步道、休闲广场等，不适于路基承载能力高的机动车道

（3）生态景观

生态景观对于缓解城市热岛效应具有重要意义。生态景观设计要素包括植被、水系、构筑物、微地形等，城市风道景观设计中需要综合考量和运用这些要素。

1）植被设计。植被是最基本的设计元素。由于植被的选取和覆盖率等对景观的送风效率有直接影响。因此，在景观内种植绿植首要的是要“因地制宜”。尽可能保留景观区域内原有的植被体系，同时还要增加绿化的面积，搭配灌木及地被类植物，提高景观内植被的层次效果。

2）水系设计。水系设计不仅可以丰富景观的观赏性，还有利于调节城市的微气候。在设计水系时，应该兼顾美观性和功能性，尽可能设计带状水系，带状水系的空间通透性强，易于与景观要素呼应；尽量扩大水域的范围，在水面上方尽可能留出大面积的开阔接触面，引导风流顺利流动，实现最佳送风功能；避免水系周围种植大量的密叶乔木，可以通过种植低矮灌木、地被类植物或是绿篱等手段进行绿化设计，并注意种植密度要低于普通种植。

3）构筑物设计。构筑物是生态景观设计中的装饰性元素，一般是指在景观中体积、面积较小的物体，例如廊架、花架、连廊等。为利于风的传送，在通风廊道的景观设计中，要注意构筑物形态和方向，避免与风向成垂直角度。

4）微地形处理。在通风廊道的建设中，大面积的开敞平地最有利于风的输送。目前在大连这样的山地城市中存在较多高差地形，首要的是避免地形对风流通的不利影响，在保护城市自然环境的基础上应将周边的小地形进行修复改善，以利于形成风道和提高风速。

（4）植被与土壤配置

通过提高绿地率、丰富绿植的手段来降低空气温度是减缓热岛效应的主要景观策略，但植被的选取应因地制宜。大连处于北半球中纬地带，气候属暖温带大陆性季风气候。由于受一面靠山、三面环海的地理环境影响，大连的气候具有明显的海洋性特点，主要特征是四季分明、气候温和、空气湿润、降水集中、季风明显。总的来说，大连地区对植被的选用宽容性较大。

目前大连市内的应用最多的行道树为法桐，法桐树由于叶大而且树冠茂密，遮阴效果较佳。除了法桐之外，银杏和五角枫等树种也是理想的行道树选择。公园绿地冬季大面积的常绿树种主要以油松、雪松、龙柏、侧柏等针叶树种为主，常绿阔叶树较少，应用较多的异色叶树种主要是紫叶李、紫叶桃、复叶槭、元宝枫等；春夏季观花灌木应用较多，如榆叶梅、紫丁香、黄刺玫等。大连公园绿地植物类型见表 5-6。

为创造更加丰富亮丽的公园园林景观，突出丰富的植物季相景观，应大量推广应用多种植物种类。乔木层可选择侧柏、五角枫、红枫、复叶槭、白玉兰、元宝枫和红樱等；灌木层春夏、秋可选择榆叶梅、太平花、紫薇等开花植物。四季可选择常绿灌木。地被可发展缀花草坪。

大连公园绿地植物类型 **表 5-6**

片层	类型	树种
上层	常绿针叶乔木	雪松、桧柏、龙柏、油松、侧柏等
	常绿阔叶乔木	广玉兰等
	观花、观叶乔木	复叶槭、紫叶李、紫叶桃、元宝枫、五角枫、红枫、碧桃、京桃、白玉兰、红樱等
中层	观花灌木	（春）连翘、榆叶梅、黄刺玫等；（夏）紫丁香、棣棠、太平花等；（秋）木槿等
	观果灌木	金银忍冬等
下层	绿篱	小叶黄杨、紫叶小檗、金叶女贞、冬青、小檗、龙柏、侧柏等
	模纹	小叶黄杨、小檗、紫叶小檗、金叶女贞等
	宿根花卉和地被	花叶玉簪、紫萼、一串红、矮牵牛、马蔺、沙地柏、紫杉、龙柏、侧柏等

（5）街区遮阳设计

步行街、道路、公园广场等城市室外空间是人室外活动的主要空间，此类空间在设计时往往注重于空间营造和景观形象，缺乏对遮阳、通风的考虑。热环境受气候影响严重，尤其在夏季太阳辐射强度高的季节，室外有遮阳和无遮阳的温度相差 20℃左右。随着城市步行交通系统的完善，室外步行空间使用率越来越高，需要进行一定的遮阳设计提升人在室外的安全性和舒适性，通过人工遮阳、绿化遮阳或者建筑遮阳的方式改善研究区域内主要街道和周边广场的热环境，营造舒适的室外空间，提升街道的步行友好性（图 5-19）。

人工遮阳是以设置一些构筑物的方式提供户外遮阳休憩空间，比如张拉膜、遮阳篷等。绿化遮阳主要通过种植树冠面积大的植物来形成树荫空间，辅助长凳等营造停留休憩场所，由于大连气候较为寒冷，在行道树选择方面要选择耐寒植物。建筑遮阳主要通过建筑形式、附属构件营造遮阳空间，例如骑楼、长廊等预留出底层阴影空间供行人通行。

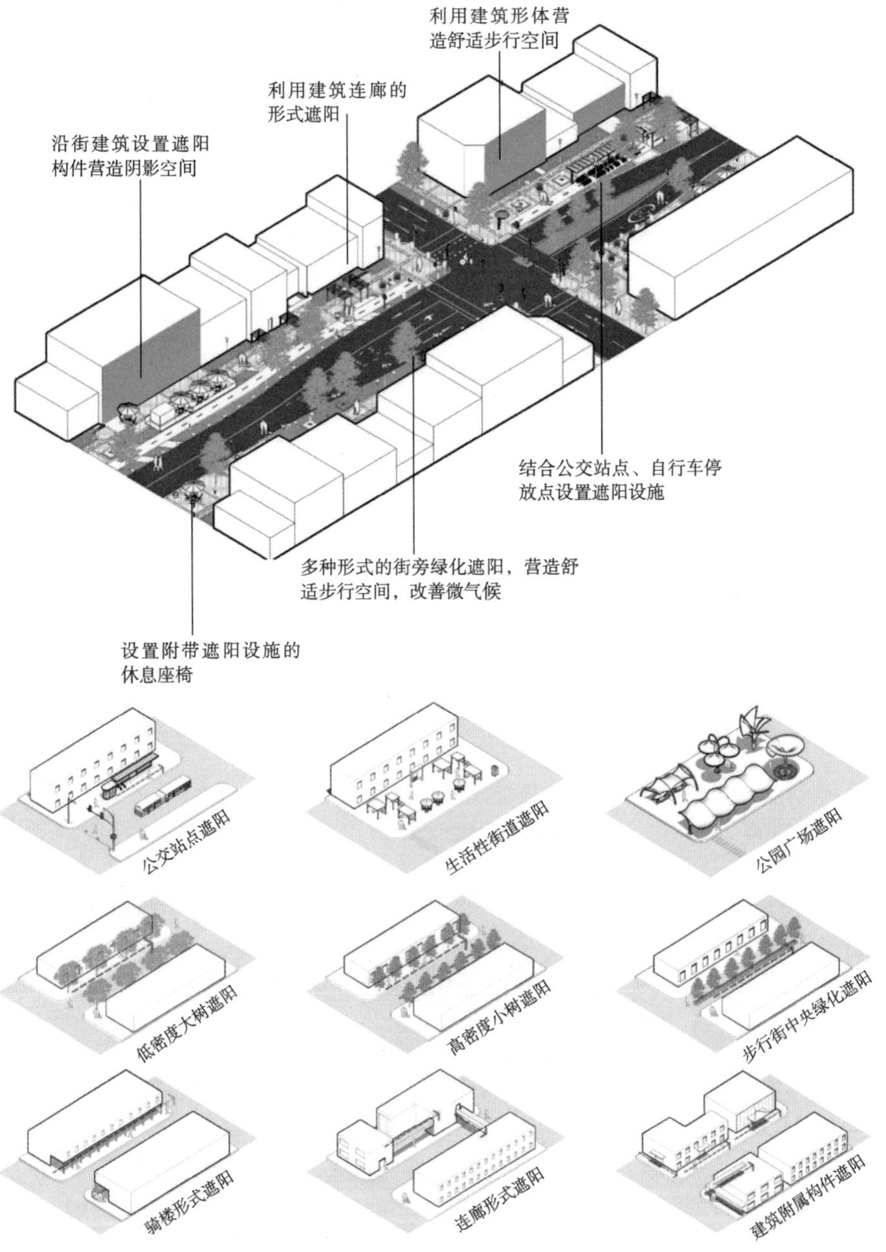

图 5-19 城市遮阳总体策略

（图片来源：南鹏飞《基于 WRF 的未来（2050s）城市气候预测及适应性规划策略》）

5.4.2 空气温度实测

为了评估通风道所经路线的热环境，据此提出有针对性的热岛缓解策略，在研究区域内选取 45 个均匀分布的点（图 5-20），覆盖了住宅、学校、公园、山地、商业区等各类土地利用类型。其中自然山体设置了 8 个测点，水体旁设置了 8 个测点，公园

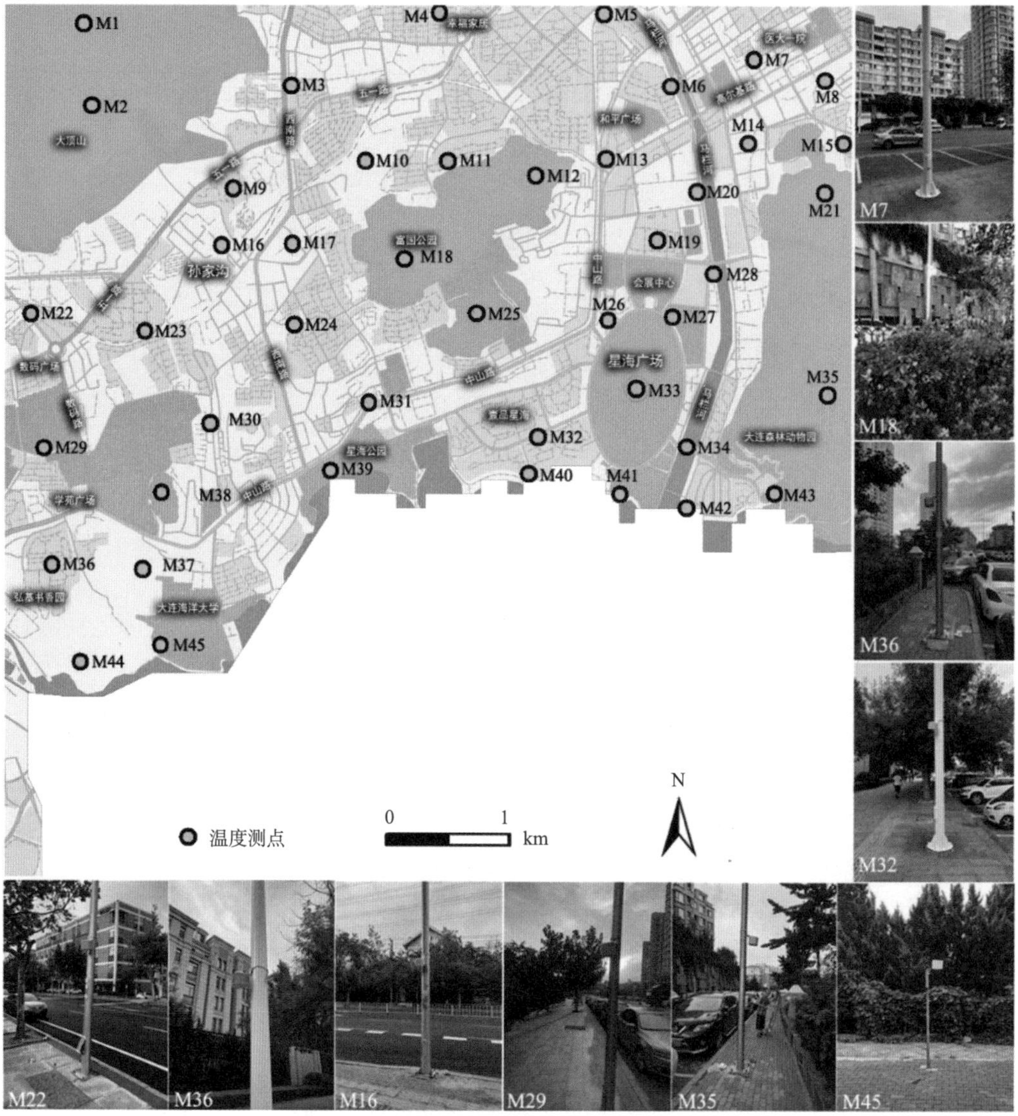

图 5-20 固定温度测量点和现场装置照片

（图片来源：作者自绘自摄）

绿地设置了 4 个测点，商业金融区设置了 9 个测点，学校设置了 3 个测点，住宅区设置了 13 个测点。

在每个测试点均放置了 HOBO（U23-001 Pro v2 Temp/RH）温度自记仪（表 5-7），进行空气温度的现场固定观测。HOBO 数据记录仪传感器精度为 ±0.21℃，范围为 0～50℃，数据记录时间间隔为 1h。自记仪放置在由美国 HOBO Onset 公司制造的太阳辐射防护罩内，可用于防止间接和直接阳光照射，防护罩内有足够的空隙，能保持良好的通风，以保证数据的准确性。

HOBO 温度自记仪参数　　　　　　表 5-7

HOBO U23-001	技术参数	指标
	温度量程	–40 ~ 70℃
	湿度量程	
	精度	± 0.21℃（0 ~ 50℃时）；± 2.5%RH
	分辨率	0.02℃（25℃时）; 0.03%RH
	稳定性	<0.1℃ / 年；<1%/ 年
	采样间隔	1h

根据《城市场地气象观测指南》和 WMO（世界气象组织）相关规范，温度记录仪需要选择放置在开场空间，并远离建筑墙体、空调等热源的地方。考虑到仪器的安全性，传感器均安装在离地面约 2.5m 高，周边没有植被遮挡的路灯或电线杆上。

在进行持续一周（2018 年 8 月 18 ~ 26 日）的测量后，计算每个固定测试点的平均温度并导入到 ArcGIS 中。利用插值法生成了研究区域的温度场和温度等值线，如图 5-21（*a*），根据计算结果测得，所有 45 个监测点的平均温度为 23.6℃。场地中明显存在四个冷岛和四个热岛。

四个冷岛均是研究区域内植被覆盖度高的自然山体区域，分别位于大顶山、富国公园、大连森林动物园和大连海洋大学东西两侧沿海地区，这说明植物覆盖度高的地区自然降温的效果显著。大顶山的最低温度为 21.5℃，富国公园的最低温度为 22.4℃，大连海洋大学西侧的西尖山区域最低温度为 21.1℃，东侧的星海公园区域最低温度为 20.7℃。整个研究区域最低温度为 20.3℃，位于大连森林动物园。即便几个冷岛的温度接近，也能发现细微差别——沿海的冷岛温度均低于内陆的冷岛温度，这说明海风的降温作用比山风更加明显。

四个热岛主要分布在内陆建筑密集区，分别位于幸福家居地区、会展中心地区、高尔基路住宅区以及数码广场地区。幸福家居地区的最高温度为 25.3℃，会展中心的最高温度为 25.2℃，数码广场区域的最高温度为 24.5℃。研究区域最高温度为 25.9℃，出现在东北区域，位于高尔基路附近的高层住宅区处。其中会展中心临近海边，且东侧为马栏河，南侧有开阔平坦的绿化广场，理论上会展中心的局部平均温度不应如此高（平均温度几乎与内陆通风潜力极差的区域持平），这从侧面说明大体量建筑物的排热高，其阻风效果产生的负面影响要远远高于普通住宅。根据图 5-21（*a*）显示，孙家沟区域为风道汇集区，因此孙家沟地区虽然同为建筑密集区，但最高温度仅为 24℃，这说明良好的通风对热岛效应的缓解作用明显。

整体温度的分布规律明显，沿海地区受到海风影响温度普遍较低，尤其在森林动物园区域自然山体保持海风的湿度和温度，产生了较低的温度。内陆建筑密集区均呈

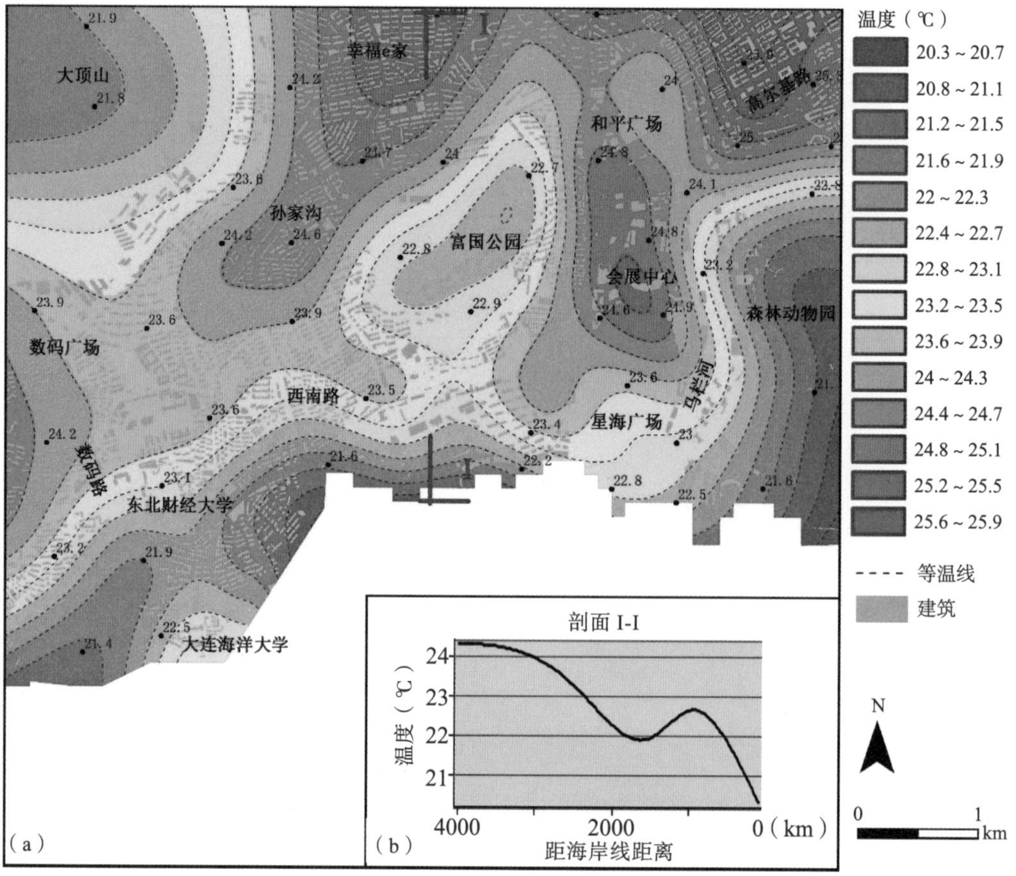

图 5-21　固定温度测量结果

（图片来源：作者自绘）

（*a*）温度场；（*b*）温度剖面 I-I

现了温度升高的趋势，且距离海岸线越远，温度越高，如图 5-21（*b*），其中高尔基路沿线由于有大量的高层住宅，温度最高，且主干道垂直于盛行风方向，说明建筑物的迎风面积较大会影响空气流通，导致热岛效应加剧。

5.4.3　温度场与风廊叠加分析

通过叠加潜在风道（海风通风道和山风通风道）及温度场，发掘通风廊道密集、热负荷高和高 FAI 值（主要阻塞点）的片区，根据上文提出的热岛缓解策略，提出针对性的景观改造策略。根据热岛和潜在风道分布、建筑类型和空间布局等特点，共选定 4 个代表性区域（图 5-22）：Z1 位于星海广场，由于大体量建筑的阻挡作用，风道

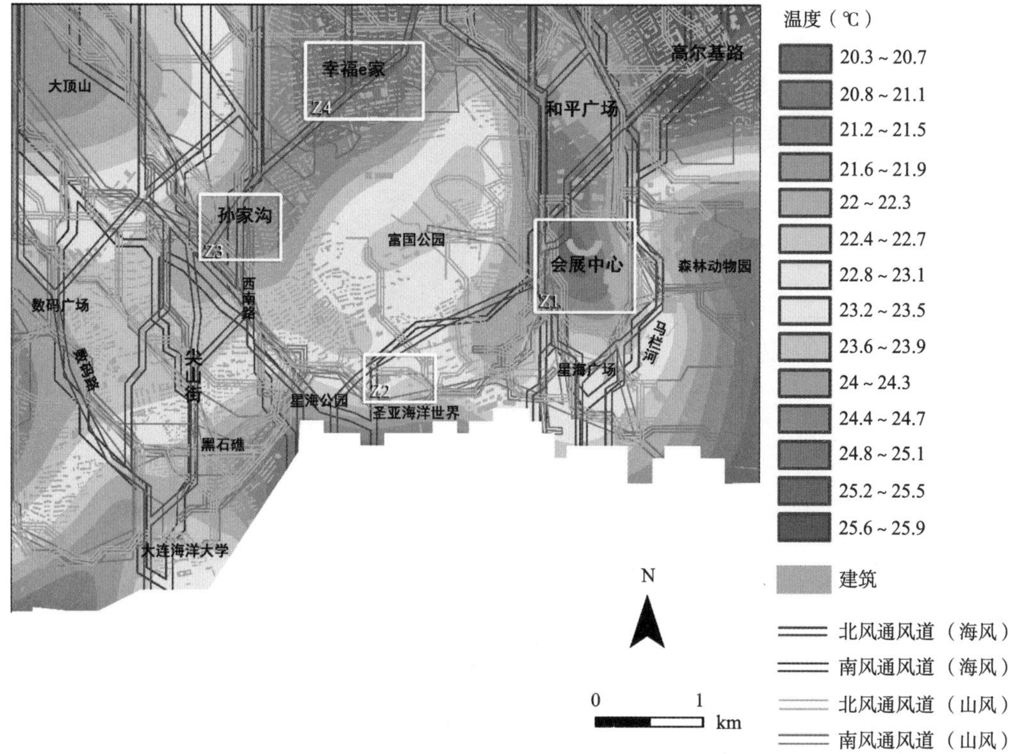

图 5-22　通风廊道和温度场叠加图

（图片来源：作者自绘）

出现了偏转分流且温度明显升高，是一级风道的主要阻塞点；Z2 位于星海公园东侧，紧邻黄海，是城市东西向风道的连接点，也是海风吹向内陆的重要风口，由于区域内大体量建筑和高层建筑的屏风作用对风流通产生负作用；Z3 位于孙家沟地区，是多个方向风道的汇聚区，且属于热负荷较高的区域，应保护并提升通风能力；Z4 位于幸福家居区域，热压高且风流通较弱，需要建设绿廊，提高绿地率。

4 个规划节点的建筑类型和空间布局均不同。Z1 为星海广场北侧的高层建筑群及博览建筑；Z2 位于星海广场西侧的内湾，是城市重要游乐场所；Z3 位于中小学校和老旧小区内；Z4 位于幸福 e 家地区的老旧小区、批发市场、工厂片区内。

从图 5-23 中能看出，Z1 区域内大体量建筑对南侧吹来的海风产生较大的阻碍作用；Z2 区域临海建筑体量较大，对内湾形成了围合的态势，不利于海风吹向内陆；Z3 和 Z4 区域以住宅建筑为主，没有大体量建筑，但建筑密度较高，应注重楼间的风流通。

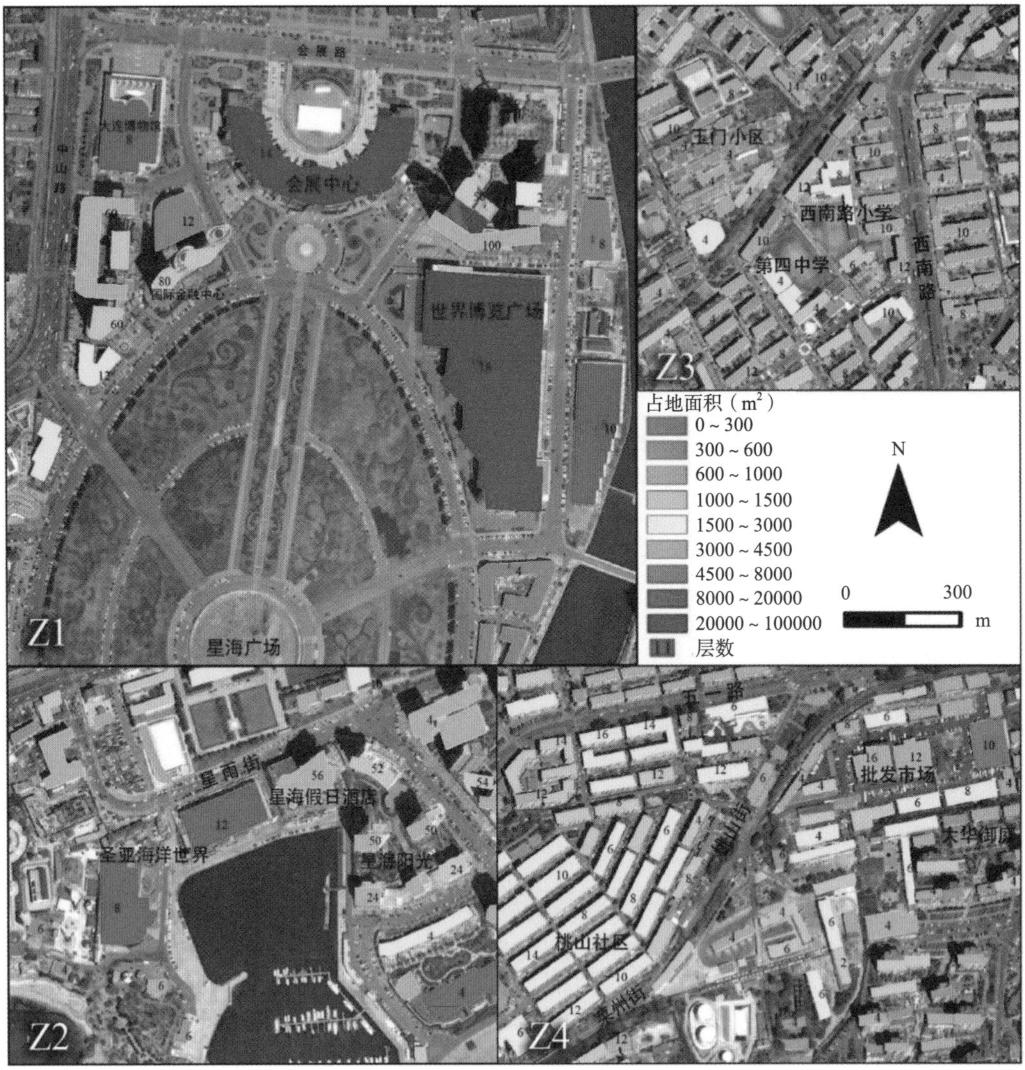

图 5-23　4 个选定的规划缓解区及主要建筑占地面积

（图片来源：作者结合遥感地图绘制）

5.4.4　热岛缓解策略

（1）Z1 区域

Z1 区域是连接星海广场和部幸福地区通风廊道的重要节点，也是城市建成区非常重要的风口之一。从图 5-24 中能看出，会展中心和国际金融中心这样的大型和超高层建筑，由于体积巨大、热容高，流经的气流会很容易被建筑表面大量的热量加热，空气升温明显，且风道产生明显偏转，对下风向的热环境产生不利影响。因此应采取以下策略（图 5-25）。

1）会展中心一期及二期采用拓展型屋顶绿化。大面积屋顶绿化能大幅度降低屋面

图 5-24　Z1 区域平面地图及实景鸟瞰

（图片来源：结合遥感地图及航拍图像绘制）

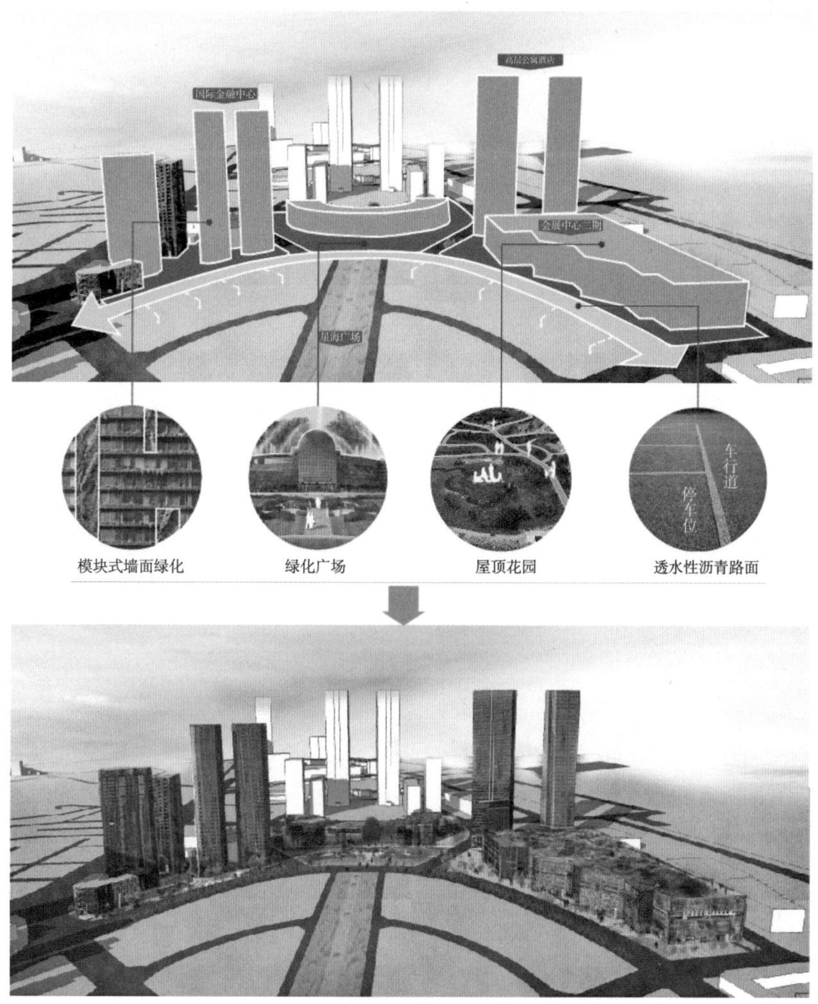

图 5-25　Z1 区域节点改造分析及效果图

（图片来源：作者自绘）

温度，大大提高建筑群绿地率，但因展览建筑举架高，屋顶多采用桁架结构，建议采用承重要求低的拓展型屋面，即大面积草坪绿化。也可参考成都春熙路 IFS 购物中心，设立屋顶平台，局部做屋顶花园，可上人屋面，形成开放的文化活动中心。绿化应与星海广场景观肌理顺应，也能提升附近高层建筑的景观视野，对提升星海片区乃至整个城市的风貌大有裨益。

2）增加垂直绿化。由于附近的高层建筑外立面材质多为玻璃幕墙，因此建议对高层建筑下部的公建区域和会展建筑的外部结构进行墙面绿化，能够对地表空气温度有效降温，提高人视环境的美化程度。高层建筑在中部可采用局部模块化绿化形式，这种做法有利于植物稳定栽植，提高成活率，降低维护成本。

3）增加各类开放空间材料的透水性能。主要针对会展中心前广场进行改造，应统一采用透水材质，形成绿化广场，街边绿化以低矮灌木和疏叶乔木为主，避免大型乔木对风和游人视线的遮挡。星海广场沿广场周边设置了观光停车位，可采用绿色聚氨酯材料，不仅能有效排水，还可以与整个俯视景观肌理融合，雨水大时能形成径流流向广场草坪。

（2）Z2 区域

Z2 区域位于两条通风率弱的路径上（频率 <5%）。区域内存在圣亚海洋世界大体量的展览建筑（长度在 100m 到 200m 之间），以及一个高度超过 100m 的酒店（图 5-26）。该地区的 FAI 值为 0.6 ~ 1，该区域整体建筑布局对内湾形成了围合的态势，与东侧的高层住宅一起形成了屏风楼，这极大地阻碍了海风吹向内陆。主要的改善策略有（图 5-27）：

图 5-26　Z2 区域平面地图及实景鸟瞰

（图片来源：结合遥感地图及航拍图片绘制）

1）改变建筑形态。在未来对建筑的改造时，应包括减少迎风面积，如采用非线性的建筑形式柔化建筑，架空建筑或缩短建筑物的宽度，应用交错布局减少阻挡效应，增加气流的穿透性。这也是此区域最有效的通风策略。

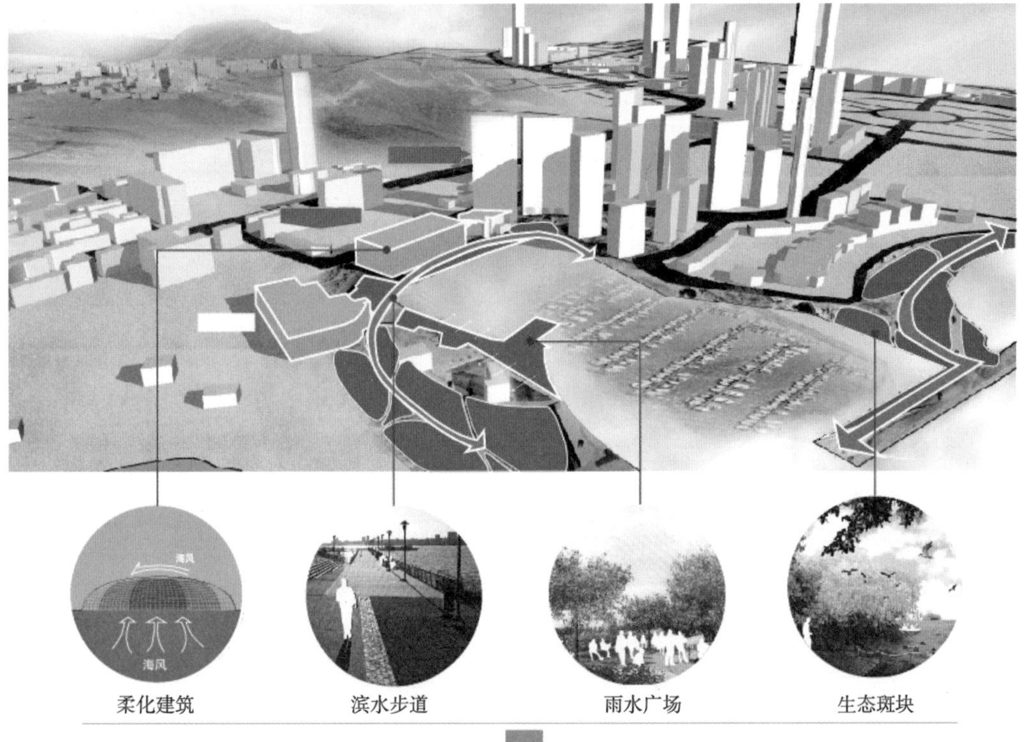

图 5-27　Z2 区域节点改造分析及效果图

（图片来源：作者自绘）

2）展馆建筑进行拓展型屋顶绿化。采用承重要求较低的屋顶草坪，能够有效降低屋面温度，促进海风通过，同时避免了栽植高大树木对海风的阻挡效应。由于圣亚海洋世界的西侧展馆建筑高度低，墙面可采用牵引式绿化，生态自然，可利用雨水进行浇灌。

3）沿海的硬质区域改造景观生态步道。沿海的广场区域是游人集散的场所，应建设滨海景观带，形成特色的滨海观景步道，并用透水铺装替换不透水材质。但是不宜栽种大型乔木，以免夏季阻挡海风吹过。

4）建设景观绿岛。圣亚海洋世界临近大连最重要的旅游地标——星海广场，且周边设有大面积游乐场，是游人汇聚的重要场所。目前场地内多以硬质铺装为主，应利用滨海的先天优势，形成生态斑块、廊道，以点成线，不仅能够保持海风的温度，形成滨海景观带，还能够应对极端天气下海水对岸边的侵蚀，形成弹性景观。

（3）Z3 区域

Z3 区域是一个由山风和海风通道交叉节点区域（图 5-28），在第四中学和西南路小学所在的地方，具有较低的 FAI 值。学校周边均是低矮的老旧小区，因此各潜在风道均经过此处，这也说明建筑高度和建筑迎风面对风的阻挡作用关联性高。由于老旧住宅数量多，分布均匀，因此主要针对学校提出改善策略（图 5-29）。

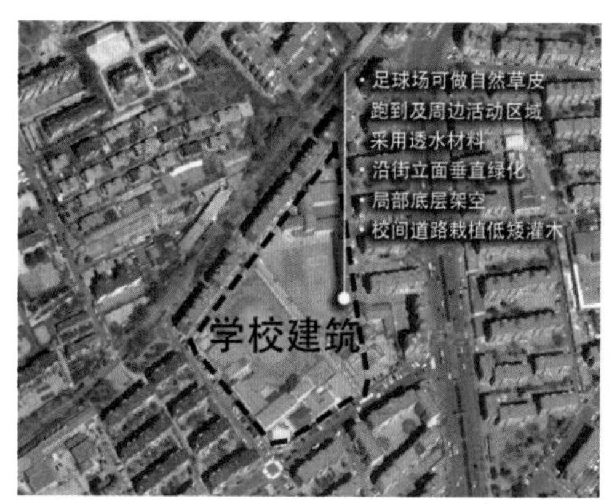

图 5-28　Z3 区域平面地图及实景照片

（图片来源：结合遥感地图及航拍图片绘制）

1）增强操场等户外公共区域的透水能力。第四中学和西安路小学的操场相邻且空间开阔，大大提升了区域的空气流通性。如能在操场使用可渗水的材料，将有助于改善区域内的热环境，为风提供良好的致凉效果。

2）增加建筑底层架空空间。学校建筑通常较长，且此区域由于位于市内高密度区，建筑占地面积小，学生的公共活动空间较少。如果采用局部架空的形式，那么对于气流通过和下风侧将会受益，同时也可增加学生的活动空间。

3）局部屋面绿化和可上人屋面。屋面局部可采用简单式的草坪绿化，形成可上人屋面，增加学生活动的场所和趣味性。

4）牵引式墙面绿化。墙面绿化改善老旧小区的景观，促进风流通。学校建筑高度不超过 15m，因此可采用牵引式墙面绿化，或布袋式墙面绿化，施工便捷，工程成本低，好养护。

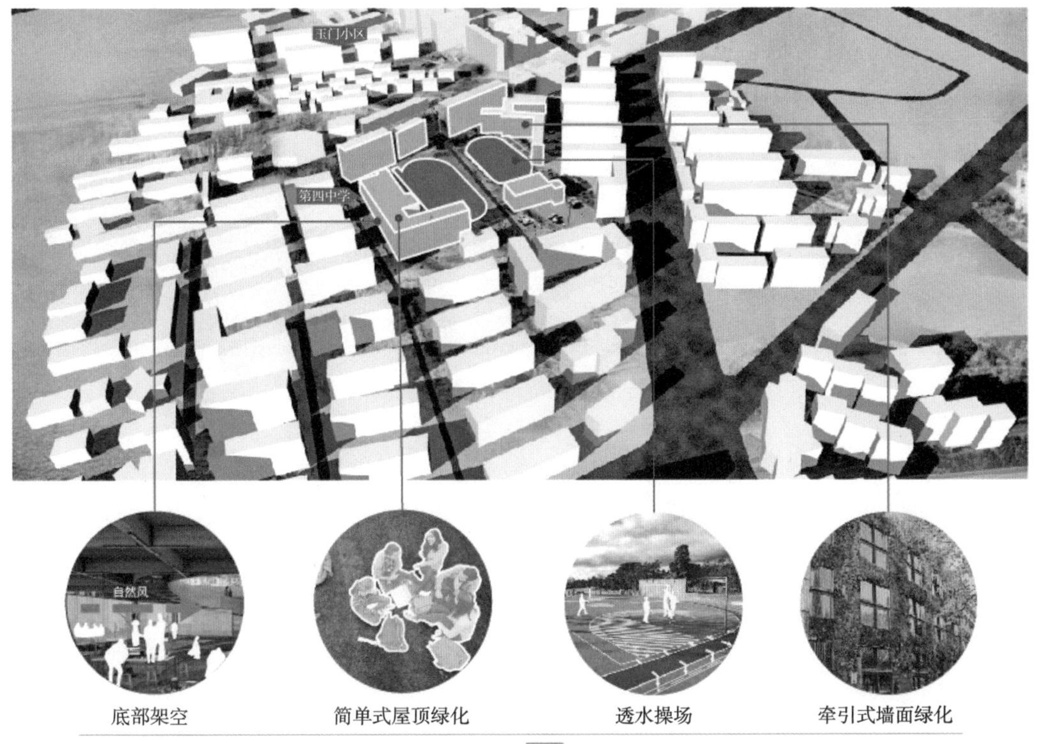

图 5-29 Z3 区域节点改造分析及效果图

（图片来源：作者自绘）

（4）Z4 区域

Z4 区域主要位于五一路南侧，主要包括桃山社区、大华御庭小区、批发市场、铁路及储油区（图 5-30）。此区域内有着大量住宅建筑和部分工厂建筑，因此，温度较高。唯一的一条潜在风道经过输油铁道，因此主要改造策略是（图 5-31）。

1）强化铁路风道的作用，拆除阻塞空气流通的玻璃工厂。未来市内铁路将会废弃，

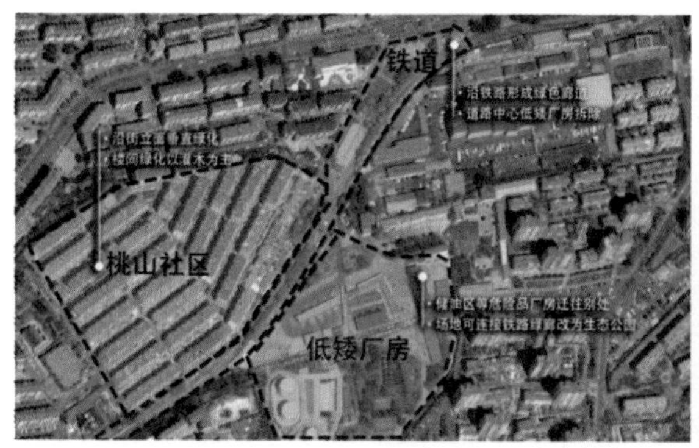

图 5-30　Z4 区域平面地图及实景照片

（图片来源：结合遥感地图及航拍图片绘制）

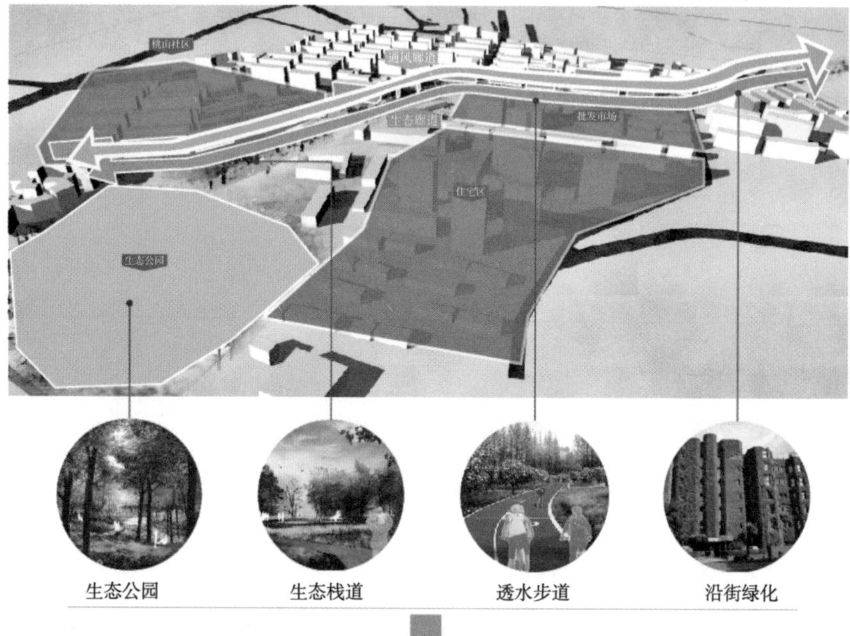

图 5-31　Z4 区域节点改造分析及效果图

（图片来源：作者自绘）

利用铁路形成具有特殊文化的景观绿廊，形成生态步行道，有利于空气流动，且提升街区活力。铁路内的工厂建筑应及时拆迁。

2）将工厂区域改为生态公园。区域内南侧的厂房包含储油等危险品厂房，不宜建设在市内，尤其是居民聚集区。因此应尽早拆迁至郊区，此处即可建设生态公园，可最大限度改善此处热岛效应，提升片区活力。

3）桃山社区内注重楼间绿化。桃山社区是老旧小区，楼间距较近，但建筑布局基本顺应风道，且成一定夹角，有利于通风，因此建议强化楼间绿化，提升小区绿地率，植被栽植应以灌木为主，促进通风。

5.5　小结

本章首先对通风廊道的基本特征、设置原则和风廊分级进行了总结。基于以上总结和第 4 章的研究成果，首先明确了星海湾地区的补偿空间与作用空间的分布，共明确 6 个补偿区和 8 个作用区。继而通过将海风通风道和山谷风通风道叠加，遵照通风廊道连接补偿空间与作用空间的基本原则提出了风廊总体布局与分级设置。确立了 13 条城市通风廊道。根据星海湾地区的特点，研究依据不同的空间尺度及特性，主要将风道分为三级：区域 - 城市级、街区级、建筑级。将通风潜力最优、地形开阔的风道作为城市一级通风廊道；将通风潜力较好、辐射面积较大的区域作为二级通风廊道，将分布较为散乱，风速较低的风道作为城市三级通风廊道布置。对一、二、三级通风廊道的控制范围及目前存在问题进行了阐述。

通过对国内外城市通风廊道管控标准的研究，确立了星海湾地区通风廊道控制指标及优化建议，在研究区域总体风廊控制范围的基础上，对各风道进行路段定位，提出了控制宽度和针对性的控制策略。此外还提出了街区 - 建筑尺度的设计策略并选取研究区域的实际案例进行剖析。五个针对性策略分别是：连接开放空间；调整街道布局和朝向；利用建筑布局促进通风；减小建筑迎风面积；注重补偿空间周边的建筑布局。

最后，本章还针对街区形态和建筑设计在短期内难以改进的现状，提出了针对城市热岛的景观设计策略。提出了用温度场来评价不同城市空间的热效应。以大连星海湾地区为例的温度场分析，发现了该地区存在明显的四个冷岛和四个热岛，证明植被覆盖和海陆风流通是降温的重要手段，这也说明城市通风廊道规划的重要意义。通过利用 GIS 的叠加评估技术，将风道结果与平均温度场进行综合评估，发掘通风廊道密集、热负荷高和高 FAI 值的片区，选择了 4 个区域，这是不同的风道或高 FAI 值区域的交集，提出针对性的景观热岛缓解策略。这种风道设置、街区 - 建筑设计策略、热岛缓解策略适用于多数高密度城市，可以为精准化的提出和实施城市设计提供依据。

第 6 章

总结与展望

6.1 总结

本书以大连星海湾地区 7km × 7km 的一个典型滨海高密度城区为研究对象，通过对大连气候数据和建筑形态等基础数据的分析计算，发掘城市潜在风道，以此作为风廊规划的依据，地方政府和城市规划师们可以对城市用地布局、地块划分、街道设计、开敞空间设置、建筑形态设计、景观设计等各项建设活动进行控制指引，从而整体上提升大连市风环境质量，改善冬季雾霾、夏季城市中心持续高温状况，降低热岛效应、提高环境舒适度，为进一步建设生态宜居城市提供强有力的规划指导。

主要研究了大连典型滨海山地高密度区域——星海湾地区的风道发掘和设计策略，主要研究工作和成果如下：

（1）利用大连市气象站 1951 ~ 2017 年的观测数据进行统计和回归分析，对城市总体气候发展趋势进行了预测。结果表明，大连年均气温升高 0.0345℃，年均风速下降 0.0357m/s。风向频率分析表明，全年主导风向为北，南向次之。春夏季主导风向为南，秋冬季主导风向为北；风速有明显的昼夜循环，全年白天的平均风速比夜间都要强；夏秋时节夜晚的风较弱（<3.3m/s），此时可能形成山谷风。

（2）改进了迎风面积指数（FAI）计算方法，计算了将山体纳入 FAI 计算的折减系数。本书确立了利用 FAI 发掘通风廊道的方法，因 FAI 计算方法简便，与风速关联性良好，采用其作为挖掘通风廊道的基础。然而大连城市地形复杂，山体对风环境的影响不可忽略。其影响机制有两个：机械强迫（阻挡）和热力环流作用（加强和削弱）。从两方面加以改进，一是将海平面以上山体与地形作为阻碍物纳入了 FAI 计算过程，提出了一种山体 FAI 计算和折减的新方法，计算后研究区域的折减系数 φ 是 0.77；二是考虑热力环流对主导风向及通风廊道的影响。

（3）利用最小成本路径法（LCP）发现了 FAI 地图中南向和北向各四条通风廊道。本书在地理信息系统（GIS）中建立了星海湾地区的建筑矢量三维数据、DEM 数字高程模型等信息，统一了其坐标系和符号系统。在 100m × 100m 网格中，通过 Python 脚本计算南风、北风 FAI 密度地图。利用最小成本路径法（LCP），计算了南风和北风的通风廊道，主要有四条南向通风道、四条北向通风道。进一步分析了山谷风和海风等热力环流的风向，并计算了其通风廊道分布。

（4）利用计算流体力学模型（CFD）和现场实测两种方法，对风道计算结果进行了验证。CFD 模拟结果表明，风道比非风道的平均风速高 43%（南）和 18%（北）。并于南风和北风天气进行了现场测试，进一步验证了通风廊道的风速效果。现场实测结果表明,风道比非风道的平均风速高 100%（南）和 112%（北）。这些验证结果表明，利用 FAI 和 LCP 所发掘的风道与实际相比具有足够的可信度和一致性，有助于规划师对通风廊道进行评估。

（5）明确了补偿空间与作用空间分布，提出星海湾地区风廊总体布局、各级风廊街区控制指引及建筑设计策略，确立了 13 条城市通风廊道。根据星海湾地区的特点，其依据不同的空间尺度及特性，主要将风道分为三级:区域 - 城市级、街区级、建筑级。将通风潜力最优、地形开阔的风道作为城市一级通风廊道；将通风潜力较好、辐射面积较大的区域作为二级通风廊道，将分布较为散乱，风速较低的风道作为城市三级通风廊道布置。对一、二、三级通风廊道的管控范围、宽度、街区控制策略和建筑设计策略进行了详细阐述。

（6）将星海湾地区通风廊道分布图与实测所得城市温度场相叠加，对风道及作用区的热环境进行了定量评估并提出了针对热岛的景观设计策略。通过利用 GIS 的叠加评估技术，将风道结果与平均温度场进行综合评估，发掘通风廊道密集、热负荷高和高 FAI 值的片区，选择了 4 个区域，这是不同的风道或高 FAI 值区域的交集，提出针对性的景观热岛缓解策略。

6.2 创新点

本书的创新与特色主要体现在以下三个方面：

（1）提出了一种山体迎风面积指数（FAI）的新模型、开发了相应的 Python-GIS 计算程序，综合考虑地形、山体、建筑因素，解决了 FAI 难以描述山体风阻效应的难题，扩大了 FAI 的适用范围，工具和方法有效。

传统 FAI 模型忽略山体的影响或者将其作为独立个体，会造成风廊发掘结果的偏差。本书把研究区域整体作为一个对海风障碍物的集合，包含了海平面以上所有的地形和建筑，避免了山体及坡地建筑风阻效应被低估的情形。这种 FAI 新模型可更好地适应山地城市，为从事相关研究和实践的规划师和建筑师提供了更准确的设计依据。

（2）针对山体的特殊形态，提出了合适的迎风面积折减系数，客观描述了山体与建筑拖曳效应的差异，避免了山体迎风面积被高估的情况，提升了风廊定量发掘方法的准确性。

由于受到水和风的侵蚀，山体形体更圆润，对风的阻挡效应更小。为了区分两者的差异，提出了一种山体 FAI 折减系数的计算方法：利用 CFD 模型计算山体与相同迎风面积的建筑风影区风速的比值，即折减系数（φ），用来乘以山体 FAI。对比发现，经过折减的、包含山体的 FAI 地图所发掘的风廊位置更符合实际情况。

（3）基于风廊发掘结果，系统地提出了相应的风廊布局、街区规划指引、建筑设计和景观设计策略，为生态宜居城市建设提供了一种工作流程和实施方法。

通过 ArcGIS 平台将风廊结果与城市信息相对接，明确了补偿空间和作用空间的布局和范围。参照相关研究和标准确定了风廊的布局、宽度、控制指标及分级方法。根据风廊内部及周边建筑的情况提出了未来可能的建筑形态改造策略。利用 GIS 的叠加评估技术，将风廊结果与温度场进行综合评价，针对风廊所经区域的重要节点提出了景观设计策略。建立了涵盖街区、建筑和景观设计多个尺度的工作流程，为城市设计尺度风环境研究成果的应用提供了有益的参考和依据。

6.3 研究展望

本书在大连气候数据、地形数据、建筑数据等资料获取、分析方面做了大量工作，且运用 GIS 计算风道、CFD 模拟验证、实地测量三种方式对通风廊道的发掘与验证进行了详尽的分析。最终结合大连星海湾地区的实际情况，设定了大连城市通风廊道建设标准，提出了一级通风廊道、二级通风廊道、三级通风廊道规划建议，对风廊重要节点景观改造提出了具体实施方案。

由于时间和精力所限，有关城市通风廊道的研究还可以从以下几个方面进行深入研究：

（1）本书中针对大连风速、风向的统计计算为年均和四季的均值。由于通风廊道在软轻风（<3.3m/s）情况下对污染物和城市热岛的缓解效果更好，因此可统计软轻风各风向风频，对静风频率和软轻风频率进行分析，绘制全年、不同季节及白天和夜间的 16 方位软轻风玫瑰图。但这需要对规划城市内所有气象站软轻风资料进行统计，资料的获取和分析均有较大难度。

（2）本书在发掘城市通风廊道的过程中主要采用迎风面积指数（FAI）作为主要参数，在今后的研究中，可以根据实际情况对可视天空系数（SVF）、城市热岛强度（UHII）、植被覆盖度（NDVI）和不透水面指数（NDISI）等指标进行计算和模拟。

（3）本书通过叠加建筑及山体地形迎风面积图层，从而绘制 FAI 地图。实际上，绿化植被对局部行人层的风环境也有较大影响，由于植被设置涉及的指标较多，实测工作量巨大，目前研究正试图通过获取街区尺度的绿化高程模型（DSM）来计算地表植被 FAI，以此提高山体 FAI 模型对行人层风场计算的科学性。

（4）本书在研究通风廊道时暂未考量空气污染物这一指标，对于北方冬季雾霾严重的内陆城市，相比于夏季高温，通风廊道对空气污染的缓解更加重要。因此，可以与相关专业的学者进行合作研究，这会大大提高公众对通风廊道的认识，明确风道的职能。

（5）本书在研究通风廊道时主要依托便于流通的原则，大连的大风主要是冬季北风，在某些建筑周边可能会导致局部风速过高，因此可以针对风速较高的气候条件，研究通风廊道并对行人层，尤其是小区内部居民活动比较多的地方，提出相应的防风设计策略。海陆风和山谷风的风向和地形有关，与冬季北风不同，两者之间并不矛盾。

（6）本书目前针对的是 $50km^2$ 左右的城市区域进行定量研究，受制于海量基础信息的计算能力，很难将本书的方法应用于批量测算大型城市的通风廊道计算。期望今后随着技术进步，能够找到更高效准确的计算方法。

随着城市化和经济高速发展，未来将面临生态环境恶化、全球气候变暖、城市人口激增、人口老龄化的难题。如何采取有效的规划管控和设计对策来减缓适应气候变化的不利影响，是目前我国城市设计的主要侧重点。城市通风廊道作为重要的气候应对策略，可将郊区或海面上清洁、低温的气流引向高温闷热的城市中心区域，从而有效缓解热岛效应和空气污染，对提高城市空气质量、改善人体健康有着积极作用。本书采用建筑形态学方法发掘通风廊道、评估其对风环境的改善作用，并提出相应的景观优化策略，对定量研究建筑形态、改善高密度城市热环境和空气污染提供了一种思路和方法。

目前大连市规划局已经完成了城市通风廊道专项规划等城市设计项目，致力于发掘自身自然资源特色，同时缓解城市热岛、打造优质舒适的风道景观。相信随着通风廊道的普及和深入研究，越来越多的城市会重视城市生态景观的规划和设计，通风廊道的作用和表现形式也会更加多元。

附录

附录 A　大连气象站年均温度和风速统计（1951 ~ 2017 年）

年份（年）	风速（m/s）	温度（℃）	年份（年）	风速（m/s）	温度（℃）	年份（年）	风速（m/s）	温度（℃）
1951	3.1	9.9	1974	5.3	10	1997	4.8	11.8
1952	5	10	1975	4.7	11.3	1998	4.5	11.8
1953	4.9	9.7	1976	5.2	9.8	1999	4.5	12.1
1954	5.3	9.7	1977	5	10.4	2000	4.5	11.5
1955	6	10.8	1978	5.1	10.9	2001	4.3	11.5
1956	6.2	9.5	1979	5.2	10.9	2002	4.4	11.9
1957	5.1	9.3	1980	5	9.9	2003	4	11.3
1958	5.3	10.3	1981	4.9	10.4	2004	3.1	12.2
1959	5.1	10.8	1982	4.5	11.3	2005	3.1	10.9
1960	5.5	10.1	1983	4.5	11.4	2006	2.9	11.4
1961	5.4	10.8	1984	4.4	10.4	2007	2.8	12.3
1962	5.7	10.2	1985	4.6	9.7	2008	2.9	11.4
1963	5.6	10.1	1986	4.8	10.3	2009	2.9	11.5
1964	5.2	10	1987	5.1	10.3	2010	3	10.3
1965	5.6	10.4	1988	4.8	11.2	2011	2.9	10.6
1966	5.4	10	1989	4.9	11.8	2012	3	10.5
1967	4.9	10	1990	4.7	11.3	2013	3.4	11.2
1968	5.4	10.1	1991	4.7	11.2	2014	3.4	12.5
1969	5.8	9.3	1992	4.8	11.3	2015	3.4	12.4
1970	5.2	10.1	1993	4.8	11.2	2016	3.4	12.2
1971	5.2	10.2	1994	4.9	11.8	2017	3.4	14
1972	5.4	10.1	1995	4.8	11.4	平均	4.6	10.8
1973	5.4	10.7	1996	4.7	10.9			

（数据来源：根据大连市气象站数据统计）

附录 B　大工站年均风频和风速统计（2014 ~ 2017 年）

风向	统计个数	平均风速（m/s）	风频
N	779	8.11	14.92%
NNE	367	7.97	7.03%
NE	189	6.46	3.62%
ENE	226	6.77	4.33%
E	197	6.51	3.77%
ESE	265	6.91	5.08%
SE	356	6.81	6.82%
SSE	539	7.02	10.32%
S	624	7.31	11.95%
SSW	451	7.91	8.64%
SW	380	7.20	7.28%
WSW	213	7.63	4.08%
W	383	7.24	7.34%
WNW	69	5.91	1.32%
NW	100	5.93	1.92%
NNW	83	6.74	1.59%

（数据来源：根据大连理工大学气象站数据统计）

参考文献

[1] IPCC. Climate Change 2013：The Physical Science Basis：Working Group I Contribution to the Fifth Assessment Report of the Intergovernmental Panel on Climate Change[M]. United Kingdom and New York：Cambridge University Press. 2014，1535.

[2] 联合国经济与社会事务部人口司．世界城市化展望：各国及地区城市人口规模和变动率（1995-2025）[J]. 人类居住，2017（04）：60-64.

[3] 任超．城市风环境评估与风道规划——打造“呼吸城市”[M]. 北京：中国建筑工业出版社，2016.

[4] 任国玉，郭军，徐铭志，等．近 50 年中国地面气候变化基本特征 [J]. 气象学报．2005，63（06）：942-956.

[5] 张建忠，孙瑾，缪宇鹏．雾霾天气成因分析及应对思考 [J]. 中国应急管理，2014（01）：16-21.

[6] 贺克斌，杨复沫，段凤魁，等．大气颗粒物与区域复合污染 [M]. 北京：科学出版社，2011.

[7] Zhang Y W，Gu Z L. Air quality by urban design[J]. Nature Geoscience，2013（6）：506.

[8] Albers R A W，Bosch P R，Blocken B，et al. Overview of challenges and achievements in the climate adaptation of cities and in the climate proof cities program[J]. Building and Environment，2015，83：1-10.

[9] 中国工程院，生态环境护部．中国环境宏观战略研究（综合报告卷）[M]. 北京：中国环境科学出版社，2011.

[10] 李丽光，王宏博，贾庆宇，吕国红，王笑影，张玉书，艾景峰．辽宁省城市热岛强度特征及等级划分 [J]. 应用生态学报，2012，23（05）：1345-1350.

[11] 程相坤，任学慧，刘捷．不同排放情景下大连地区 21 世纪气候变化预估 [J]. 安徽农业科学，2010，38（21）：11295-11298.

[12] 崔利芳，任学慧．1960-2009 年大连市气候暖干化研究 [J]. 干旱区资源与环境，2012，26（09）：26-32.

[13] 赵梓淇，李丽光，王宏博，等．1961-2010 年辽宁高温日数和热浪特征 [J]. 气象与环境学报，2014，30（05）：57-61.

[14] Yang Jun，Sun Jing，Ge Quansheng，et al. Assessing the impacts of urbanization-associated green space on urban land surface temperature：A case study of Dalian，China[J]. Urban Forestry & Urban Greening，2017（01）：1-10.

[15] Mochida A，Lun I Y F．Prediction of wind environment and thermal comfort at pedestrian level in urban area[J]. Journal of Wind Engineering and Industrial Aerodynamics，2008，96（10-11）：1498-1527.

[16] Chen H，Ooka R，Kato S．Study on optimum design method for pleasant outdoor thermal environment using genetic algorithms（GA）and coupled simulation of convection，radiation and conduction[J]. Building and Environment，2008，43（1）：18-30.

[17] Kress R. Regionale Luftaustauschprozesse und ihre Bedeutung für die Räumliche planung[M]. Dortmund：Institut fur Umweltschutz der Universitat Dortmund，1979：15-55.

[18] Urano A，Ichinose T，Hanaki K. Thermal environment simulation for three dimensional replacement of urban activity [J]. Journal of Wind Engineering and Industrial Aerodynamics，1999，81（1）：197-210.

[19] Baker J，Walker H L，Cai Xiaoming. A study of the dispersion and transport of reactive pollutants in and above street canyons-A large eddy simulation original research[J]. Atmospheric Environment，2004，38（39）：6883-6892.

[20] Baumueller J，Esswein H，Hoffmann U，et al. Climate atlas of a metropolitan region in Germany based on GIS[J]. The seventh International Conference on Urban Climate，2009，10（3）：1282-1286.

[21] 持田灯，石田泰之 . 都市計画；風通し ；海風 [J]. 日本気象学会，2009，56（7）：79-80.

[22] 一ノ瀬俊明 .「風の道」の効果·評価と日本での導入の可能性 [J]. 緑の読本（印刷），2015（7）：21-27.

[23] 尾島俊雄 . 都市環境学へ [M]. 鹿島：鹿島出版会，2008.

[24] 森山正和 . ヒートアイランドの対策と技術 [M]. 日本：学芸出版社，2004.

[25] ヒートアイランド現象の解明に当たって：建築・都市環境学からの提言 . 日本，2003.

[26] ヒートアイランド対策手法調査検討委員会 . 平成 11 年度　ヒートアイランド対策手法調査検討業務報告書，環境庁請負業務報告書，日本環境省 . 東京，日本，2000.

[27] クールシティエコシティ普及促進勉強会，尾島俊雄，编著 . 緑水風を生かした建築・都市計画 -the Cool City 脱ヒートアイランド戦略 [M]. 建築技術，2010.

[28] 堺市環境局 . 堺市ヒートアイランド対策指針 . 堺市：2008Mar. 2008.

[29] 大阪府環境農林水産部みどり・都市環境室 . 風向 / 風速 / 気温図（Wind Direction/Wind Speed/Air Temperature Distribution Map）. 大阪，日本，2008.

[30] 中部ニュービジネス協議会，名古屋工業大学 . 名古屋ヒートアイランド対策への提言：「風の道」を利用した広小路通のまちづくり . 31. 名古屋，2005.

[31] 汪光焘 . 气象、环境与城市规划 [M]. 北京：北京出版社，2004.

[32] 李鹍，余庄 . 基于气候调节的城市通风道探析 [J]. 自然资源学报，2006（06）：991-997.

[33] 朱亚斓，余莉莉，丁绍刚 . 城市通风道在改善城市环境中的运用 [J]. 城市发展研究，2008（01）：46-49.

[34] 刘姝宇，沈济黄 . 基于局地环流的城市通风道规划方法：以德国斯图加特市为例 [J]. 浙江大学学报，2010，44（10）：1985-1991.

[35] 张晓珏，郝日明，张明娟 . 城市通风道规划的基础性研究 [J]. 环境科学与技术，2014（82）：257-261.

[36] 王晓飞 . 基于降低雾霾影响的寒地城市通风廊道构建研究 [D]. 吉林：吉林建筑大学，2018.

[37] 任超，谭诤，吴恩融 . 可持续发展视角下的香港政策研究及建筑教育 [J]. 建筑学报，2012（9）：101-103.

[38] 彭立，田燕，邓娜 . 高层建筑的分布对室外风、热环境的影响研究 [J]. 城市建筑，2017（20）：31-35.

[39] 香港中文大学 . 空气流通评估方法可行性研究 [R]. 香港：香港特别行政区规划署，2006.

[40] 香港特别行政区政府规划署 . 香港规划标准与准则 [S]. 香港：规划及土地发展委员会，2009.

[41] 刘姝宇，沈济黄 . 基于局地环流的城市通风道规划 [J]. 浙江大学学报（工学版），2010，10（44）：1985-1991.

[42] 李军，荣颖．武汉市城市风道构建及其设计控制引导 [J]. 规划师，2014（8）：115-120.

[43] 陈士凌．适于山地城市规划的近地层风环境研究 [D]. 重庆：重庆大学，2012.

[44] 郭飞，赵君，张弘驰，王哲，宋煜．多模型、多尺度城市风廊发掘及景观策略 [J]. 风景园林，2020，27（07）：79-86.

[45] 杨义凡．城市气候图集绘制方法研究 [D]. 上海：上海交通大学，2013.

[46] 杜亚雄．基于 GIS 的大连城市气候评估方法研究 [D]. 大连：大连理工大学，2017.

[47] Baumueller J，Esswein H，Hoffmann U，et al. Climate atlas of a metropolitan region in Germany based on GIS[J]. The seventh International Conference on Urban Climate，2009，10（3）：1282-1286.

[48] 郭飞，祝培生，段栋文，等．高密度城市气候评估方法与应用 [J]. 西部人居环境学刊，2015，30（06）：19-23.

[49] Stewart I D，Oke T R. Local Climate Zones for Urban Temperature Studies[J]. Bulletin of the American Meteorological Society，2012，93（12）：1879-1900.

[50] Cai M，Ren C，Xu Y，et al. Local Climate Zone Study for Sustainable Megacities Development by Using Improved WUDAPT Methodology：A Case Study in Guangzhou[J]. Procedia Environmental Sciences，2016，36：82-89.

[51] Lin Zhongli，Xu Hanqiu. A study of Urban heat island intensity based on “local climate zones”：A case study in Fuzhou，China [C]. Earth Observation and Remote Sensing Applications（EORSA），2016 4th International Workshop on. IEEE. 2016.

[52] 陈恺，唐燕．城市局部气候分区研究进展及其在城市规划中的应用 [J]. 南方建筑，2017，（2）：21-28.

[53] Oke T R. Street design and urban canopy layer climate[J]. Energy and buildings，1988，11（1）：103-113.

[54] Coseo P，Larsen L. How factors of land use/land cover，building configuration，and adjacent heat sources and sinks explain Urban Heat Islands in Chicago[J]. Landscape and Urban Planning，2014，125：117-129.

[55] Auer Jr A H. Correlation of land use and cover with meteorological anomalies[J]. Journal of Applied Meteorology，1978，17（5）：636-643.

[56] Ellefsen R. Mapping and measuring buildings in the canopy boundary layer in ten US cities[J]. Energy and Buildings，1991，16（3）：1025-1049.

[57] Oke T R. Initial guidance to obtain representative meteorological observations at urban sites[R]. World Meteorological Organization，2004.

[58] Houet T，Pigeon G. Mapping urban climate zones and quantifying climate behaviors-An application on Toulouse urban area（France）[J]. Environmental pollution，2011，159（8）：2180-2192.

[59] Stewart I D，Oke T R. Local Climate Zones for Urban Temperature Studies[J]. Bulletin of the American Meteorological Society，2012，93（12）：1879-1900

[60] Stewart I D，Oke T R，Krayenhoff E S. Evaluation of the ‘local climate zone’ scheme using temperature observations and model simulations[J]. International Journal of Climatology，2014，34（4）：1062-1080.

[61] Fenner D，Meier F，Scherer D，et al. Spatial and temporal air temperature variability in Berlin，Germany during the years 2001-2010[J]. Urban Climate，2014，10：308-331.

[62] 张云伟，顾兆林，周典 . 城市局部气候分区及其参数化条件下风环境模拟 [J]. 地球环境学报，2016，7（05）：480-486+493.

[63] Larondelle N，Hamstead Z A，Kremer P，et al. Applying a novel urban structure classification to compare the relationships of urban structure and surface temperature in Berlin and New York City[J]. Applied Geography，2014，53：427-437.

[64] Geletič J，Lehnert M，Dobrovolný P. Land surface temperature differences within local climate zones，Based on two central European cities[J]. Remote Sensing，2016，8（10）：788.

[65] 金珊合，张育庆，杨俊 . 城市局部气候分区对地表温度的影响——以大连市区为例 [J]. 测绘通报，2019（04）：87-90.

[66] Kress R. Regionale Luftaustauschprozesse und ihre Bedeutung fủr die Räumliche planung [M]. Dortmund：Institut fur Umweltschutz der Universitat Dortmund，1979：15-55.

[67] 刘姝宇，沈济黄 . 基于局地环流的城市通风道规划方法——以德国斯图加特市为例 [J]. 浙江大学学报（工学版），2010，44（10）：1985-1991.

[68] 刘姝宇，宋代风，王绍森 . 城市气候文体解决导向下的当代德国建设指导规划 [M]. 厦门：厦门大学出版社，2014.

[69] 刘姝宇 . 城市气候研究在中德的城市规划中的整合途径比较研究 [M]. 北京：中国科学技术出版社，2014.

[70] 洪亮平，余庄，李鹍 . 夏热冬冷地区城市广义通风道规划探析——以武汉四新地区城市设计为例 [J]. 中国园林，2011，27（2）：39-43.

[71] Ghiaus C，Allard F，Santamouris M. Urban environment influence on natural ventilation potential original research [J]. Building and Environment，2006，34（6）：549-561.

[72] Weber S，Kordowski K，Kuttle W. Variability of particle number concentration and particle size dynamics in an urban street canyon under different meteorological conditions original research [J]. Science of the Total Environment，2013，4（449）：2215-2223.

[73] 冯娴慧 . 城市近地面层的风场特征与导风体系构建的研究——以广州、江门为例 [D]. 广州：中山大学，2006.

[74] 冯娴慧 . 城市绿地与风的环境效应研究 [J]. 中国园林，2010，26（2）：82-85.

[75] 唐春，张巍 . 利于城市通风的绿地廊道设计探索 [C]//2012 中国城市规划年会论文集，2012.

[76] 王晶 . 基于风环境的深圳市滨河街区建筑布局策略研究 [D]. 哈尔滨：哈尔滨工业大学，2012.

[77] 李书严，轩春怡，李伟，等 . 城市中水体的微气候效应研究 [J]. 大气科学，2008，32（3）：552-560.

[78] Cai Zhi，Han Guifeng，Chen Mingchun. Do water bodies play an important role in the relationship between urban form and land surface temperature? [J]. Sustainable Cities and Society，2018，39：487-498.

[79] 陈艳鑫 . 首尔清溪川复原工程：拆除公路，复原河流 [J]. 人类居住，2015（02）：60-61.

[80] Wedding J B，Lombardi D J，Cermak J E. A wind tunnel study of gaseous pollutants in city street Canyons[J]. Journal of the Air Pollution Control Association，1977，27（6）：557-566.

[81] Hosker R P. Flow around isolated structures and building clusters：A review[J]. ASHRAE Trans.（United States），1984，91：2B.

[82] Chan A，So E S P，Samad S C. Strategic guidelines for street canyon geometry to achieve sustainable street air quality [J]. Atmospheric Environment，2001，35：5681-5691.

[83] Craig K J，Kock D J，Snyman J A . Minimizing the effect of automotive pollution in urban geometry using mathematical optimization[J]. Atmospheric Environment，2001，35：579-587.

[84] Baruch Givoni. Climate Considerations in Building and Urban Design[M]. New York：A Division of International Thomson Publishing Inc，1998.

[85] G·Z·布朗，马克·德凯著 . 太阳辐射·风·自然光 [M]. 常志刚，刘毅军，朱宏涛译 . 北京：中国建筑工业出版社，2008.

[86] Kress R. Regionale Air Exchange Processes and Their Importance for the R· Umliche Planning [M]. Dortmund：Institute of Environmental Protection of the University of Dortmund，1979.

[87] 长沙市规划管理局 . 长沙市城市通风规划技术指南（报批稿）[R]. 长沙：长沙市规划管理局，2010.

[88] 武汉市国土资源与规划局 . 2012-2020 武汉市总体规划 [R]. 武汉：武汉市国土资源与规划局，2009.

[89] 石华 . 基于深圳市道路气流特征的城市通风网络模型研究 [D]. 重庆：重庆大学，2012.

[90] 梁颢严，李晓晖，肖荣波 . 城市通风廊道规划与控制方法研究——以《广州市白云新城北部延伸区控制性详细规划》为例 [J]. 风景园林，2014，（05）：92-96.

[91] 匡晓明，陈君，孙常峰 . 基于计算机模拟的城市街区尺度绿带通风效能评价 [J]. 城市发展研究，2015，22（9）：91-95.

[92] Yim S H L，Fung J C H，Lau A K H，et al. Developing a High-Resolution Wind Map for a Complex Terrain with a Coupled MM5/CALMET System[J]. Journal of Geophysical Research Atmospheres，2007，112（D5）：1435-1440.

[93] 周荣卫，何晓凤，朱蓉 . MM5/CALMET 模式系统在风能资源评估中的应用 [J]. 自然资源学报，2010，25（12）：2101-2113.

[94] Nazridoust K，Ahmadi G. Airflow and pollutant transport in street canyons[J]. Journal of Wind Engineering & Industrial Aerodynamics，2006，94（6）：491-522.

[95] Coceal O，Belcher S E. A canopy model of mean winds through urban areas[J]. Quarterly Journal of the Royal Meteorological Society，2004，130（599）：1349-1372.

[96] Kaminski J W，Neary L，Lupu A，et al. High Resolution Air Quality Simulations with MC2-AQ and GEM-AQ[M]. Springer US，2006.

[97] Salamanca F，Krpo A，Martilli A，et al. A new building energy model coupled with an urban canopy parameterization for urban climate simulations-part I. formulation，verification，and sensitivity analysis of the model[J]. Theoretical and applied climatology，2010，99（3-4）：331.

[98] Tewari M，Kusaka H，Chen F，et al. Impact of coupling a microscale computational fluid dynamics model with a mesoscale model on urban scale contaminant transport and dispersion[J]. Atmospheric Research，2010，96（4）：656-664.

[99] Chen F，Kusaka H，Bomstein R，et al. The integrated WRF/urban modelling system：development，evaluation，and applications to urban environmental problems[J]. International Journal of Climatology，2011，31（2）：273-288.

[100] Lee S H，Kim S W，Angevine W M，et al. Evaluation of urban surface parameterizations in the WRF model using measurements during the Texas Air Quality Study 2006 field campaign[J]. Atmospheric Chemistry & Physics，2010，11（5）：2127-2143.

[101] Salamanca F，Martilli A，Tewari M，et al. A Study of the Urban Boundary Layer Using Different

Urban Parameterizations and High-Resolution Urban Canopy Parameters with WRF[J]. Journal of Applied Meteorology & Climatology，2011，50（5）：1107-1128.

[102] 胡莎莎．城市风道规划研究——以黄石市风道规划为例 [C]//2016 中国城市规划年会论文集（07 城市生态规划），2016：19.

[103] 林欣．基于数值模拟的城市多尺度通风廊道识别研究 [D]. 哈尔滨：哈尔滨工业大学，2014.

[104] Chen H，Ooka R，Kato S . Study on optimum design method for pleasant outdoor thermal environment using genetic algorithms（GA）and coupled simulation of convection，radiation and conduction[J]. Building and Environment，2008，43（1）：18-30.

[105] Murakami S . Indoor/outdoor climate design by CFD based on the Software Platform[J]. International Journal of Heat & Fluid Flow，2004，25（5）：849-863.

[106] Feasibility Study for Establishment of Air Ventilation Assessment System[R]. Department of Architecture Chinese University of Hong Kong，November，2005.

[107] Baik J J，Park S B，Kim J J. Urban Flow and Dispersion Simulation Using a CFD Model Coupled to a Mesoscale Model[J]. Journal of Applied Meteorology & Climatology，2009，48（8）：1667-1681.

[108] Wyszogrodzki A A，Miao S，Chen F. Evaluation of the coupling between mesoscale-WRF and LES-EULAG models for simulating fine-scale urban dispersion[J]. Atmospheric Research，2012，118（3）：324-345.

[109] 傅晓英，刘俊，许剑峰，等．计算流体力学在城市规划设计中的应用研究 [J]. 四川大学学报（工程科学版），2002，34（6）：36-39.

[110] 李鹍，余庄．基于气候调节的城市通风道探析 [J]. 自然资源学报，2006（06）：991-997.

[111] 袁磊，宰智慧，杨晓春．基于物理环境的规划策略与指引——深圳市绿色城市规划导则专题研究 [C]//2009 中国城市规划年会论文集，2009.

[112] 刘沛，龚斌，蔡志磊，等．基于 CFD 模拟分析的湿热地区中小城市广义通风道的研究—以广东省南雄市为例 [C]. 2013 中国城市规划年会，中国青岛，2013.

[113] 陈国慧，邓仕虎．基于 CFD 的山地城市建筑格局对风速和气温微环境影响研究 [J]. 重庆建筑，2014（3）：24-25.

[114] 曾忠忠，袁靖智．北京市通风廊道的模拟研究 [J]. 华中建筑，2017（11）：36-41.

[115] 黄文锋，周桐，陈星．基于 CFD 数值模拟的典型建筑群风环境评估 [J]. 合肥工业大学学报（自然科学版），2019（03）：415-421.

[116] 袁磊，宛杨，何成．基于 CFD 模拟的高密度街区交通污染物分布 [J]. 深圳大学学报（理工版），2019（03）：274-280.

[117] 李绥，石铁矛，杨振，等．基于风环境模拟与优化的滨海居住区规划设计 [J]. 沈阳建筑大学学报（自然科学版），2015（01）：173-181.

[118] 石峰，庄涛．厦门地区高层住宅中间户型的室内风环境模拟和分析 [J]. 华中建筑，2018（06）：38-43.

[119] 刘赟，王蓉．基于 CFD 风环境模拟技术的兰州地区绿色建筑方案优化研究 [J]. 工程质量，2018（02）：20-24+35.

[120] 刘惠芳，胡毅．基于 CFD 模拟下群体建筑的通风策略分析研究——以圆山德国风情小镇商业街为例 [J]. 安徽建筑，2019（01）：265-158.

[121] 夏冬，王静，孙丽烨，等．珠海市某标志性超高层建筑群的室外风环境及舒适性模拟 [J]. 中山

大学学报（自然科学版），2019（04）：42-25.

[122] 曾穗平，田健，曾坚，等．基于CFD模拟的典型住区模块通风效率与优化布局研究[J]. 建筑学报，2019（02）：24-30.

[123] Man S W，Janet E. N，Pui H T，Jingzhi W. A simple method for designation of urban ventilation corridors and its application to urban heat island analysis[J]. Building and Environment，2010（45）：1880-1889.

[124] 翁清鹏，张慧，包洪新，等．南京市通风廊道研究 [J]. 科学技术与工程，2015，15（11）：89-94.

[125] Qiao Zhi，Xu Xinliang，Wu Feng. Urban ventilation network model：A case study of the core zone of capital function in Beijing metropolitan area[J]. Journal of Cleaner Production，2017，168：526-535.

[126] Kagiya K，Ashie Y. National Research Project on Kaze-no-michi for City Planning：Creation of Ventilation Paths of Cool Sea Breeze in Tokyo[J]. History of Philosophy Quarterly，2009，10（2）：165-179.

[127] Huang Y，Zhou Z. A Numerical study of airflow and pollutant dispersion inside an urban street canyon containing an elevated expressway[J]. Environmental Modeling & Assessment，2013，18(（1）：105-114.

[128] Hutchinson D. Wind - A planner's view[J]. Journal of Wind Engineering & Industrial Aerodynamics，1978，3（2-3）：117-127.

[129] Britter R E，Hunt J C R. Velocity measurements and order of magnitude estimates of the flow between two buildings in a simulated atmospheric boundary layer[J]. Journal of Wind Engineering & Industrial Aerodynamics，1979，4（2）：165-182.

[130] Baker C J. The theory of flow between two buildings experimental verification of the assumptions of Britter and Hunt's theory[J]. Journal of Wind Engineering & Industrial Aerodynamics，1980，6（1-2）：169-174

[131] Dabberdt W F，Hoydysh W G. Street canyon dispersion：Sensitivity to block shape and entrainment[J]. Atmospheric Environment. Part A. General Topics，1991，25（7）：1143-1153.

[132] Livesey F，Morrish D，Mikitiuk M，et al. Enhanced scour tests to evaluate pedestrian level winds[J]. Journal of Wind Engineering & Industrial Aerodynamics，1992，44（1）：2265-2276.

[133] Uematsu Y，Yamada M，Higashiyama H，et al. Effects of the corner shape of high-rise buildings on the pedestrian-level wind environment with consideration for mean and fluctuating wind speeds[J]. Journal of Wind Engineering & Industrial Aerodynamics，1992，44（1-3）：2289-2300.

[134] Williams C D，Wardlaw R L. Determination of the pedestrian wind environment in the city of Ottawa using wind tunnel and field measurements[J]. Journal of Wind Engineering & Industrial Aerodynamics，1992，41（1-3）：255-266.

[135] Jamieson N J，Carpenter P，Cenek P D. The effect of architectural detailing on pedestrian level wind speeds[J]. Journal of Wind Engineering & Industrial Aerodynamics，1992，44（1-3）：2301-2312.

[136] Georgakis C，Santamouris M. Experimental investigation of air flow and temperature distribution in deep urban canyons for natural ventilation purposes[J]. Energy & Buildings，2006，38（4）：367-376.

[137] PlanD. Working Paper 2b：Wind Tunnel Benchmarking Studies-Batch1. Hong Kong：PlanD of Hong

Kong Government SAR，2007.

[138] Martin L. Architects' Approach to Architecture[J]. RIBA Journal，1967（5）：160.

[139] 丁沃沃，胡友培，窦平平．城市形态与城市微气候的关联性研究 [J]. 建筑学报，2012（07）：16-21.

[140] Yang J，Wang Y，Xiao X，et al. Spatial differentiation of urban wind and thermal environment in different grid sizes[J]. Urban Climate. 2019，28：1-13.

[141] 侯玉洁，尹海伟，徐建刚，等．基于综合分析视角的洛阳市城市通风道规划初探 [J]. 现代城市研究，2016（02）：77-83.

[142] Park C Y，Lee D K，Asawa T，et al. Influence of urban form on the cooling effect of a small urban river[J]. Landscape and Urban Planning，2019，183：26-35.

[143] 刘勇洪．遥感与 GIS 技术在城市通风廊道规划中的研究与应用 [C]// 中国气象学会．第 33 届中国气象学会年会 S21 新一代气象卫星技术发展及其应用，2016.

[144] 郭廓．基于自然通风效能的大连城市形态设计策略 [D]. 大连：大连理工大学，2015.

[145] Du Y，Mak C M，Tang B. Effects of building height and porosity on pedestrian level wind comfort in a high-density urban built environment [J]. BUILD SIMUL，2018（11）：1215-1228.

[146] Kubota T，Miura M，Tominaga Y，et al. Wind tunnel tests on the relationship between building density and pedestrian-level wind velocity：Development of guidelines for realizing acceptable wind environment in residential neighborhoods[J]. Building and Environment，2008，43（10）：1699-1708.

[147] Ng E，Yuan C，Chen L，et al. Improving the wind environment in high-density cities by understanding urban morphology and surface roughness：A study in Hong Kong[J]. Landscape and Urban Planning，2011，101（1）：59-74.

[148] Watson，I. D. ，& Johnson，G. T. Graphical estimation of sky view-factors in urban environments[J]. Journal of Climatology，1987，7（2），193-197.

[149] 许川，杨坤丽．夏季成都地区古镇的街谷风环境对比分析 [J]. 四川建筑，2017，37（04）：32-35.

[150] Santamouris，M. The canyon effect. Energy and climate in the urban built environment[M]. James & James Science Publishers，London，2001.

[151] Arnfield，A J. Street design and urban canyon solar access[J]. Energy and Building，1990（14）：117-131.

[152] Bärring I，Mattsson J O，Lindqvist S. Canyon geometry，street temperatures and urban heat island in Malmö，Sweden [J]. International Journal of Climatology，1985（5）：433-444.

[153] 袁超．缓解高密度城市热岛效应规划方法的探讨——以香港城市为例 [J]. 建筑学报，2010（S1）：120-123.

[154] Wong M S，Nichol J E，To P H，et al. A simple method for designation of urban ventilation corridors and its application to urban heat island analysis[J]. Building and Environment，2010，45（8）：1880-1889.

[155] Ng E，Yuan C，Chen L，et al. Improving the wind environment in high-density cities by understanding urban morphology and surface roughness：A study in Hong Kong[J]. Landscape & Urban Planning，2011，101（1）：59-74.

[156] 李廷廷．基于城市形态和地表粗糙度的城市风道构建及规划方法研究 [D]. 深圳：深圳大学，2017.

[157] 住房和城乡建设部办公室 . 城市生态建设环境绩效评估导则（试行）[R]，2015.

[158] Hansen F V. Surface Roughness Lengths[R]. Army Reaserch laboratory，1993.

[159] Gál T，Unger J. Detection of ventilation paths using high-resolution roughness parameter mapping in a large urban area[J]. Building & Environment，2009，44（1）：198-206.

[160] 李志坤 . 城市下垫粗糙特性面时空演变规律遥感监测及其对风场的影响 [D]. 北京：中国科学院大学（中国科学院遥感与数字地球研究所），2017.

[161] Matzarakis A，Mayer H. Mapping of urban air paths for planning in Munchen[J]. Wissenschaftlichte Berichte Institut for Meteorologie und Klimaforschung，University Karlsruhe，1992（16）：13-22.

[162] Grimmond C S B，Oke T. Aerodynamic properties of urban areas derived from analysis of surface form[J]. Journal of Applied Meteorology and Climatology，1999（38）：1262-1292.

[163] Bottema M，Mestayer P G. Urban roughness mapping-validation techniques and some first results[J]. Journal of Wind Engineering & Industrial Aerodynamics，1998，74-6（2）：163-173.

[164] Chen S，Lu J，Yu W. [J]. A quantitative method to detect the ventilation paths in a mountainous urban city for urban planning：A case study in Guizhou，China. Indoor and Built Environment，2016，26（3）：422-437.

[165] Lettau，H. Note on Aerodynamic Roughness-Parameter Estimation on the Basis of Roughness-Element Description[J]. Journal of Applied Meteorology，1969，8（5）：828-832.

[166] Panofsky H . Adiabatic atmospheric boundary layers：A review and analysis of data from the period 1880–1972[J]. Journal of Photochemistry & Photobiology B Biology，1975，9（10）：871-905.

[167] Burian SJ，Brown MJ，Linger SP. Morphological analysis using 3D building databases. LA-UR-02-0781. Los Angeles，CA：Los Alamos National Laboratory；2002. 36-42.

[168] Bottema M . Urban roughness modelling in relation to pollutant dispersion[J]. Atmospheric Environment，1997，31（18）：3059-3075.

[169] Razak A A，Hagishima A，Ikegaya N，et al. Analysis of airflow over building arrays for assessment of urban wind environment[J]. Building and Environment，2013，59：56-65.

[170] Tsichritzis L，Nikolopoulou M. The effect of building height and façade area ratio on pedestrian wind comfort of London [J]. Journal of Wind Engineering & Industrial Aerodynamics，2019，191：63-75.

[171] 王西凯，于佩鑫，刘素红 . 一种利用最小成本路径计算河流长度的方法 [J]. 北京师范大学学报（自然科学版），2018，54（04）：506-509+432+561.

[172] 董文多 . 基于成本最小化的电煤运输路径优化研究 [D]. 北京：华北电力大学，2018.

[173] 童麟凯，葛莹，闻平，等 . 高海拔山区引水工程线路最低成本路径研究 [J]. 地理空间信息，2018，16（01）：61-64+8.

[174] 陈玥璐，赵天忠，武刚，等 . 林区步行最优路径分析方法 [J]. 农业机械学报，2018，49（06）：198-206.

[175] Wong M S，Nichol J E，To P H，et al. A simple method for designation of urban ventilation corridors and its application to urban heat island analysis[J]. Building and Environment，2010，45（8）：1880-1889.

[176] Eastman R. IDRISI Andes tutorial. Worcester，USA：Clark Labs，2006.

[177] 谢俊民 . 基于土地使用的城市风廊道规划策略 [C]//2013 中国城市规划学会论文集，2013：13.

[178] Wong M S，Nichol J E，To P H，et al. A simple method for designation of urban ventilation

corridors and its application to urban heat island analysis[J]. Building and Environment, 2010, 45(8): 1880-1889.

[179] 刘姝宇 . 城市气候研究在中德的城市规划中的整合途径比较研究 [M]. 北京：中国科学技术出版社，2014.

[180] Fehrenbach U，Scherer D，Parlow E. Automated classification of planning objectives for the consideration of climate and air quality in urban and regional planning for the example of the region of Basel/Switzerland[J]. Atmospheric Environment，2001，35（32）：5605-5615.

[181] Georgakis C，Santamouris M. Experimental investigation of air flow and temperature distribution in deep urban canyons for natural ventilation purposes[J]. Energy and Buildings，2006，38（4）：367-376.

[182] 郭廓 . 基于自然通风效能的大连城市形态设计策略 [D]. 大连：大连理工大学，2015.

[183] 张鹤子 . 城市微气候与城市形态的关联性 [D]. 大连：大连理工大学，2016.

[184] 郭飞，李沛雨，杜亚雄 . 复杂地形下城市信息模型快速建立方法 [J]. 低温建筑技术，2015，37（11）：23-24+37.

[185] 张弘驰，唐建，郭飞 . 城市化进程对热环境影响的 WRF/UCM 评估方法 [J]. 大连理工大学学报，2019，59（04）：372-378.

[186] Misra V，Moeller L，Stefanova L，et al. The influence of the Atlantic Warm Pool on the Florida Panhandle sea-breeze[J]. Journal of Geophysical Research，2011，116，1-14.

[187] 刘玉彻，杨森，杨洪斌 . 大连金州海陆风变化特征分析 [J]. 气象与环境学报，2007，2：25-28.

[188] Comin A N，Miglietta M M，Rizzam U，et al. Investigation of sea-breeze convergence in Salento Peninsula（southeastern Italy）[J]. Atmospheric Research，2015，160：68-79.

[189] Pokhrel R，Lee H. Estimation of the effective zone of sea/land breeze in a coastal area[J]. Atmospheric Pollution Research，2011，2（1）：106-115.

[190] Seo J M，Ganbat G，Han J Y，et al. Theoretical calculations of interactions between urban breezes and mountain slope winds in the presence of basic-state wind[J]. Theoretical and Applied Climatology，2017，127（3-4）：865-874.

[191] Miao J F，Kroon L J M，J. Vilà-Guerau de Arellano，et al. Impacts of topography and land degradation on the sea breeze over eastern Spain[J]. Meteorology & Atmospheric Physics，2003，84（3-4）：157-170.

[192] Darby L S，Banta R M，Pielke R A. Comparisons between Mesoscale Model Terrain Sensitivity Studies and Doppler Lidar Measurements of the Sea Breeze at Monterey Bay[J]. Monthly Weather Review，2002，130（12）：2813-2838.

[193] Federico S，Dalu G A，Bellecci C，et al. Mesoscale energetics and flows induced by sea-land and mountain-valley contrasts[J]. Annales Geophysicae，2000，18（2）：235-246.

[194] Furberg M，Steyn D G，Baldi M . The climatology of sea breezes on Sardinia[J]. International Journal of Climatology，2010，22（8）：917-932.

[195] VDI. VDI 3787 Part 5 Environmental Meteorology Local Cold Air[M]. Germany，Berlin，2003.

[196] 程晓茜 . 基于统计数据的可变面元问题（MAUP）尺度效应研究 [D]. 北京：中国人民大学，2010.

[197] 崔桂香，张兆顺，许春晓，等 . 城市大气环境的大涡模拟研究进展 [J]. 力学进展，2013，43（03）：295-328.

[198] Yang J, Wang Y, Xiao X, et al. Spatial differentiation of urban wind and thermal environment in different grid sizes[J]. Urban Climate, 2019（28）: 1-13.

[199] Bottema M, Mestayer P G. Urban roughness mapping-validation techniques and some first results[J]. Wind Eng. Ind. Aerodyn, 1998: 74–76, 163-173.

[200] Wong, M. S. , Nichol, J. E. , SingWong, M. , Nichol, J. E. [J]. Spatial variability of frontal area index and its relationship with urban heat island intensity. Int. J. Remote Sens, 2013（34）: 885-896.

[201] Chen S L, Lu J, Yu W W.. A quantitative method to detect the ventilation paths in a mountainous urban city for urban planning: a case study in Guizhou, China[J]. Indoor and Built Environment, 2017,（26）: 422-437.

[202] The Hong Kong Planning Department. Urban Climatic Map and Standards forWind Environment e Feasibility Study, 2009.

[203] Gál T, Unger J. Detection of ventilation paths using high-resolution roughness parameter mapping in a large urban area[J]. Building and Environment, 2009, 44（1）: 198-206.

[204] Yoshie R, Mochida A, Tominaga Y, Kataoka H, Harimoto K, Nozu T, Shirasawa T. Cooperative project for CFD prediction of pedestrian wind environment in the Architectural Institute of Japan[J]. Journal of Wind Engineering and Industrial Aerodynamics, 2007, 95（9）: 1551-1578.

[205] Franke J. Recommendations of the COST action C14 on the use of CFD in predicting pedestrian wind environment[C]. proceedings of the The fourth international symposium on computational wind engineering, Yokohama, Japan, 2006.

[206] 庄智，余元波，叶海，等．建筑室外风环境 CFD 模拟技术研究现状 [J]. 建筑科学，2014，30（02）: 108-114.

[207] Li X X, Liu C H, Leung D Y C, et al. Recent progress in CFD modelling of wind field and pollutant transport in street canyons[J]. Atmospheric Environment, 2006, 40（29）: 5640-5658.

[208] 村上周三．CFD 与建筑环境设计 [M]. 北京：中国建筑工业出版社，2007.

[209] Tominaga Y, Mochida A, Yoshie R, et al. AIJ guidelines for practical applications of CFD to pedestrian wind environment around buildings[J]. Journal of Wind Engineering and Industrial Aerodynamics, 2008, 96（10-11）: 1749-1761.

[210] Yoshie R, Mochida A, Tominaga Y, et al. Cooperative project for CFD prediction of pedestrian wind environment in the Architectural Institute of Japan[J]. Journal of Wind Engineering and Industrial Aerodynamics, 2007, 95（9-11）: 1551-1578.

[211] Murakami S, Mochida A, Hyashi Y. Examining the *kε* model by means of a wind tunnel test and large-eddy simulation of the turbulence structure around a cube[J]. Journal of Wind Engineering and Industrial Aerodynamics, 1990, 35: 87-100.

[212] Xie X, Liu C H, Leung D Y C . Impact of building facades and ground heating on wind flow and pollutant transport in street canyons[J]. Atmospheric Environment, 2007, 41（39）: 9030-9049.

[213] Mirzaei P A, Haghighat F . Approaches to study Urban Heat Island - Abilities and limitations [J]. Building and Environment, 2010, 45（10）: 2192-2201.

[214] Kato M, Launder B E. Modelling flow-induced oscillations in turbulent flow around a square cylinder[M]. University of Manchester, Institute of Science and Technology, 1992.

[215] Durbin P A. On the *kε* stagnation point anomaly[J]. International Journal of Heat and Fluid Flow,

1996，17（1）：89-90.

[216] Mochida A，Tominaga Y，Murakami S，et al. Comparison of various ke nodels and DSM applied to flow around a high-rise building report on AIJ cooperative project for CFD prediction of wind environment[J]. Wind and Structures，2002，5（2-4）：227-244.

[217] 李晓峰 . 住区微气候数值模拟方法研究 [D]. 北京：清华大学，2003.

[218] Chen Q Y，Xu W . A zero-equation turbulence model for indoor airflow simulation[J]. Energy and Buildings，1998，28（2）：137-144.

[219] Zhai Z J，Chen Q Y，Haves P，et al. On approaches to couple energy simulation and computational fluid dynamics programs[J]. Building and Environment，2002，37（8-9）：857-864.

[220] Zhai Z J，Chen Q Y . Solution characters of iterative coupling between energy simulation and CFD programs[J]. Energy and Buildings，2003，35（5）：493-505.

[221] Zhai Z J，Chen Q Y . Performance of coupled building energy and CFD simulations[J]. Energy and Buildings，2005，37（4）：p. 333-344.

[222] 苏雅璇 . 零方程模型在室外建筑绕流的模拟研究 [D]. 北京：清华大学，2010.

[223] Li C，Li X F，Su Y. A new zero-equation turbulence model for micro-scale climate simulation[J]. Building and Environment，2012，47：243-255.

[224] Franke J，Hellsten A，Schlunzen H K，et al. The COST 732 Best Practice Guideline for CFD simulation of flows in the urban environment：A summary[J]. International Journal of Environment and Pollution，2011，44（1-4）：419-427.

[225] 鍵屋浩司，足永靖信 . ヒートアイランド対策に資する :「風の道」を活用した都市づくりガイドライン [M]. 日本筑波：日本国土交通省国土技術政策総合研究所，2013.

[226] 张云伟，顾兆林，周典 . 城市局部气候分区及其参数化条件下风环境模拟 [J]. 地球环境学报，2016，7（05）：480-486+493.

[227] 尚全明 . 深圳地区垂直绿化现状及植物墙技术发展探析 [J]. 中国园艺文摘，2012（07）：43-48.

[228] 郭泽莉 . 发展墙面绿化应多专业融合 [N]. 中国花卉报，2017，01，05.

[229] 黄东光，刘春常，魏国锋，周贤军 . 墙面绿化技术及其发展趋势——上海世博会的启发 [J]. 中国园林，2011（02），63-67.

[230] 姚圩琴 . 基于气候适应性的杭州主城区绿色基础设施构建策略研究 [D]. 杭州：浙江农林大学，2017.

[231] 台湾绿屋顶暨立体绿化协会 . 天 空之园 [M]. 台湾：麦浩斯出版，2014.

[232] 李艳 . 西安市公共建筑屋顶绿化景观设计研究 [D]. 西安：长安大学，2011.

[233] 渥尔纳 . 皮特 . 库斯特，张钰 . 中国屋顶绿化需要规范 [J]. 风景园林，2006（04）：39-45.

[234] 郭甜，梁冰，车凤鸣，等 . 大连市公园绿地植物配置模式研究 [J]. 黑龙江农业科学，2012（01）：75-79.

[235] 张卫强 . 居住区复合式公园绿地植物配置模式研究 [J]. 中国新技术新产品，2009（17）：189.

[236] 南鹏飞 . 基于 WRF 的未来（2050s）城市气候预测及适应性规划策略 [D]. 大连：大连理工大学，2021.

[237] T. R. Oke，Tech. Rep. 81，Initial Guidance to Obtain Representative Meteorological Observations at Urban Sites，World Meteorological Organization，2004.